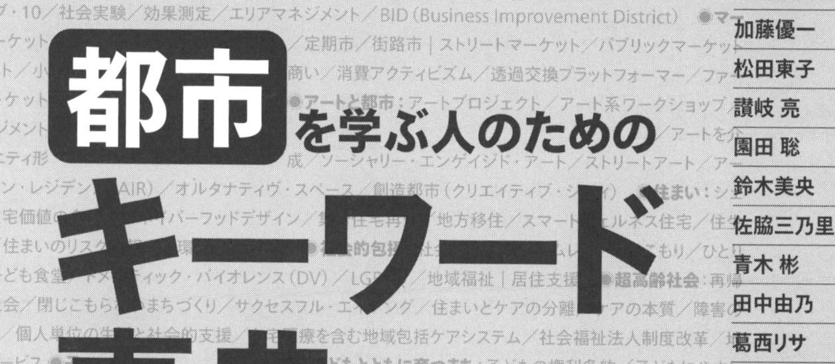

これからを
見通すテーマ24

人口減少／都市再生／都市のリノベーション／公共施設再編
パブリック・ライフ／マーケット／アートと都市／住まい／社会的包摂
超高齢社会／子どもとともに育つまち／町並み・景観まちづくり
ツーリズムと都市／地方創生／国土の計画／グリーンインフラ
緑地と農／レジリエンス／交通ま
データとシミュレーション／ワー

饗庭 伸 編著
矢吹剣一
中島弘貴
加藤優一
松田東子
讃岐 亮
園田 聡
鈴木美央
佐脇三乃里
青木 彬
田中由乃
葛西リサ
白波瀬達也
後藤 純
寺田光成
田口純子
益尾孝祐
姫野由香
西川 亮
佐伯亮太
菅 正史
山崎嵩拓
飯田晶子
新保奈穂美
益子智之
稲垣具志
村上早紀子
榎原友樹
鈴木達也
安藤哲也
竹内彩乃
林 憲吾

学芸出版社

キーワード事典を使う人へ

都市計画やまちづくりの現場では、日々新しい言葉が生まれている。数年で消える言葉もあれば、使われ続ける言葉もある。インターネットで検索すればそれぞれの言葉にたどり着くことはできるが、言葉と言葉のつながり、言葉が見せてくれる都市計画やまちづくりの新しい広がりにはたどり着くことができない。生成AIはそういった広がりを見せてくれるものではあるが、まだ頼りにならない。膨大な言葉の海に溺れてしまわないように、見渡せるだけの広がりを持ったキーワード事典をつくりたいと考えた。

本書ではキーワードの広がりを、24のテーマごとにまとめた。1つあたり10程度のキーワードを厳選したが、まとめると234のキーワードがある（見出し語としては並列したものを含む）。全てを通して読むことは想定してないので、必要なキーワードを探し、その周辺のキーワードもあわせて読んでみるという形で使っていただきたい。

一方で、思いもよらないキーワードに出会えることもこの事典の強みである。まちづくりや都市計画の突破口を開きたい時や、そのバランスをとりたい時に、知らないキーワードを拾い読みし、自分たちの活動に取り込んでみるという使い方もある。

具体的な事例を知りたいという向きもあるだろう。本書のキーワードと関連する事例や論文、書籍、ニュースなどの情報は、学芸出版社が運営する情報サイト「まち座」で公開してあるので、各ページにある2次元コードからアクセスし、あわせて使っていただきたい。

各地の都市計画やまちづくりの取組を確かなものに、そして豊かなものにすることに本書を役立てていただければ幸いである。

饗庭 伸

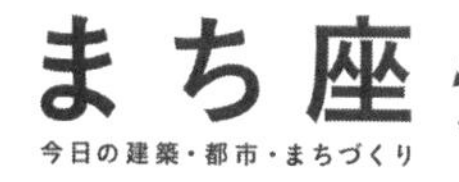

Urban
News
Today
from Japan

https://book.gakugei-pub.co.jp/

CONTENTS

人口減少

日本の人口は減る、減り続ける。人口が増えることを前提としていた都市計画やまちづくりは、減ること、あるいは増えたり減ったりすることを前提としたものへと、180度近い転換をはからないといけない。曲がり角を急に折り返すことはできないので、これから何年もかけて曲がり角を曲がることになる。ここではその出発点となる6つのキーワードをまとめた。
日本の人口減少は、移動による人口減少ではなく、多くの人口が亡くなることによる「移動によらない人口減少」であることに特徴があり、あわせて出現するのが **超高齢社会** である。また空間を残したまま人口が減少するため、**公共施設再編** や **都市のリノベーション** が都市計画やまちづくりの主要な手段となる。あわせてお読みいただきたい。

Keyword

- □ 人口減少
- □ 縮小都市
- □ 空き家｜空き地
- □ 所有者不明土地問題
- □ コンパクトシティ
- □ 持続可能な都市構造

人口減少

日本の人口減少と人口減少の要因

日本の人口は2008年の約1億2,808万人をピークとして減少傾向にあり、将来人口推計[*1]によれば2065年の人口は9,159万人まで減少すると推計されている（約3割減少）。2020年の国勢調査の結果によれば、日本の総人口は約1億2,615万人であり、全国1,719市町村のうち人口増加（2015年比）したのは298市町村（約17.3%）、減少したのは1,419市町村（約82.5%）であった。つまり市町村単位でみると日本の8割超は人口減少傾向にある。

人口減少が発生する要因は国や地域などで異なるが、具体的には①政治体制転換、②産業構造転換、③経済状況、④少子高齢化、⑤大都市への人口集中、⑥郊外への人口移動（スプロール）、⑦戦禍、⑧災害・事故などといった要因が挙げられる[*2、3]。

①の政治体制転換の事例として、1990年に東西統合されたドイツで旧東ドイツ地域から人口流出が起きたケースなどが挙げられる。②の産業構造転換は米国の五大湖周辺の工業都市のように産業衰退に伴う失業者の増加とそれらの移動により人口減少が起きるケースなどである。③の経済状況は経済が好況な地域に労働者が移住することで人口変動が起きる現象などである。④の少子高齢化は出生数が減少して、子供の割合が減少することや、平均寿命が伸びることで高齢者の割合が増加する状況であり、日本の人口減少の主要因の1つとされている。これに関連するキーワードとして「自然減」が存在する。自然減とは死亡者数が出生者数を上回っている状態である。また、他の市区町村へ住所を移した者の数（転出者数）が他の市区町村から住所を移してきた者の数（転入者数）を上回っている状態については「社会減」と呼ぶ。

⑤の大都市への人口集中は、地方などから大都市やその圏域に局所的に人口が集中するような状況である。いわゆる「東京一極集中」がその典型であり、特に地方の若年層の都市部への流出が地方の出生率を低下させることが指摘されている。それと同時に大都市圏のような子育て環境が人口に対して十分整備されていない環境においては、地方以上に出生率が低下するという指摘もある[*4]。⑥の郊外化は市街地の拡大により都心部から郊外への人口の移動が発生するような状況であり、インナーシティ問題と呼ばれる都心周辺の地域が空洞化・衰退する現象に代表されるような状況を指し、世界の各都市が歴史的に経験している。⑦のような戦禍も、地域外へ移動する避難民等の発生に伴い、人口減少をもたらす。⑧の災害・事故は東日本大震災が記憶に新しいが、災害の発生に伴う居住環境の喪失や産業の衰退により地域外に人口の流失が発生する場合を指す。

人口減少で発生する問題

人口減少の進行に伴い、経済規模の縮小や財政の危機など社会的な課題に加え、都市空間では生活サービスの効率性の低下や地域コミュニティの弱体化などさまざまな問題が発生することが指摘されている[*5]。都心部では空き店舗の発生や販売額の減少、地価の下落、まちの魅力の低下といった問題が発生する。郊外部ではインフラの維持管理コストの増加や税収の減少による行政サービス効率の低下、公共交通の縮減、自動車交通への依存による温室効果ガス排出量の増加などの問題が大きくなるといわれている。

　都市自体の大きさは変わらずに人口減少に伴い空き家・空き地などの低未利用地が増加する状態は「都市のスポンジ化[*6]」と呼ばれているが、人口が減る一方で、人口に対して住宅が多く供給されている点も課題といえる。後述の空き家・空き地・所有者不明土地問題にも関連するが、現在の日本の総世帯数（約5,400万世帯）に対して、総住宅ストック数は約16％多い約6,200万戸供給されており、居住世帯のない住宅に含まれる空き家問題が深刻化している。

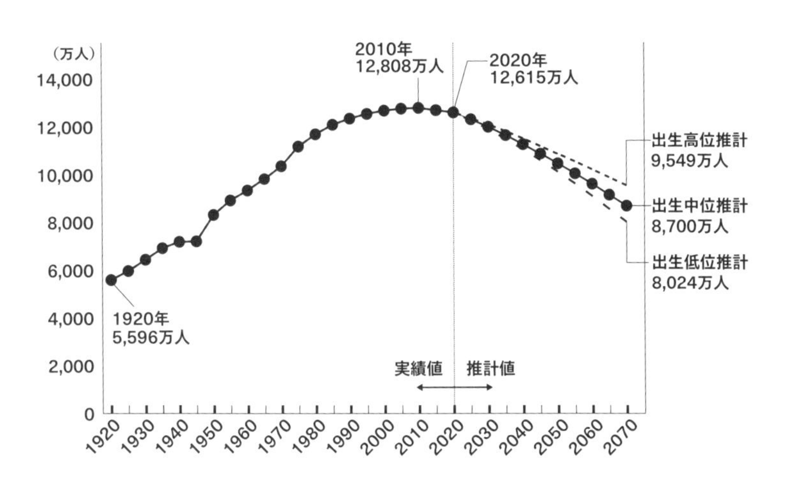

日本の人口推移（将来人口推計）[*7]

＊1　国立社会保障・人口問題研究所（2023）『日本の将来推計人口』長期の合計特殊出生率を中位仮定（1.36）とした場合の推計。
＊2　Grossmann, K., Bontje, M., Haase, A., & Mykhnenko, V. (2013) . Shrinking cities: Notes for the further research agenda. Cities, 35, pp.221-225.
＊3　日本建築学会編（2017）『都市縮小時代の土地利用計画』学芸出版社、p.12
＊4　増田寛也（2014）『地方消滅　東京一極集中が招く人口急減 』中公新書
＊5　国土交通省（2015）『平成26年度 国土交通白書』pp.18-22
＊6　饗庭伸（2015）『都市をたたむ　人口減少時代をデザインする都市計画』花伝社、p.99
＊7　国立社会保障・人口問題研究所が公表している日本の将来推計人口（2023年推計）「結果の概要」掲載表のうち、「表1-1　総数，年齢3区分（0～14歳，15～64歳，65歳以上）別総人口及び年齢構造係数：出生中位（死亡中位）推計」、「表2-1　総数，年齢3区分（0～14歳，15～64歳，65歳以上）別総人口および年齢構造係数（表2　出生高位（死亡中位）推計（2021～2070年））」、「表3-1　総数，年齢3区分（0～14歳，15～64歳，65歳以上）別総人口および年齢構造係数（表3　出生低位（死亡中位）推計（2021～2070年））」、「人口統計資料集（2023年改訂版） 表1-3 総人口，人口増加，性比および人口密度：1920～2021年」を使用して執筆者作成。

縮小都市

国際的には人口減少や市街地に空き家・空き地などの低未利用地が発生している状況は都市縮小（urban shrinkage）、都市衰退（urban decline/urban decay）、人口減少（depopulation）と呼ばれ、例えばドイツにおいては現場における対策が1990年前後から始まっている。米国では1970年代以降からインナーシティ問題や都市のスプロール化が注目を集めてきたが、そうした人口減少に対する包括的な対応策について論じられるようになったのは2000年代に入ってからである。日本では「過疎化」や「高齢化」、「少子化」といったキーワードが1960年代以降からみられるが、政策的・学術的な注目を集めるようになったのは2000年代といえよう。人口減少都市が国際的な学術研究や政策比較の対象として扱われるようになったのも2000年代前後からであり、その中でも縮小都市（shrinking cities）という用語が研究論文や書籍の出版により学術界を中心に定着している。

縮小都市の類型として炭鉱都市（鉱業都市）や自動車産業都市などの単一産業（mono-Industrial）都市などが知られている。

空き家｜空き地

全国の空き家は2018年時点で約848.9万戸（総住宅数の約13.6%）*1存在し、そのうち「その他の住宅*2」が約348.7万戸（約5.6%）となっている。一方、世帯が保有する空き地の面積は2008年から2018年の10年間で2倍に増加しており（約6.5%→約12.4%）*3、その約7割が相続・贈与で取得されている。

空き家・空き地が適正に管理されない場合、雑草の繁茂や害虫の発生、防犯・防災性の低下、景観の悪化、災害危険性の増大などの外部不経済が発生し、周辺の住環境が悪化する。

そうしたなかで、2014年に「空家等対策の推進に関する特別措置法」が公布された。同法では空家等対策計画の策定や固定資産税情報の内部利用等、立入調査などの事項を定めており、空家への総合的かつ計画的な対処が可能となった。また倒壊の危険性があったり、衛生上有害である空家については「特定空家等」に指定し、行政指導、命令、代執行による除却が可能となった。同法の公布以降、全国各地で代執行による特定空家の除却が進んでいる。同法では空き家を「建築物又はこれに附属する工作物であって居住その他の使用がなされていないことが常態であるもの及びその敷地」と定義しており、目安として年間を通して使用実績がないことを1つの基準としている[*4]。また、空き家・空き地の活用推進のため「全国版空き家・空き地バンク」が運用開始されるなど、空き家情報の標準化・集約化も進められている。

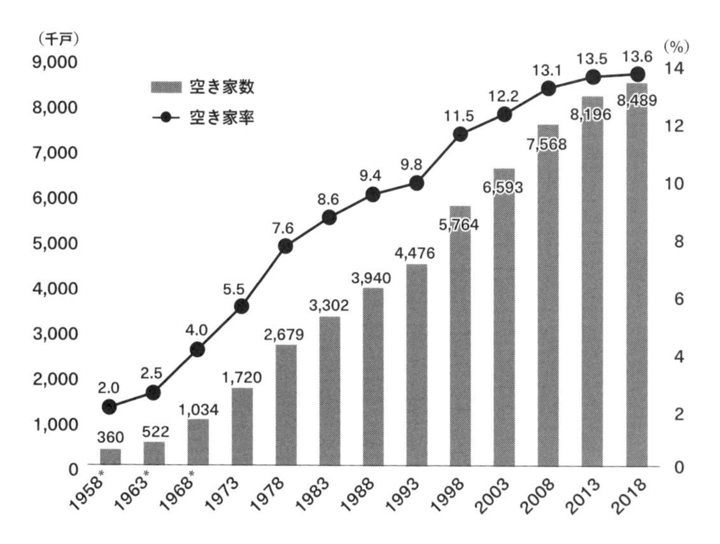

空き家数及び空き家率の推移－全国（1958年～2018年）[*5]

＊1 総務省統計局（2019）『平成30年住宅・土地統計調査 住宅及び世帯に関する基本集計 結果の概要』総務省統計局

＊2 住宅・土地統計調査における「その他の住宅」とは、「賃貸用の住宅」「売却用の住宅」「二次的住宅」以外の空き家であり、人が住んでいない住宅で、例えば転勤・入院などのため居住世帯が長期にわたって不在の住宅や建て替えなどのために取り壊すことになっている住宅を指す（空き家の区分の判断が困難な住宅なども含む）。

＊3 国土交通政策研究所（2022）『増加する空き地の現状について』国土交通政策研究所

＊4 空家等の定義は「空家等対策の推進に関する特別措置法」第二条に記載されている。「常態」の解釈については「空家等に関する施策を総合的かつ計画的に実施するための基本的な指針」において「例えば概ね年間を通して建築物等の使用実績がないことは1つの基準となると考えられる」との記載があることから、1年間居住用途としての使用実績がない建築物等を空き家と呼ぶのが一般的である。

＊5 「H30年住宅・土地統計調査（総務省統計局）」の結果に基づき執筆者作成。＊印の数値は、データに沖縄県を含まない。

所有者不明土地問題

相続登記されていないことなどにより、所有者が分からない、または所在が不明で所有者と連絡がつかない、いわゆる所有者不明土地問題が近年話題である。相続登記せずに何年も経過することで、相続人が増加し探索と交渉に時間がかかる場合や、所在不明人が出てくることで手続きコストが増大する問題などが生じており、これにより公共事業に着手できないケースなども発生している*。

この問題に対してまず、2018年に所有者不明土地の利用の円滑化等に関する特別措置法（所有者不明土地法／2022年に改正）が制定されている。同法は、所有者不明土地の円滑な利用のため、一定の条件のもと、公共事業における収用手続きの合理化・円滑化と地域福利増進事業、所有者探索のための公的情報の利用等の特例などの仕組みを構築している。地域福利増進事業は、条件を満たす所有者不明土地を公園整備などの地域のための事業に10年間（一部事業は20年）利用できる制度である。2022年には利用の円滑化の促進（地域福利増進事業対象の拡充／事業期間の延長など）、災害等の発生防止に向けた管理の適正化、所有者不明土地対策の推進体制の強化を念頭に置いた法改正が実施されている。

次に、2019年の土地基本法の改正が挙げられる。土地基本法は「適正な土地の利用」「正常な需給関係・適正な地価形成」について定めた法律であるが、2020年に「土地の適正な管理」の観点が追加された。

最後に、2021年の民事基本法制の見直しで①不動産登記制度の見直し、②相続土地国庫帰属制度の創設、③民法の改正がなされている。①については今後相続登記および住所等の変更登記が義務化されるものであり、②については相続したが不要な土地を条件付きで国に引き取ってもらう制度である。③については、所有者不明の場合において土地・建物の管理人を選任してもらう制度に加え、共有制度・遺産分割・相隣関係に関して、土地を円滑に利用するためにルール改正を行うものである。これらにより、土地の活用・管理が一層する進むことが期待されているため、今後経過を注視していく必要があるだろう。

＊ 所有者不明土地問題研究会（2017）『所有者不明土地問題研究会 最終報告概要』一般財団法人 国土計画協会による土地の所有者などを調査する地籍調査を活用した推計によると、2016年時点で所有者不明土地の面積は約410万haに達するとされ、九州本土を超える面積が所有者不明土地であることが明らかになった。国土交通省が実施した2020年度の調査によると所有者不明土地のうち約6割が相続登記の未了、残りが住所変更登記の未了に起因している。

コンパクトシティ

1973年に世界で初めてコンパクトシティという用語が使用され[*1]、欧州各国では20世紀末にはすでに本格的に都市のコンパクト化を目指す都市政策やその裏付けとなる研究が進んでいた。

一方、日本においては2000年代後半に入り、国の政策としてコンパクト化や集約型都市構造というキーワードが明示されるようになり、2010年代に入り法整備が進んだ。2012年に都市低炭素化促進法（エコまち法）、2014年に都市再生特別措置法の改正がなされ、居住を公共交通沿線や日常生活の拠点に誘導し、生活サービス施設までの移動距離を短縮することで市民の生活利便性を高めることを目指す考え方である「コンパクト・プラス・ネットワーク」という都市構造が国の方針として打ち出された。その主たる実現手段の1つとして2014年に創設された立地適正化計画制度では医療・福祉・商業等の都市機能を都市の中心拠点や生活拠点に誘導し集約する事により、これらの各種サービスの効率的な提供を図る「都市機能誘導区域」と、人口減少の中にあっても一定エリアにおいて人口密度を維持することにより、生活サービスやコミュニティが持続的に確保されるよう居住を誘導する「居住誘導区域」を設定することが可能となった。いずれも市街化区域の中に定めるものであり、居住誘導区域外については「居住調整区域」を定められる。2023年3月末[*2]で675自治体が立地適正化計画を策定している。なお、公共交通の具体的な内容については地域公共交通のマスタープランである「地域公共交通計画」に定めることができる。

近年国は、激甚化する自然災害に対応するため、都市計画運用指針に災害ハザードエリアの取り扱いに関する指針[*3]を定めている。これを受けて立地適正化計画では、防災指針が記載事項に追加された。防災指針は居住誘導区域内で行う防災対策や安全確保策を立地適正化計画内に定めるものである。また同時に、災害レッドゾーンにおける住宅等（自己居住用を除く）および自己の業務用施設の開発の原則禁止や浸水ハザードエリアにおける開発許可の厳格化など開発許可の見直しも実施した。さらに災害ハザードエリアからの移転の促進も支援するなど、頻発・激甚化する自然災害に対応するための制度が整備されている。

＊1　コンパクトシティの初出はDantzig, George B. And Thomas L. Saaty (1973), Compact City: A Plan for a Liveable Urban Environment, W.H. Freeman and Co. で提唱されたものであり、当初は「空間利用の効率化」が着眼点とされていた。

＊2　2023年3月31日時点（国土交通省公表）。

＊3　国土交通省（2022）「第12版 都市計画運用指針」国土交通省

持続可能な都市構造

人口減少に対応する都市構造とは

日本の都市政策は「コンパクト・プラス・ネットワーク」がキーワードであるが、海外の人口減少に対応するための都市政策や都市デザインのコンセプトはさまざまである。ドイツでは早い段階から「都市の島（群島）型（多核ネットワーク型）」が提唱されており、これは都市の中の比較的持続可能性の高い拠点に周辺住民や開発を集約・集中させることで一定の密度と活力を維持することを目指したモデルである[*1]。一方、米国の人口減少都市のように「低密度化」を志向するモデルも存在することが指摘されている。これは不動産所有者が隣接する区画などを取得し維持管理あるいは創造的利活用を行うことで、都市全体の密度を下げていくような現実的なモデルである。このように、国際的にみると人口減少に対応するためのアイデアは多様であるが、重要な点は持続可能な都市構造（sustainable urban form）に誘導することであり、それぞれ都市の特徴に応じた構造を検討する必要がある。

なお都市デザインの分野では、大野秀敏による「ファイバーシティ」、ブレント・D.・ライアンによる「パッチワーク・アーバニズム」という都市構造の概念も提唱されている[*2]。

ドイツ：都市改造と緩やかなエリアビジョン

ドイツでは1990年の東西統合以前から人口が自然減の傾向にあったが、東西統合以降、旧東ドイツ地域から地域外への人口流出によりその傾向に拍車がかかった。ドイツの縮小都市政策で有名なものは2002年に開始された都市改造プログラムである[*3]。この政策は東・西に分かれており、東の都市改造では郊外部に形成された労働者向けの賃貸集合住宅の改善（減築や改修）と、特定の既成市街地[*4]の改修を実施している。西の都市改造は旧東ドイツほどではないが産業構造の転換や人口減少が顕在化しつつあった旧西ドイツを対象に、都市の持続可能性を高めるための計画策定や住宅団地再生を支援している。

旧東ドイツの中でも人口減少に対処した都市として有名なライプツィヒは、戦後一貫して人口減少を経験し、東西統合でさらにそれが加速した。2000年に都市発展計画、2009年に総合的都市発展計画と呼ばれる都市計画が策定され、市内各地区への介入戦略を定めている。それに加え、2002年・2004には概念的地区計画という計画を定めている[*5]。これはドイツの都市計画の基本となるFプランやBプランのいずれでもない中間的なスケールの計画であり、市内の衰退著しい地区について保全・維持を目指す街区と再編が必要な街区を示している。この計画の中では除却によって生まれた空き地を連続させることによる大規模緑地の創出が構想されている。同時にライプツィヒ市では1999年より暫定緑地を整備する仕組みがある[*6]。これは周辺の住環境の向上や将来開発に向けた準備、概念的都市計画に定められた空間像（緑地など）の実現を目的とし、市と所有者が「利用許諾協定」を締結する仕組みである。ライプツィヒの事例はBプランのように将来開発の可能性まで制限する拘束力の強い規制を用いず、緩やかな将来ビジョンを提示すると同時に、土地の暫定利用(暫定緑地)を促進することにより、将来的な都市の状況に合わせて土地利用を比較的柔軟に変化させることができるという利点がある。

米国:規模適正化とランドバンク

米国の五大湖周辺の多くの都市は、鉄鋼業や自動車産業などで繁栄し20世紀中に人口のピークを迎えたものの、その後の産業構造の転換や国際競争の激化の影響で深刻な人口減少に直面している。その中で2005年に策定されたオハイオ州ヤングスタウン市の総合計画(Youngstown 2010)を発端として、減少した人口に合わせて土地利用の密度や用途を調整していく規模適正化(right sizing)と呼ばれる計画概念が広まりつつある。この考え方に基づき、財政破綻したミシガン州デトロイト市ではデトロイト・フューチャー・シティという民間主導の長期ビジョンが作成された。その後近隣都市であるフリント市、サギノー市などでも類似した総合計画が策定されている。フリント市の総合計画で策定された土地利用の一種であるグリーンイノベーション(GI)地区は人口動態や経済情勢に応じて土地利用の方向性を変えることができる計画であり[*7]、人口減少下の不確実性に対応するための可変性を帯びた土地利用計画となっている。

このような計画を実現するための制度や組織としてランドバンクが挙げられる。ランドバンクは米国で設立されている税滞納物件の取得・管理・処分を担う公的機関であり、土地の適正管理を支える重要な主体である。ランドバンクは1970年代から存在したが、2000年代に入りミシガン州やオハイオ州において放棄物件への対応で活躍する事例が生まれたことから、各州で設置が進むとともに、取り扱う物件の拡充がみられる(税滞納状態にない空き家・空き地も扱うようになっている)。これらランドバンクは空き地の隣地優先譲渡(サイドロットプログラム)や競売などを実施することで、土地を適正に管理する主体へ所有権を戻している(再市場化)。その他、住民組織や宗教組織(教会など)、コミュニティ開発会社(CDCs)が中心となり空き地の管理(草刈りなど)や都市農業、住宅改修などを促進することで地区の安定化が行われている。

日本でも土地の利活用を推進する先駆的な取組はみられたが[*8]、近年国も管理不全土地対策や地域の担い手の育成、空き地等の管理・流通・再生を担う組織としてランドバンクの仕組みを検討している(日本版ランドバンク)。

*1 Hollander, Justin B. and Pallagst, Karina and Schwarz, Terry and Popper, Frank J., Planning Shrinking Cities (October 26, 2009). Progress in Planning, Vol. 72, No. 4, pp. 223-232, November 2009

*2 大野秀敏のファイバーシティは2005年に発表された都市の線状要素を活用して人口減少に対応した新たな都市計画である。ブレント・D.・ライアンのパッチワーク・アーバニズムはスポンジ化した市街地において、拠点やオープンスペースなどに小さく(パッチを貼るように)介入し、空間を修復・再生していく概念である。

*3 服部圭郎(2016)『ドイツ・縮小時代の都市デザイン』学芸出版社、pp.58-69

*4 グリュンダーツァイトと呼ばれる19世紀後半〜20世紀初頭の時代に建設された建物で、外観は装飾等があり立派な一方で街区内の住戸の設備は不十分な住宅群。

*5 大谷悠、岡部明子(2018)「ライプツィヒにおける〈暫定緑地〉の整備とその後の展開」『日本建築学会計画系論文集』83巻、751号、pp.1715-1723

*6 大谷悠、岡部明子(2019)「暫定的な緑地空間は地区にとってどのような存在になりうるのか」『都市計画論文集』54巻、3号、pp. 1359-1364

*7 矢吹剣一、黒瀬武史、西村幸夫(2017)「人口減少都市における縮退型都市計画の導入プロセスに関する研究」『日本建築学会計画系論文集』82巻、740号、pp. 2609-2617

*8 日本ではNPO法人 つるおかランド・バンクの取組などが有名であるが、米国のランドバンクは基本的に税滞納物件の再市場化を目的しており、出自・目的が異なる。

都市再生

戦災や災害に遭うことなく何度かの経済成長を経ると、都市は建物で一杯になってしまう。そのため、都市に新たな人を受け入れたり、新たな課題を解決する必要があるときには、都市をヨコに広げるか、すでにある建物を建て替えてタテに伸ばすしかなくなる。後者が都市再生である。日本では21世紀に入る頃から取組が増え、多くの都市を変化させてきた。複雑な都市空間の高機能化をはかるものであり、ここには権利の調整、資金の調達、空間を設計する方法についての9つのキーワードをまとめた。
都市再生の本旨は、限られた人だけのための開発、開発のための開発ではなく、「都市にあるすべて」を再生することにある。それは全ての人の **パブリック・ライフ** を豊かにしなくてはいけないし、**社会的包摂** の視点は欠かせない。また環境の視点からは、**エネルギー** や **グリーンインフラ** の視点も重要である。あわせてお読みいただきたい。

Keyword

- □ 都市再生
- □ 規制緩和と公共貢献
- □ 市街地再開発事業
- □ 土地区画整理事業
- □ PPP｜官民連携
- □ 都市再生と金融
- □ 責任ある投資
- □ リジェネラティブ・サステナビリティ
- □ 持続可能性評価ツール

都市再生

都市再生の歴史的展開

市街地の更新・再生は戦後、建造環境の改変に重点を置く再開発・修復・保全から構成される都市更新（Urban Renewal）という概念の下で展開された。都市再生は、その後に続く用語で、Urban RegenerationあるいはUrban Renaissanceの日本語訳で、既成市街地の衰退に歯止めをかけ、建造環境に限らないより包括的な市街地の質の向上を図ろうという概念である。具体的には、Urban Regenerationは1960年代中頃より二次産業から三次産業への都市産業の構造の転換を背景に生じた物理的・経済的・社会的問題が複合した問題群（インナーシティ問題）に対応すべく、環境改善、経済発展、社会的包摂を基本的な目標とした都市政策とその展開であり、以降の市街地の更新・再生を扱う一般的な概念である。

1980年代には、米のレーガン政権や英のサッチャー政権、日本の中曽根政権によって、新自由主義的な民活政策を通じた大規模な再開発が推進された。中曽根政権は、Urban Renaissance、都市復興という名の下に新宿・錦糸町・汐留・梅田といった旧国鉄用地等の国公有地の利用を通じた都市再開発政策を展開した。このUrban Renaissanceという概念は、英労働党政権の下でリチャード・ロジャースを議長とするアーバン・タスク・フォースによる報告書『アーバン・ルネッサンスに向けて』（1999年）で脚光を浴びた。本概念は、車社会から脱却し、用途や社会的階層が混在する環境や社会の側面も重視した人間中心の総合的な都市デザインを指向しており、中曽根政権時が使っていた意味とは異なるものである。ヨーロッパでは、こういった概念の下、1990、2000年代にEUのUrban InitiativeやUrban Pilot Project等の都市再生プログラムを通じて、総合的な都市再生が実践され、ブラウンフィールド等の再開発が進んでいった。その後の海外の都市再生の展開としては、2008年のいわゆるリーマンショック前後での都市再生の潮流の変化が強調される。特にヨーロッパでは、総合的な都市再生政策から経済面を重視する新自由主義的な政策に転換し、財政緊縮のアーバニズム（Austerity Urbanism）と呼ばれている。その結果、資金不足等を原因として、暫定利用が都市再生に用いられるようになった。暫定利用を通じた都市再生の動きは、Tactical UrbanismやDIY Urbanism等と称され、有力な都市再生の手法とみなされる一方で、恒久的な開発のための手段に転化しジェントリフィケーションや社会的排除を引き起こすリスクを有するものとして批判されている。

他方、日本では、バブル経済崩壊以降の景気停滞を背景として、都市再生特別措置法（以下、都市再生法）が2002年に制定された。証券市場の活性化、不良債権の処理、都市再生・不動産の流動化といった緊急経済対策の3本の柱の1つとして都市再生が選ばれたのである。こういった点では、他国に先駆

ある。こういった点では、他国に先駆けて2008年の金融危機以前より都市政策が新自由主義的な政策に転換したのである。なお、都市再生法の英訳は、ヨーロッパでの議論を受けて、Act on Special Measures Concerning Urban Renaissanceとなっているが、その内実は、規制緩和を通じた民間投資の呼び込みを企図するもので、中曽根政権が使っていた新自由主義的な規制緩和を通じた民活政策の意味合いに近い。

日本の都市再生の現状

こうした概念的変遷・法整備等を背景として、2000年代以降の都市再生は具現化された。東京オリンピック開催決定（2013年）等によって開発の気運が高まり、大規模開発が推進された。都市再生法を通じた都市再生の仕組みは、内閣総理大臣が本部長を務める都市再生本部によって「都市再生緊急整備地域」が立案され、閣議決定により政令となり、この地域内において都道府県が都市再生特別地区を定めるというものである。これは戦後の都市計画の基軸であった基礎自治体への地方分権の流れを戦後初めて逆さに回したものであった。この仕組みは、公共貢献に応じて既存の都市計画を大幅に規制緩和することを可能にした。また、計画の方針検討段階でも都市計画決定権者から民間事業者に規制緩和の内容を明示するという事前明示性の確保が図られ、民間事業者は事業計画の立案が容易になった。併せて、政府が設立した民間都市開発推進機構等を通じた民間事業者資金調達を支援する仕組みも整備された。

その結果として、都市再生緊急整備地域となった大手町・丸の内・有楽町や渋谷、六本木・虎ノ門等のエリアをはじめとして、駅周辺への開発の集積が進んだ。いわゆるTOD（Transit Oriented Development）がより一層強化された。そして、各エリアでエリアマネジメント団体が組織化され、Managementを含めたTODMのフェーズに入っている。

一方で、急速な技術革新をはじめとする変化が大きい先の読めない現代において、事前明示的な制度設計は変化に適応できるのかという疑問がある。例えば、自動運転技術を通じて歩車共存を可能にするモビリティの導入は都市基盤のあり方に大きく影響を及ぼすはずだが、現時点で都市計画決定する事業では、公共貢献の内容を確定する必要がある。事前明示的な仕組みを見直す時期が来ているのかもしれない。

規制緩和と公共貢献

都市開発諸制度

都市開発には、公共貢献に応じた規制緩和を受けるという仕組みが整備されてきた。具体的には、再開発等促進区を定める地区計画、高度利用地区、特定街区、総合設計があり、これらは都市開発諸制度と呼ばれ[*1]、公開空地の確保等の公共貢献を行う開発計画に対して、容積率制限や斜線制限等の建築基準法に定める形態規制を緩和することにより、市街地環境の向上に寄与する良好な都市開発の誘導を図る制度である。これら4制度は独自に制定・運用されてきたものであったが、現在では、国の指定基準を前提に、地方公共団体が本制度の活用方針や詳細な運用の基準を定め、一体的な運用を図っている[*2]。例えば、2003年に策定された東京都の「新しい都市づくりのための都市開発諸制度活用方針」では、都市づくりビジョンに示された地域や拠点の将来像に応じた規制緩和される容積率の限度や育成用途の割合が定められている。育成用途とは、地域のにぎわいや魅力を発揮する施設を誘導するために、規制緩和される容積率の部分に充当すべき用途である。規制緩和される容積率の評価対象には、公開空地や公益施設、開発区域外の公共施設等を整備する域外貢献等がある。敷地面積に対するそれぞれの整備面積の大きさと評価係数（空地の場合には、青空か否か、規模、接道条件、緑化等の仕様等によって決定される）をかけ合わせた数値を積み上げていくことで規制緩和される容積率が決定される。

東京都のこの活用方針は頻繁に改定されており、公共貢献の内容の変遷が見て取れる。追加された主な内容としては、カーボンマイナスと一層の緑化を誘導する環境都市づくり（2008年）や、防災備蓄倉庫や自家発電設備の設置の義務付けや一時滞在施設の整備を促進する防災都市づくり（2013年）、子育て支援施設や高齢者福祉施設の整備を促進する福祉のまちづくり（2015年）、宿泊施設の整備促進（2016年）、老朽マンションの建替えの促進やエネルギーの面的利用の促進（2017年）、無電柱化の促進（2018年）、開発区域外での歩行者流動やバリアフリー化の改善に資する整備による規制緩和される容積率の上限を超えた緩和を認める駅まち一体開発（2019年）、水辺と開発区域の一体的整備・連続した緑化を通じた水と緑のネットワークの形成の促進（2019年）がある。これらの改定では、環境や防災のような時代の要請に応じて義務として対応必須の事項が増えた場合もあれば、水辺側の空地を道路側の空地と同等に評価する等のより良い都市空間の整備に対してインセンティブを与えようとする場合もある。近年では、域外貢献を重視した改定が目立ち、最新の改定（2020年）では、開発区域に隣接したエリアに留まらないみどりの保全・創出や木造住宅密集地域の解消、水害に対応した高台まちづくりを公共貢献の評価対象とするに至っている。

こういった制度設計の中で、重要文化財建築の床面積相当分を割増容積として活用する重要文化財特別型特定街区が創設・活用され、歴史的建造物の保全・復元も果たされてきた。

都市再生特別地区

都市再生法制定に伴い創設された都市再生特別地区は、都市再生緊急整備地域内において、既存の用途地域等に基づく用途、容積率等の規制を適用除外とした上で、自由度の高い計画を定めることができる制度である。なお、本制度は前述の都市開発諸制度を発展させたものではない。

規制緩和される容積率の算定には、公共貢献の評価項目を従来の項目に限定せず、都市の国際競争力や都市の魅力向上に貢献する民間事業者の創意工夫による公共貢献の提案を評価する制度設計となっている。従って、その指定には前述の都市開発諸制度の公共貢献の評価項目の枠を超えた提案が求められる。具体例としては、渋谷川の再生を図った渋谷ストリームや歌舞伎座を複合文化拠点として機能更新したGINZA KABUKIZA（2013年）、イノベーション拠点のBASE Qを整備した東京ミッドタウン日比谷（2018年）等が挙げられる。経済政策偏重という批判がある一方で、従来の都市開発諸制度に基づく都市開発よりも独自性のある計画の実現に一定程度寄与してきたといえるだろう。

今後も首都高速道路の地下化（日本橋一丁目東地区、日本橋1・2番地区）等の大きな都市基盤の改変を伴うプロジェクトの実現が見込まれる一方で、一定期間運用された結果、提案内容が①都市基盤整備・②国際競争力強化に資する都市機能の導入・③防災対応力強化と環境負荷低減の項目のひな型に収斂し、プロジェクトの固有性があまり見られないようにも見受けられる。加えて、導入用途をはじめとする公共貢献が竣工後に実現されていないという指摘[*3]もあり、運用上の課題も小さくない。

＊1　東京都の要綱における通称である。
＊2　本稿は主に東京の都市開発の制度の運用状況に述べているにとどまる。
＊3　北崎朋希（2015）『東京・都市再生の真実 ガラパゴス化する不動産開発の最前線』水曜社

市街地再開発事業

市街地再開発事業とは、都市再開発法に基づいて、市街地の土地の合理的かつ健全な高度利用と都市機能の更新を図ることを目的とし、狭い敷地と建物を集め、1つの敷地に統合し、多くの床や道路・公園等の公共施設を整備しようというものである。私的土地所有権の強い日本では、細分化して所有された土地・建物を集約する事業の仕組みが都市再生を実現する有力な手段の1つとなったのである。当事業には、権利変換方式による第1種市街地再開発事業と管理処分方式(用地買収方式)による第2種市街地再開発事業がある。権利変換とは、開発前の土地の所有権・借地権を有する者の権利を開発後の再開発ビルの床(権利床)に等価で変換するというものである。事業の主な実施主体は、地権者から構成される再開発組合である。高容積化によって生まれた権利床以外の床が保留床であり、それを参加組合員(多くの場合はディベロッパー)に売却することで、新しい建物の工事費等を生み出すという仕組みとなっている。この仕組みは、保留床を売却することで権利者に新たな金銭的な負担が発生しないというメリットがある一方、保留床が売れない場合や開発前のエリアが既に高容積を消化していて保留床がさほど発生しないような場合には事業遂行が困難になるという構造を有する。

トレンドを表す言葉として、再々開発、身の丈再開発、個別利用区を挙げる。再々開発とは、市街地再開発事業の旧制度である防災建築街区造成事業や市街地改造事業も含めた法定事業が実施されたエリアで再度、再開発が実施されることを言う。今後、東京をはじめとする大都市でも活発化してくることが見込まれ、戦後に整備されたストックの扱い方が問われるだろう。身の丈再開発とは、高容積を前提としない地域の床需要に即した適正容積再開発である。高度利用とは、一般には高容積を意味すると捉えられてきたが、バブル崩壊後、高容積型・保留床処分型の再開発が行き詰まりを見せてから低容積型の再開発が具体化してきた。個別利用区とは、2014年に創設され、市街地再開発事業の中で既存建築物を存置または移転することができる区域であり、再開発区域の中で歴史的な建物等の既存ストックを保全することを可能にした制度である。

今後再々開発の活発化が見込まれる中で、身の丈再開発や個別利用区等を通じて、ストック型社会に即した再開発を実現させる創意工夫がより一層求められるだろう。

土地区画整理事業

土地区画整理事業とは、土地区画整理法に基づいて、区域内にある土地の分割・合併と境界・位置・形状の変更（換地）を通じて、道路や公園等の公共施設と宅地の整備を行う事業である。区画整理は、大きな都市基盤整備を伴う近年の都市再生の有力なツールの1つである。公共施設が不十分な区域では、地権者から必要な土地を少しずつ出すこと（減歩）で、整備を実現する。公共施設の整備を通じて、土地の評価額が上がるという前提の下、減歩したとしても資産価値に変化がないということが原則となっている。従って、土地の価格が下降傾向にある場合には事業遂行が困難になるという構造を有する。

昨今の土地区画整理事業には、大きく4つのトレンドが挙げられる。1つ目は複雑化した権利状態への対処手法の拡張・複合化である。個別建替えや共同化等多様な意向を有する地権者に対応するための土地区画整理事業と市街地再開発事業の一体的施行や、権利変換対象を土地に限らずに建築物も対象とする立体換地制度といった手法が構築されている。2つ目は、柔らかい区画整理である。事業目的や地域の実情に応じた柔軟な区域設定、スポット的な公共施設用地の付け替えや土地の入れ替えによる土地の集約等によって、都市基盤の柔軟な再構築を実現するものである。具体的な手法としては、複数の街区を統合する大街区化や換地によって開発のタネ地を生み出しつづける連鎖型区画整理、地続きではない飛び施行区域の設定、新たに公共施設用地を生み出さずに車道の歩行者空間化を行うリノベーション型区画整理がある。3つ目は激甚化する水害への対応である。具体的には、高規格堤防との一体化や土地の嵩上げ、雨水貯留施設・大規模河川調節池の整備が実施されている。4つ目は、事業完了後のマネジメントを見据えた区画整理である。地権者や関連組織からなるエリアマネジメント組織の形成やその活動拠点となる拠点の整備等が行われている。

区画整理は、農地の区画整理のためにつくられた耕地整理法（1899年）から現行の土地区画整理法（1954年）に変遷したように、現在もなお時代の要請に応じて高度化・複雑化しており、近代化の歴史を象徴するような制度である。

PPP｜官民連携

PPP（Public Private Partnership）とは、官（Public）と民（Private）が連携し、民間の持つ多種多様なノウハウ・技術を活用することにより、行政サービスの向上・効率化や、都市開発・地域再生等を図ろうとする概念・仕組みである。官民連携はPPPの日本語訳であるが、建設行政に限らない幅広い課題に対する官と民の連携に用いられている。都市再生の文脈では、事業枠組みの構築・資金調達・建設・維持管理という個別事業の流れの中での官民の役割分担に応じた様々なPPPの手法が構築されている。

その代表的な手法の1つとして、PFI（Private Finance Initiative）があり、PFI法に基づき、公共施設等の建設、維持管理等を民間の資金、経営能力及び技術的能力を活用して行う手法である。ここでは、発注者は仕様発注ではなく、性能発注を行うため、事業者の創意工夫が問われるものである。その他には、維持管理のコスト削減・サービス向上を図る指定管理者制度、民間が建設あるいは保有する施設を行政が管理運営を行う民設公営等がある。

PPPでは、土地・建物の権利構造としても官と民が複合するため、それを実現する制度が活用されている。具体的には、公有地に一定期間民間事業者に貸し付ける定期借地権や、公園やインフラ施設等の都市施設と建築物を1敷地に収めるための立体都市計画制度等がある。これらが適用された事例をはじめとして、PPPの事業における土地の所有は官である場合が多く、都市再生におけるPPPは官有地（公有地）の活用戦略とほぼ同義となっている。

PPP/PFIは、岸田内閣の「新しい資本主義」における「新たな官民連携」の取組の柱となっており、Park-PFIと同様の枠組みが河川や港湾等の他のインフラ分野にも導入するための具体的な準備が行われている。他方で、分譲マンションと一体で建替え、次の更新時には行政単独の意思での建替え等ができない権利構造を作り出している豊島区役所本庁舎（2015年）をはじめとして、PPPによって整備された建築物は、長期的な展望を欠いているという批判もある。また、MIYASHITA PARK（2020年）では、公園のあり方として賛否両論があり、スペインのカタルーニャ地方では、水道サービスをはじめとして、再公営化が起こっている。このように、PPPは公共の空間・サービスのあり方に議論を巻き起こしている状況にあり、継続的な議論が必要だろう。

都市再生と金融

都市再生において金融の仕組みが果たす役割は大きい。その中でも、不動産証券化は、金融機関が不良債権を抱えたバブル崩壊を背景に、新しい金融の手法として期待され、その法的な枠組みや税制面での制度整備が図られてきた。不動産証券化とは、土地や建物等の不動産から生じる賃料や売却益を原資として、社債や株式等の証券を発行し、不動産に流動性と換金性を持たせる仕組みである。

その中で最も大きく発展してきたものがJ-REITである。J-REITとは、マンションや住宅、オフィスビル等に投資をする不動産投資法人(会社型投資信託)である。J-REITは、竣工済み・テナント入居済みの稼働している不動産を主な運用対象として、運用効率の面等から比較的大規模な賃貸不動産を多数保有しており、いわば大規模な不動産会社である。

他方、個別不動産の証券化を行う手法があり、個別不動産を対象とするSPC(Special Purpose Company：特別目的会社)を設立して資金調達するものである。例えば、GINZA SIX(2017年)では、この手法が用いられ、SPCが市街地再開発事業の参加組合員となって、商業施設保留床の保有・運用を行っている。本手法は、不動産事業者が開発におけるリスクを切り分ける手段となっているとともに、J-REITの投資対象としては事業規模が小さくとも、一企業が一括して取得するには高額である場合の選択肢となっている。個別制度としては、地方都市における中心市街地の居住を促進するものとして、不動産証券化手法による居住施設、居住関連施設の整備事業を出資により支援する「街なか居住再生ファンド事業」が行われている。

加えて、不動産クラウドファンディングが不動産特定共同事業法の改正(2017年)によって可能となり、古民家再生のような小規模な事業にも資金調達を行いやすくなった。

さらに、NFT(Non Fungible Token：非代替性トークン)は、都市再生における新しい資金調達の方法となる可能性を有する技術である。デジタル住民票を兼ねたNFTを発行する新潟県長岡市山古志地域(旧山古志村)では、NFT保有者に一部の予算執行権限を与えており、人口減少下での新しい合意形成の形が模索されている。

このように、金融の仕組みは、大規模開発から小規模事業まで、都市再生の実現に寄与するツールである。一方で、権利が細分化した結果、意思決定の場が現場の主体から離れて当該地域の利益となるような運用から離れていくリスクを孕んでいる。

責任ある投資

建築・都市は投機の対象であり、投資活動は都市再生の実現に係る大きな要素である。建築・都市の持続可能性への要請が高まる中で、投資家の意思決定プロセスに経済以外の要素として環境（Environmental）、社会（Social）、ガバナンス（Governance）から成るESG課題を反映させ、持続可能性の向上が図られるべきとした「責任投資原則」が国連から2006年に打ち出された。それ以降、長期的価値をつくることが受益者の利益になるという考えの下、責任投資原則を反映させたESG投資を促進する潮流ができた。近年、国連環境計画・金融イニシアティブ（United Nations Environment Programme Finance Initiative）が、パリ協定を踏まえて責任投資原則を不動産分野で具体的に展開する「責任ある不動産投資」の動きを具現化しようとしている。

具体的な仕組みとしては、カーボン・トレーディングが挙げられる。これは、不動産の運用に伴う CO_2 排出量について許容上限量（capping）を設定して、許容上限量を下回る場合にはその移転（または獲得）を主体間で認めるキャップ・アンド・トレードにより炭素クレジットを市場で売買するというものである。この仕組みが実現すれば、省エネルギー化が、光熱費の削減だけでなく，炭素クレジットという資産も形成する手段となる。許容上限量を大きく超えることになると見込まれる大都市都心部の不動産の開発・運用が、再生エネルギーの導入や森林再生に貢献するような仕組みが構築されれば、脱炭素社会の実現性が高まるはずである。

また、インパクト投資という、財務的リターンと並行して、ポジティブで測定可能な社会的および環境的インパクトを同時に生み出すことを意図するサステナブル・ボンド（債券）の仕組みが構築されつつある。ボンドを発行する主体は官民問わないものであるが、この仕組みが行政サービスに適用される場合には、資金提供者から調達する資金をもとに、サービス提供者が効果的なサービスを提供し、その成果に応じて行政が資金提供者に資金を償還するという成果連動型の官民連携の投資の手法となっている。社会面の取組に特化した場合には、ソーシャル・インパクト・ボンド（SIB）と呼ばれる。日本では、本手法は当初ヘルスケア分野で主に展開されていたのが、近年、都市再生においても展開されつつある。前橋市において、まちづくり分野で日本初となる地域コミュニティの再生及びエリア価値の向上に寄与する事業にSIBが導入された。なお、こうした仕組みが先行して開発されている米国では、グリーンインフラの整備を通じて下水処理施設整備にかかる費用削減を目的として、環境面に特化したエンバイロメンタル・インパクト・ボンド（EIB）が展開され始めている。

リジェネラティブ・サステナビリティ

持続可能性という用語が使われ始めても30年以上経過した現在でも、温室効果ガスの排出量は増え続け、気候変動に伴う自然災害は激甚化している。近年、人間を自然の一部と捉える社会生態系の中で人間と自然の共進化を企図するリジェネラティブ・サステナビリティ（Regenerative Sustainability：再生型持続可能性）という概念が提示されている。従来の持続可能性が、人間活動による自然へのマイナスの影響をゼロにするという考え方であるのに対して、本概念はゼロからプラスにし（net positive）、かつそのプロセスを持続的なものにしようとするものである。

こういった概念を取り入れ、エネルギー自給率100％を超えることを目標とする地区スケールのプロジェクトや開発区域外も含んで評価する持続可能性評価ツールが実施・開発されている。これからの都市再生はプロジェクトの区域を超えてプラスの影響を生み出すことがより一層求められていくだろう。加えて、本概念では、社会生態系の複雑性や予測不可能性等を前提とするシステム思考に基づき、個別の取組の連鎖を促進する（自己組織化する）ための環境を整える庭師のような職能の必要性が主張されている*。リジェネラティブ・サステナビリティとは、多様な主体が展開する自然発生的な小さな取組を連関させることで地球環境問題の解決を目指す方法論として捉えられるかもしれない。

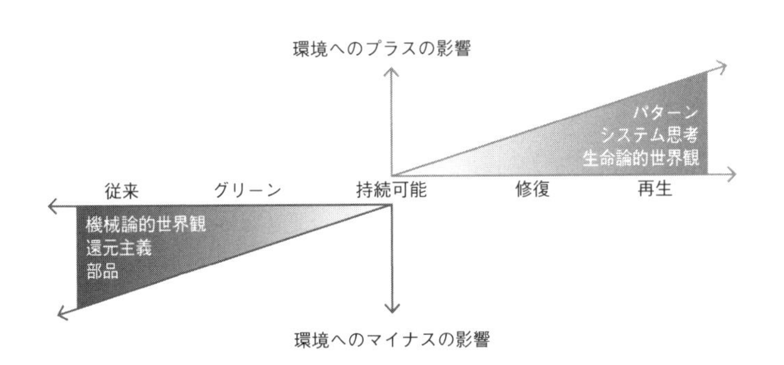

リジェネラティブ（再生型）・サステナビリティに至る段階のイメージ

＊ Mang, P. & Reed, B. (2020). Regenerative Development and Design. Chapter 303, Encyclopedia Sustainability Science & Technology, 2nd Edition.

持続可能性評価ツール

持続可能性評価ツールとは

1987年に持続可能な開発（Sustainable Development）という概念が国連環境と開発に関する世界委員会によって提示されて以降、持続可能性に関する研究・実践は急増し、現在では、環境・社会・経済の3要素から成るトリプルボトムラインやSDGs（Sustainable Development Goals）といった概念でより広く一般に普及している。

その中で、都市・建築分野でも持続可能性評価に関する法制度が整備されてきた。法律に基づくものとしては、開発許可制度や大規模な開発事業が環境に与える影響を計画段階から予測・評価し適正な環境配慮の実現を図る環境アセスメントがある。他方、法律に基づくものではないが、建築や都市を対象とした世界標準の評価ツールとなっている米のLEEDや英のBREEAM、日本のCASBEEをはじめとして、1990年代から持続可能性評価ツールは開発されてきた。持続可能性評価ツールとは、温室効果ガス排出に大きな割合を占める建築・都市を、トリプルボトムラインの各項目から評価し、認証するツールである。責任ある不動産投資の動き等を背景に、持続可能性に配慮した事業であることを示すために大規模開発を中心に認証を取得する事例が増えてきている。

アップデートし続ける持続可能性評価ツール

これらは、当初は新規開発を想定していたものが主であったが、既成市街地に対応したツールが増えるとともに、単独の開発に留まらない地区全体や都市スケールの評価ツールが整備されつつある。例えば、米のEco Districtは、体制構築やロードマップ作成が検討手順に組み込まれており、既成市街地における多主体の存在を前提としたプロセス重視の評価ツールである。

こういった持続可能性評価ツール自体には強制力がないものの、持続可能性評価ツールの認証を受けた建築物や都市開発への投資はESG投資の一環となっている。そういった投資に特化したツールであるArcは不動産の環境性能を指標化するためのデータプラットフォームであり、利用者は、温室効果ガス、廃棄物の排出量、水使用量等の実績データをオンライン上のシステムに入力することで建物や空間の環境性能の評点化し、海外を含む同種の不動産と比較することが可能になっている。

こういった潮流に加え、人の健康とウェルビーイング（身体的、精神的、社会的に良好であること）に焦点を当てたWELL Community Standardやサーキュラー・エコノミーに関連して生物や環境に悪影響を及ぼす化学物質を含んだ材料を整理したレッド・リストを備えているLiving Community Challenge等が開発されており、評価ツールは時代の要請に応じて改良・開発され続けている。

ツールからシステムへ

このように、持続可能性評価ツールの対象は、個別の開発から地区あるいは都市全体まで含むようになった中で、評価を支えるシステムが構築されつつある。サーキュラー・エコノミーの先進地であるオランダのアムステルダムでは、Madasterという素材と製品のオンライン登録システムが開発されている。本システムは、デジタルプラットフォーム上で、建築物の建設に使用された材料や製品を含めて登録・保管することで、再利用が容易にして廃棄物をなくすことを目指すものである。建物を材料の貯蔵庫と捉える考え方である*。

LEEDを開発するUS Green Building Councilをはじめとする持続可能性評価ツールの開発団体は、ツールの適用された地区・都市をまとめてネットワーク化する動きを展開するとともに、教育プログラムを作成する等、より体系的に取組を普及しようとしている。

SDGsをはじめとして、持続可能性に関する一定の目標年次を2030年に定めている政策は少なくない。2030年までに世界の陸域・海域の少なくとも30%を保全・保護することを目指す目標30by30をはじめとする「ポスト2020生物多様性枠組」等の目標がある中で、既存の評価ツールは今後もアップデートされ続け、より包括的なシステム化が進められるだろう。

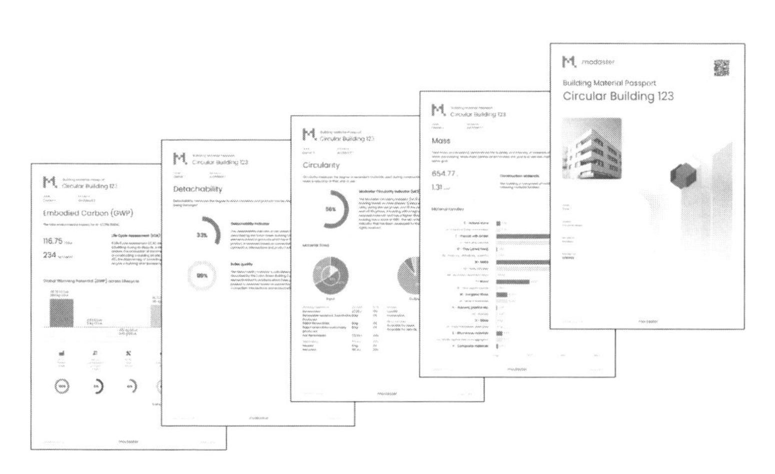

MadasterのMaterial Passportsのインターフェース*

* Madaster https://madaster.com/

都市の
リノベーション

20世紀の私たちは、空間を新築することによって都市の課題を解決してきたが、21世紀に入り、都市にすでにある空間を壊さず再活用することで都市の課題を解決する「リノベーション」が大きな選択肢となってきた。ここではその具体的な方法についての8つのキーワードをまとめた。すでにある空間を一つ一つ読み取り、必要な空間へと生まれ変わらせていくリノベーションは、高度化してしまった都市空間の開発を私たちの手に取り戻す方法でもある。

人口減少にともなってあらわれる空き店舗や空き家の主要な開発方法であり、**公共施設再編**においてもリノベーションが多用されている。一方で、**町並み・景観まちづくり**においても、歴史的な建造物の修復や転用の技術が多く蓄積されており、リノベーションとも通じあう方法が多い。あわせてお読みいただきたい。

Keyword

- □ リノベーション
- □ 廃校活用
- □ エリアリノベーション
- □ DO方式
- □ 不動産情報メディア
- □ DIY
- □ 団地再生
- □ テンポラリーアーキテクチャー

リノベーション

リノベーションとは、対象を改修して新たな機能や価値を付け加えることを指す。単体の建物の再生を意味する言葉として使われることが多い。なおリノベーションと似た言葉である「リフォーム」は老朽化した建物や壊れた部分を修繕することを指し、「コンバージョン」は建物の用途変更を意味する。リノベーションはリフォームやコンバージョンを組み合わせ、従前の状態にプラスアルファをめざす行為であると言えよう。

リノベーションは、海外においては駅を美術館に転換したパリのオルセー美術館（1986年開館）のように、以前から行われてきたが、日本においては2000年代初頭ごろから、建築家の手法として実践が進んでいった。当初産業構造の変化により使い道のなくなった工場や倉庫、余剰オフィスなど用途変更を伴うプロジェクトが多かったが、中古住宅の価値を高めるためのリノベーションも行われるようになった。近年では、老朽化と人口減に伴う遊休化が課題となる公共施設もリノベーションの対象となっている。

既存の建物を何らかの形で再生する場合、解体して新築するか、修繕して現状維持するか、リノベーションして新しい価値を付加するかという選択肢がある。対象の建物を使って事業を行う際は、投資回収が前提になるので、新築よりコストを抑えて付加価値を生み出せるリノベーションが選ばれることが多い。その場合、既存の運営手法の変更（所有者直営から外部委託にするなど）や委託先の見直し、建物の名称を変えるといった、建物の改修にとどまらない検討が必要になることも覚えておきたい。

リノベーションにおいては残すものと変えるものを見極め、価値を見出す見立ての技術を持ち込むことで、開発か保存かという二項対立を超えた解を導くことが期待される。そのためには、住宅においては住み手、事業用建物においては運営者や利用者といった、使い手の視点が欠かせない。そのためリノベーションの過程においては、従来「計画する人」→「作る人」→「使う人」となっていたプロセスが逆転する。リノベーションの普及により、作る時代から使う時代へ、空間づくりの主導権、編集権が使い手に移行してきたといえよう。

廃校活用

廃校活用とは、廃校となった学校施設を新たな使用目的で活用することを指す。

人口増を想定して建設された多くの公共施設が当初の役目を終えて遊休化しつつあるが、その中でも多くの面積を占めるのが学校だ。文部科学省の調査によれば、2002年から2017年までの間に7,583校が廃校となっており、今後も増加が続くと予想される。その有効活用は喫緊の課題であり、外部の視点を入れ、公民連携で方法を模索する必要がある。

2018年時点で、現存する廃校施設の75%が活用されており、用途はアートギャラリーや創業支援施設、工場や宿泊施設など様々だ。学校は地域住民の思いや記憶が詰まった特別な場所だからこそ、取り壊しではなく、建物を活かしつつ民間事業者が新たな価値を見出せるリノベーションの手法を通じ、時代に適応した場所に変えていくことが求められる。

一方、廃校を民間事業者が活用するには壁がある。学校は公共用の財産として、私権の設定が認められない「行政財産」に分類されているため、有償で貸したり売ったりするには、用途廃止という手続きにより、私権の設定が認められた「普通財産」に区分を変更する必要がある。また、民間事業者との契約締結には、議会の承認も必要だ。さらに学校は建設にあたって補助金として国費が投入されている例も多いので、学校教育以外の利用に対し制限がかかる。

こうした用途変更や貸付、売却(譲渡)は「財産処分」と呼ばれ、従来、補助金の一部を国に返還しなければ財産処分を行えないことが制度的な課題であった。そこで文部科学省は、一定の条件を満たせば報告書の提出で用途変更を可能にするなど、財産処分手続きの簡素化・弾力化を進めている。公共施設のリノベーションによる民間活用を促すためには、こうした手続きの障壁を減らす「制度のリノベーション」も重要だ。

同時に、民間事業者を公共性の高い学校空間にどの程度入れるべきか、地域の公共財を特定の企業が管理運営してよいか、といった公益性・収益性の問題も指摘されるが、放置すれば廃墟になる地域の貴重な資産を、適切なリスクとリターンで引き受ける民間事業者があってこそ、地域は活性化するはずだ。そのためには、廃校に思い入れのある地域住民と、行政、民間の合意形成を丁寧に行い、公共性と収益性のバランスをとることも重要だ。

収益性を担保するためには、事業者と廃校施設とのマッチングが重要になる。廃校が生まれる場所では経済的に参入できる事業者が少ない場合もある。適切なマッチングの上で、運営者の視点を活かしたリノベーションが欠かせない。

エリアリノベーション

エリアリノベーションとは、建物単体のリノベーションが同じエリアで同時多発的に起こり、面として展開する動きをいう。

近年、まちづくりの手法が変わり始めている。特に地方都市では、これまで行政主導の地域活性化策が行われてきたが、助成金や市民の良心に依存した取組も多く、事業性・継続性に課題を残してきた。また、計画ありきのマスタープラン型の進め方では、地域ニーズの多様化や変化への対応が難しいという問題もあった。そうした状況下で、個人や企業などの小さな事業主体によるリノベーションが同時多発的に起こり、エリアを変えていく事例が複数の都市で現れるようになった。これらの事業主体は最初から自分たちの活動がまちづくりに寄与すると想定していたわけでなく、個人の活動・単体の建物の再生がきっかけになっている場合が多い。

エリアリノベーションの国内外の事例を見ると、いくつかの共通点がある。

まず、エリアリノベーションには2つの段階があり、個人の活動がエリア内に波及する初期段階を経て、活動がエリア内外に定着・展開する段階に至っている。

初期段階においては、主に4つの職能「不動産・建築・グラフィックデザイン・メディア」を担う人材が存在し、活動を牽引する。また、一般的な空間のつくり方は「計画する人→作る人→使う人」という順番だが、そのプロセスが逆転する傾向にある。例えば、使う人が自分で物件と使い方を見出し、現場で空間の作り方や金額感を調整する。その後、図面を引くこともあるが、この工程が飛ばされて施工がはじまることもある。なお、活動の主要メンバーがプロセス全体の当事者となり、「計画する人・作る人・使う人」を兼ねていることも多い。計画は設計士、作るのは大工というように、近代以降に細分化した建築の職能を、横断・統合して街を変えている。

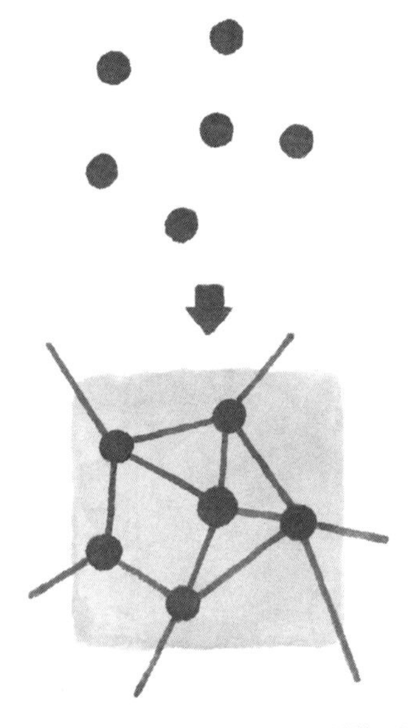

馬場正尊（2016）『エリアリノベーション』学芸出版社、p.3

次に、エリアリノベーションの定着・発展段階では、活動主体が事業を推進する「組織」と「プロセス」を柔軟かつ戦略的にマネジメントしており、持続可能性に意識が向けられている。例えば、最初は個人や企業ができることからはじめ、多様なステークホルダーを巻き込みながら臨機応変にプロジェクトを進めるが、徐々に行政側も民間が活動しやすいように、枠組みや法制度を整備していく。活動の契機こそ民間からはじまるが、ファイナンスや公的機関との連携を整えることで、持続性を担保している。

このように、エリアリノベーションは、漸進的なプロセスで展開していく。小さな取組をネットワークしていくエリア形成手法は、大きな投資が生まれにくい地方都市では、特に合理的な手法と考えられる。

また、エリアリノベーションの手法を応用して、これまで１つの建物が担ってきた機能をエリア全体で担う事例も生まれている。例えば、一般社団法人日本まちやど協会で、全国各地でエリア全体を「ホテル」と見立てる取組を広げている。空き家を再生した宿に泊まり、近くの飲食店で食事してもらうなど、地域の暮らしを追体験できる仕組みになっている。また、東京都高円寺で活動する株式会社銭湯ぐらしは、エリア全体を「家」と見立てる取組を展開している。銭湯をまちの浴室、連携する拠点をまちの台所や書斎と見立てることで、暮らしを地域に開くライフスタイルを提案している。

最近では「エリアリノベーション」という言葉を行政の政策やメディアでも聞くようになり、社会にも実装されつつある。そこに立ち上がる都市は、完成された美しさはないかもしれないが、参加の余白があり、動的な変化を伴い、多様性が現れる風景だ。それが、次世代の豊かさを象徴する風景なのかもしれない。

東京都高円寺における、エリア全体を「家」と見立てたエリアリノベーションのイメージ
加藤優一（2023）『銭湯から広げるまちづくり』学芸出版社、p.157

DO方式

DO方式とは、公共施設の発注方式の1つで、基本計画・設計・運営を一括発注する方式だ。DesignとOperationの頭文字を取ってDO方式と呼ばれている。

これまでの公共発注は、基本計画・設計・工事・運営を別々に発注する「分離発注」が主流だった。大規模かつ公共性が高い事業においては、段階的に関係者の合意を取ったり、計画の質を高めていく必要があるため、この方式が選ばれてきた。しかし近年、小規模なリノベーションの案件も増えており、スピード感や事業性、運営を見据えた設計が求められることが多い。

一括発注の仕組みとしては、工事も併せて発注するPFI方式があるが、全体の事業費が大きくなるため参加できる企業が限られる。そこで、立地や事業規模から大手ゼネコンが参加する可能性が薄い場合などには、工事を切り離したDO方式が有効に働く場合がある。実際に、佐賀県の廃校再生事業（SAGA FURUYU CAMP、2020年）では、DO方式によるプロポーザルが行われ、地元のIT企業と設計事務所の共同事業体が事業を受託し、工事は別発注で地元の施工者が受託した。初期段階から運営者が参画することで、当事者意識のある基本計画・設計をつくることができたほか、利用イメージを事前に共有することでスムーズに運営をスタートすることができた。

公共施設のリノベーションにおいては、建物の設計にとどまらず、発注方式や事業スキームなど仕組み自体をリノベーションしていく視点が必要だ。

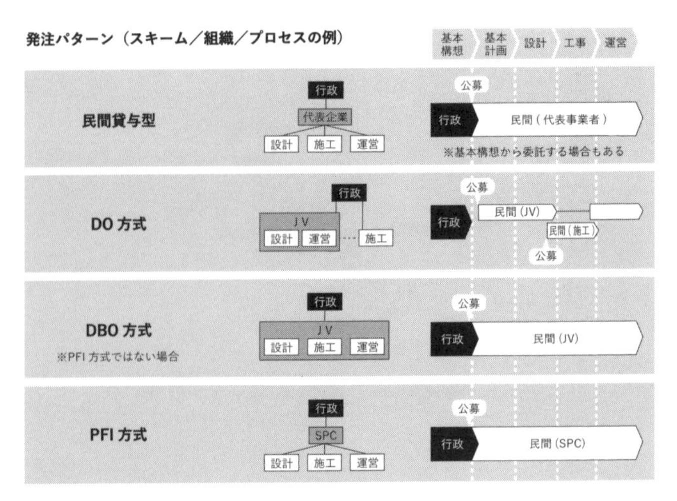

公共R不動産「公募要項ガイド」p.5の図を加工

不動産情報メディア

リノベーションという考え方を世の中に広めるのに一役買ったのが、不動産が持つ価値を編集して、必要な人に届ける不動産情報メディアである。

2003年に誕生した東京R不動産は、不動産情報メディアとして、「改装OK」「レトロな味わい」「天井が高い」「みどりが見える」などの特徴を示したアイコンと、率直な文章と写真で、物件の定性的な評価やポテンシャルを伝えた。従来の築年数や駅からの距離、面積といった定量的な物件情報にとどまらず、新しい不動産の楽しみ方を提案することで、新築至上主義だった不動産の世界で「古家」「上物」などと呼ばれてきた中古物件をはじめ、魅力的なのに眠っている空間を発見するエンジンとして機能した。

こうした不動産情報メディアにより、中古物件を改装して自分らしく暮らしたいと考える人が、物件と出会えるようになり、リノベーションは身近な概念になった。「古くてダメ」とされた中古物件が、リノベーションにより、「古いからこそいい」物件へと生まれ変わり、それを積極的に選ぶ住み手が現れたことによって価値の転換が起こったのだ。

近年では、全国の空き家に定額で好きな期間住めるサービスや、100円で買える空き家のマッチングサイトなど、増加する空き家に新しい価値を見出す不動産情報メディアも生まれ、今後が期待される。

DIY

DIYはDo it yourselfの略であり、日曜大工をはじめとして、空間の使い手が自分で空間に施す工夫を指す。

リノベーションにおいては、既存建物の不動産価値を鑑みながら方針を考えることになり、家賃・利回り・回収に必要な年数や収益性など、お金にまつわる検討事項が多い。限られた予算の中でいかに良い空間をつくるか、と考えたときに、手法として浮かぶのがDIYだ。

自分で施工することで安く上げたい、という金銭的な欲求はもちろん、楽しみながら作りたい、時間がかかっても自分でやってみたい、自分好みにカスタマイズしたいという想いを持つ人が増えてきた。手軽に取り付けられるこだわりの部材をネットで買えるtoolboxや、間取りのプランニングから施工までを施主とワークショップ形式で作り上げるHandi House Projectなど、そうした使い手の想いに応える作り手も出てきている。

住まいづくりに限らず、空き家を使って事業を始める場合など、施工過程の一部をDIYにして仲間やご近所の協力を得ることで場所への愛着が生まれ、開業前から地域に馴染むことができる場合もある。

公共空間も同様で、人々が憩えるよう道路にベンチを置いてみる、といった行為も公共空間のDIYといえる。低コストで素早くできる仮設的なアクションを戦術的に用いるタクティカルアーバニズムは、DIYアーバニズムとも呼ばれている。

団地再生

団地再生とは、建物の老朽化・居住者の高齢化やそれに伴う空室の増加が進む集合住宅団地の住戸・住棟あるいは敷地一帯を、リノベーション・減築・用途転換・建替え・建物を除却した後の敷地の活用などにより、新たな価値ある場とすることを指す。

1955年以降、住宅難の解消を目的に大量供給された住宅団地は、その多くが再生を必要としている。建物の老朽化、間取りや設備の陳腐化に加え、開発時に一斉に入居した世代の高齢化も課題だ。一方で、ゆとりある住棟の配置、年月を経て大きく育った豊かな緑、敷地内の公園や学校、商業施設といった公共スペース、住民活動で培ったコミュニティは、新規開発では生み出せない魅力を持っている。

そうした団地の多くを管理する都市再生機構（UR）では、古さを活かしたリノベーションで住戸改修を行った2011年の京都市の観月橋団地の再生を皮切りに、賃貸住戸のリノベーションを普及させ、無印良品やIKEAなどとの連携や、入居者が原状回復義務なくDIYできる「DIY住宅」に取り組んでいる。

周辺地域に向けて団地を開く、エリアリノベーションをめざした団地再生も行われている。東京都のひばりが丘団地や、福岡県宗像市の日の里団地などのように、地域で求められる機能を団地に入れ込み、団地の新旧住民と近隣住民の交流を促し、コミュニティを支える仕組みが模索されている。

テンポラリーアーキテクチャー

テンポラリーアーキテクチャーは直訳すると「仮設建築」だが、ここでは「暫定的に風景をつくるための空間構成手法」と定義する。一般的なリノベーションは建築の改修を前提としているが、この手法は、既存の空間に家具を並べたり、新しい構造物を加えたりと、建築に触れない場合もある。

不確実性が高い現代社会では、時間やコストを掛けずに時限的な空間をつくり、その試行錯誤を踏まえて次のアクションを決めることがあるが、そんな時に有効な手法だ。

テンポラリーアーキテクチャーは、以下5つに分類できる。

①FURNITURE：家具や屋台など持ち運びできるもの。小さな行為の集積で空間を生み出す。

②MOBILE：自転車や車など車輪がついたもの。必要な時間・場所に移動することで空間を出現させる。

③ PARASITE：既存の環境に新しい要素を加えて成り立つもの。既にあるものを別の用途に読み替える。

④ POP UP：特定の目的のために期間限定で建てる建物。解体する前提があることで、実験的な取組に活用できる。

⑤CITY：①〜④の要素が都市に広がった状態。仮設の街を出現させることで、新しい機能や動線を生み出す。

これらは、個人でもコンパクトにはじめられるため、エリアリノベーションの手段としても活用される。テンポラリーアーキテクチャーは、都市を軽やかに使いこなす道具であり、都市を自分たちのものにする手段でもある。

①FURNITURE：山形ヤタイ

②MOBILE：BUS HOUSE

③PARASITE：殿橋テラス

③PARASITE：INN THE PARK

③PARASITE：CASCOLAND VAN DEYSSEL

④POP UP：People's Pavilion

④POP UP：Tuin van BRET

⑤CITY：森、道、市場

Open A・公共R不動産編（2020）『テンポラリーアーキテクチャー』学芸出版社

公共施設再編

公共施設は私たちの暮らしを支える施設として、公共によって整備されるものである。小学校や中学校、図書館や公民館など、当たり前のように存在している建物であるが、その当たり前が変わりつつある。近年になって高度経済成長期前後に大量に建設された公共施設が老朽化の時期を迎え、それらを人口減少にあわせて、総量を減らしながらどう再編していくのかが問われているのである。実態把握、計画づくりから、市民との合意形成、再編の事業にいたるまでの方法を12のキーワードにまとめた。

人口減少 にともなって顕在化した課題であり、ただ効率性、経済合理性にしたがうのではなく、**来るべき都市** の形態を見極め、空間ビジョンを描いての再編が求められる。あわせてお読みいただきたい。

Keyword

- □ 公共施設マネジメント（PFM）
- □ 公共施設等総合管理計画
- □ 施設白書
- □ 総量縮減
- □ 複合化
- □ 長寿命化
- □ リファイニング建築
- □ 包括施設管理業務委託
- □ 負債から資産へ
- □ PRE（公的不動産）
- □ サウンディング型市場調査
- □ マイナス入札

公共施設マネジメント（PFM）

はじまり：財政健全化のために

高度経済成長の時代に建設された数多くの公共施設の老朽化が進み、特に近年はその修繕や維持管理のコストが財政を圧迫する事態となっている。地方自治体は保有する公有資産（公共施設や公有地、公共インフラ等）の整理が求められるようになった。要するに、お金の心配、経営的な持続可能性の危機が生じたのだ。ここで導入されたのが公共施設マネジメント（Public Facility Management = PFM）であり、この言葉は、1970年代後半にアメリカで生まれたファシリティマネジメント（Facility Management = FM：不動産を経営的に最適な状態で保有・運営・維持する管理手法）に由来する。その進め方は一般的に、①施設情報を洗い出して現状把握し課題を整理、②施設性能やサービスの評価を基に、マネジメントの方針と計画を策定、③計画の実践、④効果の検証、という4段階で説明される。

この問題にいち早く対応した事例の1つとして、青森県の取組がある。2002年、県庁内で11名のチームFMを立ち上げ、調査研究を開始。翌2003年、庁内ベンチャー制度に職員5名で「県営施設管理運営におけるFM導入推進事業」を提案、知事採択され、維持管理業務の支援とコスト削減に取り組んだ。結果、2年で2.6億円の削減効果を出し、庁内でFMの認知が広がったという。

ひろがり：まちづくりとの連動

こうした財政問題への対処としての取組が公共施設マネジメント発展の黎明期に脚光を浴びたため、他の自治体へと普及する際、「財政貢献としての公共施設マネジメント」という認識が先行した。本来公共施設は、行政が公共サービスを住民に提供する重要な場であり、まちを構成する地域の資産でもある。将来のまちの形や有り様にあわせて公共施設の位置づけやあり方も考える必要があり、それはつまりまちの持続可能性を考えることに他ならない。いわゆる一般のFMが財務の面から保有資産を調整することに主眼を置くのに対し、公共施設マネジメントは財政とまちづくりの両面から、持続可能性を考える必要があるのだ。

単に財政状況にあわせて施設を削減するというだけでは、現在のまちの機能を毀損することになるし、一方で現代に生きる人々の要求だけで今のまま施設を維持しようとすれば、未来の世代に莫大な借金を残すとともに、未来の自由度を奪うことになりかねない。このジレンマに向き合う際に必要なのは、財政上の帳尻合わせや従来型の開発積み上げ型まちづくりの発想ではなく、まちの将来を見据えた戦略的な経営とその視点である。

相模原市では、光が丘地区の将来の小学校再編に関して、その跡地・跡施設の利活用を考えるために「どんな地域像が将来希求されるか、どんな暮らしがあるか」という問いを市民ワークショップの中で立てた。使い方の具体的なアイディアより先に、まずまちづくりビジョンを描きそれを核にして、施設がどう位置づけられるかを考えてもらったのだ。そうしたビジョンの下で議論を進めた結果、周辺にある他用途の施設も含めて再編を考えてもよいのでは、という意見も浮かんできた。それは、まちづくりと財政の議論が噛み合い、経営の視点が参加者に芽生えた瞬間であった。

国立市の公共施設再編計画は、一般的な公共施設マネジメントの計画とは趣が異なる。まず「誰もが暮らしやすいコンパクトなまち」を目指す上で半径800mの徒歩圏を1つの単位とし、暮らしやすさと効率性のバランスをとる圏域構成として市域に6圏域を設定、それぞれの圏域で「お互いが見守り支えあえる地域」を目指す「Inclusive Diverse Unit」のまちづくりビジョンを設定した。圏域内の検討では、公共施設だけでなく民間施設と歩道もプロットし、暮らしやすさと外出のきっかけを検証している。このようにして暮らし良い、外出したくなる地域と公共施設のあり方（機能や配置等）を、計画の後段で提示しているのだ。まちづくりの思想が息づいた公共施設マネジメントの計画として特徴的な事例である。

これから：「増やす」もマネジメント

昨今、公民連携事業の実践等で注目を集める津山市では、“直す”（着実な保全）、“減らす”（総面積とコストの縮減）、“増やす”（収益化とサービス向上）の３つを公共施設マネジメントのテーマに掲げている。直すためには、FM基金を作り建物の維持管理業務について単年度会計から脱却させて、計画的・安定的な中長期の保全実践に役立てる。減らすためには、単に施設面積減だけに着目するのではなく、学校施設の断熱改修を通じたエネルギーコストの削減等、維持管理費削減のための抜本的な改革を進める。増やすためには、公民連携を柔軟に取り入れ、地域に住む・関わる人々と公共施設とをつないで、魅力ある収益事業でまちを活性化するチャレンジをいくつも仕掛ける。財政・会計制度・保全の実態と真剣に向き合った結果たどり着いた、津山市オリジナルのやり方であり、「減らすだけでは、本来目指す財政健全化も、まちの魅力創出も叶わない」というメッセージが伝わってくる。

運営権利を民間事業者に設定するコンセッション形式で江戸時代の町家を一棟貸しのホテルに再生した「城下小宿糀や」では、重伝建地区の街の新たな観光宿泊拠点となる。レジャープールが中心であったガラス張りの巨大ドーム建築が会員制のスポーツ施設として再生した「Globe Sports Dome」では、リズムトレーニングという新たなスポーツ体験を提供する。廃園した2つの旧幼稚園舎が地域の民間事業者の提案によって再活用されている「たかたようちえん」と「sense TSUYAMA」は、それぞれパン屋やコーヒースタンド等、カフェレストランや美容院等の複合施設で、地域住民の新たな食の場・憩いの場を提供している。特に公共施設という資産を収益化してサービスを維持向上させるという考え方は、これからの公共施設マネジメントで必須となるはずであり、多くの自治体に参考になるだろう。

公共施設等総合管理計画

公共施設マネジメントの取組を全国の自治体に普及させるために、公共施設の情報と再編の方針を体系的に整理する行政計画として生まれたのがこの公共施設等総合管理計画である。公共施設マネジメントの第2段階、「方針・計画」に位置づけられ、基本のコンテンツは大きく以下の3つが挙げられる。①人口や財政に応じた施設保有量の目標設定、②施設性能とサービスの情報を基にした評価、③施設種類ごとの方向性と全体スケジュールの設定。その書きぶりは実態としては自治体によって様々で、施設情報を踏まえた現状分析と施設再編の行動計画を記すものもあれば、財政や人口、保有施設量の現状把握と地域別の施設配置情報の整理に留まる計画もある。策定要請があってわずか4年弱で99%の自治体が計画策定を終えた。

この計画策定で、ほとんどの自治体が「施設の延床面積を○%減」という削減目標を掲げた。現在または未来の財政規模に応じて所有する資産の量を調節しようとすることは、経営的に大事な行動と言える。この経営的視点が導入され、その必要性が周知された点では、公共施設等総合管理計画の策定は非常に大きな貢献を果たしたと言えるだろう。一方で、公共施設マネジメントは施設を減らすこと、という固定観念を生成したのも事実で、功罪両面を把握することが肝要である。

施設白書

公共施設マネジメントのステップのうち「現状把握・課題整理」に相当する段階に位置づけられる文書で、施設に関する基本的な建築情報と運営情報（性能、機能、利用、コスト等）について整理し課題をまとめたものである。

この施設白書は公有資産の情報を基につくられるもので、例えば固定資産台帳、公有資産台帳、財務諸表といった複数の情報元から横断的に収集し、情報再整理が求められる。それら情報源はばらばらに存在したり、集計の単位が異なったり（事業費ベースだったり、建物毎だったり）するため、策定の労度が非常に大きいことでも知られる。尤も、簡易で持続可能なデータベースを構築すれば更新は比較的容易であるため、多くの自治体で毎年度の更新がなされているのも特徴と言える。

同種の言葉に施設カルテがある。施設カルテは「施設情報の個票」、白書は「カルテ等の情報を基に現状把握と課題抽出の結果を整理する文書」と使い分けることができる。異なるものだが、狙いは現状把握と課題抽出にある点で同じなので、自治体によって、施設白書だけ公開、施設カルテだけ公開、両方を公開、と様々である。なお、施設カルテを地理情報システム（GIS）と統合して地図上で確認できるように工夫した会津若松市、伊丹市、岸和田市などの例もある。

総量縮減

総量縮減は、公共施設マネジメントの代表的標語の1つである。これと組を成す言葉として量と質の観点から「サービスの維持向上」が、量と配置の観点から「適正配置」がよく挙がる。財政状況や人口減少の実態に鑑みて、公共施設の維持管理に係るコストを圧縮するために公共施設の量自体を減らそうという発想に基づきこの言葉が生まれた。財政が逼迫する中では、投資よりも保有資産の整理が重視されるのは自然なことと言える。総量縮減は、公共施設マネジメントを進める上で避けて通れないプロセスである。

一方で、本来縮減したいのはコストであるにもかかわらず、行政の会計制度が予算執行状況を把握するのみのもので、資産の状況や将来の維持管理に係るコスト情報は把握できない事情がある。そのため量的な指標として容易に確認できる公共施設床面積が用いられ、「総量縮減＝面積減」と読み替えられていき、時には公共施設マネジメントは公共施設を減らすこと、という認識すら生まれた。

大事なのは、総量縮減を考えるときの量的な指標を、まずは基本に戻ってコストに替えること、その上で個々の施設・サービスの事業内容や歳出入の状況に鑑みて経営判断を一つ一つ重ねていくことである。民間の企業会計の仕組みを補完的に導入した地方公会計制度は、そのための1つの手段と言えるだろう。

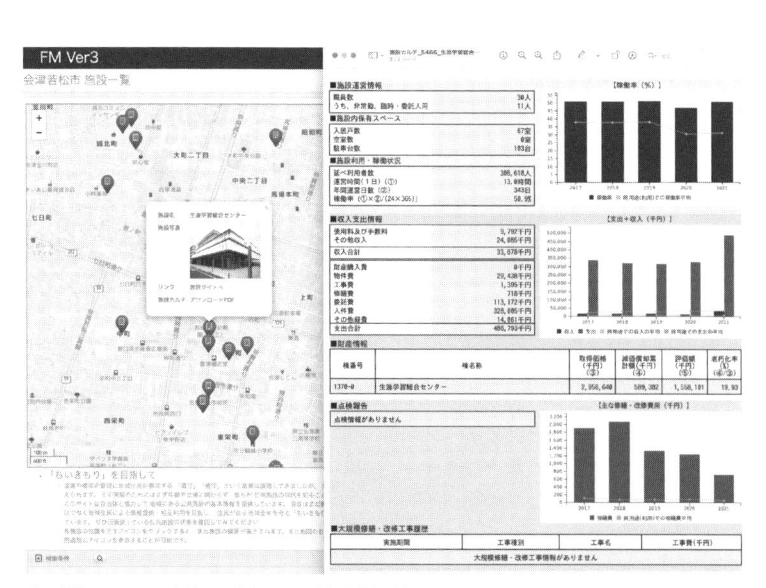

地理情報システムと連動した施設カルテ(会津若松市)

複合化

施設の面積やコストを抑えつつサービスの維持を図るために、施設に複数の用途・機能を組み込む手法である。結果的にサービスのワンストップ化も実現するため市民からも理解が得られやすいこともあり、複合化は多くの自治体で再編時の代表的な手法として例示される。なお、集約化は同種の施設をまとめる手法であるのに対し、複合化は異なる用途の施設をまとめる点に違いがある。類義語に多機能化がある。

公共施設の複合化は今に始まったことではなく、古くから図書館と公民館、庁舎と市民ホール等の様々な組合せがあるが、近年はより多様化し、例えば紫波町のオガール（飲食店・クリニック・ホテル・庁舎・図書館・体育館等）、富山市の総曲輪レガートスクエア（総合ケアセンター・専門学校・スポーツクラブ等）、武蔵野プレイス（図書館・市民活動支援・青少年活動支援・生涯学習等）、アオーレ長岡（庁舎・市民協働・アリーナ・市民交流）、太田市美術館・図書館（美術館・図書館）、立川市子ども未来センター（まんがぱーく・行政窓口・子育て教育支援等）など、枚挙に暇がない。

複合化は、新たな交流・相互作用を生む可能性も有する。例えば保育園とデイサービスを複合化した鳥取市の津ノ井保育園は、園児と高齢者が日常生活の中でふれあえるようなコーナーや園庭を設けたり、それぞれのイベントを相互訪問したりして、設計と運営の両面で交流の機会を作っている。常総市の水海道第一・第二・第四保育所は、「保小連携」のテーマの下、それぞれ豊岡小学校内、三妻小学校内、菅生小学校内に移転複合化された。幼児期から児童期へ円滑に接続して小1プロブレム（児童が学校生活に適応できず問題行動を起こすこと）の解消を目指す、子どもたちの育ちの環境を第一に考えた複合化事例と言える。

無論、そのような理想像が発注者や設計者に存在したとしても、利用者や運営者がそれをきちんと実践できなければ、絵に描いた餅になる。設計者は複数用途の接点となる場所のデザインに心血を注ぐが、利用者や運営者が必ずしもそれを理解して空間を使うとは限らない。例えば一方は賑わいを求め、一方は静けさを求める場合、カーテンやパーティションを設けて空間を分断してしまう事例は実際に幾つも見られる。単に効率化やコスト削減のための複合化に留まらず、その手法のメリットを最大限に生かすためには、手法適用の先にある運営・利用までを見据えた企画構想が重要であり、複合化という手法を選択するときに対峙すべき大切な課題だと言えよう。

また、複合化という言葉に対する市民、特に元施設の利用者の不安についても留意する必要がある。元々の利用者は「自分たちの居場所が移転する、あるいは利用できる床面積が減る」と負の感情を抱きがちで、こうした事業を進める過程でほぼ必須となっている市民対話の機会では反対の声が上がりやすい。だからこそ、複合化した先の未来に施設がどんな人からどのように使われ、地域がどのように関わるのか、未来像の具体的な議論が重要だ。

長寿命化

建物には大きく2つの時間軸のものさしがある。1つは、国または地方自治体が定める「耐用年数」で、利用価値がなくなる、または所定の性能が発揮できなくなるまでの年数の目安を言う。もう1つは「寿命」で、建物が建設されてから除却されるまでの年数を言う。

さて、建物の寿命及び耐用年数を延ばす技術的手法の適用を、長寿命化と呼ぶ。材料、構造、環境等によってそのスピードは異なるが、建物は時間とともに性能低下する。あるいは時代の変化とともにニーズが低下する。かつては、スクラップアンドビルドの言葉通り、利用不可・不要となった建物は除却して建て替えたが、現代社会では建物をより長く大切に使おうとする志向が強くなっている。例えば鉄筋コンクリート造の公共施設の耐用年数は一般的に50〜60年程度とされるが、不具合が生じてからの修繕(事後保全という)など場当たり的な対応が多ければ、耐用年数より短い周期で寿命を迎えることがある。これに対し長寿命化を謳う現在は、①計画的な中小規模の修繕や設備更新、②構造体の耐力度回復や環境性能向上のための外壁改修などの大規模修繕、が推奨される。長寿命化工事は、②のみを指す場合と、①と②を包含して指す場合とがある。それによってより長く建物を活用することを目指すのだ。

長寿命化の利点は、事後保全と建て替えを繰り返すよりも長期的にはコスト削減できる点にある。また、計画的な修繕計画によって財政支出の平準化を図れるメリットもある。市民に愛される施設であれば、より長く使ってもらえる。

一方で留意すべき点もある。まず、長寿命化工事は、老朽化しきった施設には、コストメリットがないことがある。特に旧耐震基準時代の建物で、それまで事後保全すら十分に行われていなかった場合、今から長寿命化工事を行うのは残り使用年数を考えると寧ろ高コストになる。いわき市はこのことに着目して、公共施設等総合管理計画の改訂版で、旧耐震基準の公共施設については「基本的には長寿命化工事の対象としない」という方針を掲げている。また、そもそもその施設・サービスが今または将来に本当に必要なのか、という議論無しに、盲目的に長寿命化を選択している風潮もある。その施設の寿命もさることながら、ニーズの寿命を意識したり、将来的な施設再編の計画と照らしたりしながら、時にはあえて短寿命にする戦略もあって然るべきであろう。

このように、施設の置かれる状況によって、耐用年数や寿命を柔軟に考えながら、必要に応じて長寿命化を図るよう心がけたい。

リファイニング建築

リノベーションやリフォームという言葉が一般化して久しいが、これらは必ずしも耐震性能確保を前提としない建築改修の用語である。「ストック活用事業では、建築物の耐震性能は住人や利用者の安全確保の観点から絶対に確保すべき」との立場から、青木茂建築工房はリファイニング建築という建築再生手法を提案、確立した。

リファイニング建築は、耐震性能確保、既存躯体を生かした新しい空間デザインの実現、長期的運用を見据えた建築情報の整理、総工費の縮減、という4つの特徴を有する。具体的には、躯体の耐震性能を担保する検査を行い、適宜改修・補強工事を行いながら新しい建築用途に沿って空間をデザインしていく。その過程で、多くの建物で出自や経緯を記した検査済証等の情報が失われている現状に鑑み、建物とその情報を後世に引き継ぐための家歴書(建物の履歴書)を作成する。最終的に、建て替えよりもコスト圧縮が可能となり(躯体の改修度合い等で変動する)、耐震性を含めた建物性能は新築と同等に確保される。長寿命化の一種とも言えるが、元来の性能に新たな価値を付加する点でやはり一般の長寿命化とは異なる独自の建築再生手法と言える。

実績は多岐にわたり、公共施設には例えば清瀬けやきホール、北九州市立戸畑図書館、港区立伝統文化交流館等の事例がある。

旧市役所庁舎の図書館へのリファイニング(北九州市立戸畑図書館)

包括施設管理業務委託

行政は、様々な部や課で構成されている。そして行政が所有する多くの公共施設を、それぞれが分担するように所管している。その公共施設の維持管理の業務、例えば清掃、点検保守、監視、小修繕等は、多くが民間事業者に委託されている形で成立している。つまり、それら一つ一つに契約事務が発生し、業務ごとに見れば必ずしも適正な管理がなされない実態があるのだ。この状況を改善する契約形態として現れたのが、包括施設管理業務委託である（以下、包括管理と略す）。

包括管理では、行政が様々な施設管理業務を1つに束ねて、大手の管理会社や地元企業のコンソーシアムと契約する。この契約一本化による事務負担の軽減効果は非常に大きく、書類仕事の負担が減り、本質的に必要な業務や議論に専念できる状態を作れる点で、好評を得やすい。また統括事業者によって業務フォーマットや技術が共有されるなど、統一的な考え方に基づく保全が適切に提供されるため、公共施設マネジメントが目指す「サービスの向上」に結びつく。また、包括管理で対象となる施設の点検修繕等のデータが一元化されるため、契約次第で行政は情報の集約化とデジタル化も成し得る。

一方、事業者側、特に末端の現場作業を請ける地元事業者の視点から見ると、例えば以下のような利点がある。まず、包括管理の契約は中長期のものが多く、事業者は単年度毎の契約事務から解放され、安定的な事業受注環境が作られる。また、中心となる包括企業が地元事業者に対して保全技術を指導・コーディネートするため、地域全体で業務レベルの向上が図れる。

例えば沼田市では、123施設、651の業務が包括管理によって一本化され、予算確保や契約、執行管理、小修繕業務等で13,000時間超の事務コスト削減効果があったほか、点検業務等の仕様統一やコールセンター設置による夜間休日対応の実現など、技術系職員不足の現状がカバーされ、更には市内事業者の受注割合が4割から5割に増加したという。

無論、例えば包括管理に関する手数料分が上乗せされるため、額面上の金額は高くなることが多いのが実態である。あるいは地元事業者の中で「縄張りが大手企業に荒らされる」という不安も持ち上がる。時には「仕事のやり方を変えたくない」「部署の人員減につながりかねない」という上司の意見によって計画段階で頓挫することもある。しかしながら、事務コストの大幅減、地元事業者の技術向上・ノウハウ蓄積と長期的な市場発展、自治体職員の働き方改革に寄与できる点で、この包括管理は多くの自治体に大きなメリットをもたらすと言える。そして何よりも、施設の保全が十分に行き届いていない施設を抱える自治体が多い昨今の状況を踏まえると、施設の安全管理に関わる大事な保全業務について、プロフェッショナルな事業者と協働する意義は大きい。安全安心の担保という側面は、包括管理を導入する最大の動機となるはずである。

負債から資産へ

公共施設に限らず、建築や設備は必ず年月とともに老朽化する。あるいは、その建物が備えている設備では人々のニーズに対応できなくなる。総務省は総合管理計画の改定指針の中で「減価償却費の推移の確認」を推奨しているが、この減価償却という言葉も、時間とともにそのものの価値が減じるという考えが前提にある。開設当初は大きな期待を背負い、愛されてきた施設も、だんだんと利用者も減り、いつか維持管理に係るコストの負担が大きくなって、所有者の負担、つまり「負債」と見なされてしまうことは多々ある。公共施設マネジメントが希求される中で、特にその風潮が強くなっている。そして、そういう施設から総量縮減の目標に沿って廃止の対象とされてきた。

しかし、本当に生かす余地のない負債なのだろうか。本当はその施設や土地のポテンシャルを引き出し切れていないだけではないだろうか。そういう視点に立って、PRE（公的不動産）という言葉が生まれ、それまでは行政が管理運営してきたものを民間の知恵を生かした利活用のあり方が検討されるようになってきた。つまり、「負債」と思われがちなものでも実は利活用の知恵や工夫次第で「資産」にできる、ということである。これを俗に「負債から資産へ」とか「負債の資産化」という言葉で表す。

例えば、小田原市の取組の中に、片浦支所として使われていた1953年竣工の歴史ある建物が、2022年6月にワーケーション施設「U」として甦った事例がある。この復活劇は、公共施設再編の計画上廃止とされ解体が決まっていた施設が、民間事業者の知恵と技術で新たな利活用提案がなされ実現した、まさに「負債から資産へ」の事例である。具体的には、当該支所は2019年3月に役目を終えて使われなくなった負債であったが、その風光明媚な立地特性とレトロな建築的価値が囁かれる状況から、小田原市が民間事業者に「利活用の余地がないか」を調査した。そこで得た複数事業者の「行ける！」「こんなアイディアなら事業化できる！」という前向きかつリアルな意見が当初の解体という意思決定を覆して「再挑戦してみよう」という雰囲気を作り、民間提案制度によって公募、採用された事業者と市とで詳細協議を進め、ワーケーション施設としてリニューアルオープンしたのだ。

これまで接点のなかった主体の意見を聞いてみる、ちょっとした工夫を施してみる、などしてその公有資産と向き合い、機械的に負債と見てしまう姿勢を、もしかしたら資産になるかも！とポジティブに考えるような発想に転換することもまた、公共施設のあり方を考えるのに重要なアプローチだと言えよう。

PRE（公的不動産）

Public Real Estate（公的な不動産）を略してPREと呼ぶ。公共施設や公有地等の公有資産を必ずしも行政が所有しなければならないものとせず、民間市場の不動産と同列に捉え、民間事業者等に譲渡・貸与して施設整備等の事業を興してもらい、地域の活性化に寄与させようという狙いがある。PREの民間活用によって、地方自治体は新たな民間収益事業を通じた地域活性化、貸付や売却で得る収益の財政健全化貢献、というメリットを享受することが期待される。

PREの活用事業は、不動産証券化という手法がよく用いられる。不動産証券化は、土地建物を小口の証券にして販売し資金調達する手法のことで、その事業のために組成された特定目的会社（SPC）が地方自治体と契約を結んでその資産を小口証券にして販売、資金調達して施設整備を行う。なお、日本におけるPRE活用事業はその多くが施設整備事業で、この場合土地は地方自治体が所有したままとなり、整備される施設が証券化の対象となる。そして整備された施設における収益の一部が投資家に還元され、借地料が自治体に支払われる。

例えば指定管理者制度等の管理運営委託とは異なり、PRE活用事業は基本的には施設の利活用のアイディアや実践が民間に委ねられる。無論、事前に用途やスキームに制約を設けることもあるが、管理運営委託よりも民間側の自由度ははるかに高い。つまり、民間事業者の稼ぐ余地が大きいと言える。そしてこの稼ぐ余地こそが、証券化を可能とする要素なのだ。

飲食店、産直店、クリニック、図書館等から構成される紫波町の複合施設オガールプラザは、長期間未利用だった駅前町有地（PRE）に、建設する複合施設を証券化するという形で不動産証券化方式を事業構築の基本スキームにしている。その詳細は様々な文献に詳しいが、ポイントとなるのは、オガールプラザを構成する種々の事業について、この不動産証券化手法の採用によってそれぞれに収入と支出のフィージビリティスタディが徹底されるという点である。SPCが出資金を集める際には出資者に投資を募るが、その際に投資回収の合理的な説明ができなければそもそも資金調達できない、というわけだ。投資家という第三者の評価が働くこのスキームは、非常に合理的なものと言える。

最後に、PREは不動産市場の中で25%を占めると言われているが、PREは街全体の資産活用・再編を考える際のピースの1つである、とも言える。単体で資産活用を考えることも大事だが、地域の持続可能性を考える行政にとっては特に、まちづくりとの関連でPREの活用戦略を描くことが望ましい。

サウンディング型市場調査

PRE（公的不動産）活用事業等で、行政が公民連携による施設利活用を目的とした事業者公募を行うことは多々あるが、その際、どんな利活用のアイディアがあるのか見当がつかず、公募要項の作成が困難な場合がある。あるいは、行政に利活用のイメージはあっても事業者にとって魅力的な条件ではないため、公募時に事業者が手を挙げない場合がある。こうした状況を回避するため、事業者と早い段階から議論の場を持つプロセスを、サウンディング型市場調査と言う。

従来は、施設の利活用といえば、行政が公募を実施し、事業者がアイディアを練って提案、選定されるようなプロセスが一般的であった。それに対して、行政はこのサウンディング型市場調査において、保有する資産の利活用のアイディアや可能性、市場性を民間事業者に対してヒアリングをかけるのだ。謂わばこれは、資産の持ち主である行政側の民間事業者に対する「営業活動」である。

このプロセスを経ることで、所有する資産の市場価値がある程度確認できるほか、事業者が参加しやすい、魅力ある公募条件が設定される。そのことで、事業者側は提案の内容をより魅力的にできたり、事業化へのステップをよりスムースにできたりする。あるいは行政との対話を経て資産の置かれている状況がより詳しく確認できる利点もある。こういう説明をすると「それは癒着ではないか」とする向きも現れるが、サウンディング型市場調査の実施自体は公にされているため、当然公正なプロセスである。

なお、注意すべきは「その内容まで公にしない」ということだ。当然、事業者側は営業を受ける立場であり、行政に対して自身のアイディアやノウハウを貸してあげる立場と言える。したがって、そのアイディアやノウハウを預かる側の行政は、絶対にそれらを他社や市民に勝手に公表したり、流用したりしてはいけない。知的財産保護は、何より注意すべき信頼関係醸成のための基本である。

なお、民間事業者もまた完璧なノウハウを持ち合わせているわけではない。行政が確認したい市場性について、民間事業者も絶対確実と言い切れる予測はできないのだ。そうした点に着目し、公共R不動産が生み出したスキームに「トライアル・サウンディング」がある*。これは、行政が利活用を検討している資産について、一定期間、暫定的に民間事業者の提案する事業を「やってみる、試してみる」ための制度である。この制度をいち早く取り入れた常総市水海道あすなろの里の事例は様々な媒体に詳しく、学ぶべきものが非常に多い。

＊　馬場正尊ほか（2018）『公共R不動産のプロジェクトスタディ　公民連携のしくみとデザイン』学芸出版社

マイナス入札

PRE（公的不動産）を土地付きで売却する際、建物の老朽化が激しい又は利用価値がない場合には、それを除却する必要が生じ、その費用がかかる。

それでも土地売却することで民間事業者による地域活性が望めるような場合、行政が建物を除却した後、更地を公売にかけるのが常套手段である。しかし、除却してから売却というのは、煩雑な行政手続きを二度も経る必要があるため、時間がかかるし行政職員の事務負担も大きい。そこで、土地の価値（+）が建物解体費（−）より下回る場合でも入札にかけることがある。これをマイナス入札と呼ぶ。具体的には、マイナス分の金額を行政が応札者に支払い、無償譲渡契約を結ぶことで成立する（議決が必要）。建物解体から再整備までに民間事業者のノウハウが一貫して生きるため従来手続きの場合よりもコスト圧縮される利点がある。2018年末に深谷市で初めて成立し、室蘭市が続いた。

使われない土地建物を放置しておくことは、まちの経営上、健全とは言えない。資産価値がたとえ低くても、解体費が高くても、行政がお金を払ってでも民間に譲渡し、きちんとその有効活用をしてもらおうと考えることは、つまり未来への投資と言える。こうした経営的視点に立って生まれるのがこのマイナス入札という発想であり、公共施設マネジメントにまちづくり視点が生きる典型例とも言える。

公民連携による旧幼稚園の利活用（津山市「sense TSUYAMA」）

パブリック・ライフ

どれほど美しい空間を開発しても、そこに人々のいきいきとしたアクティビティ=パブリック・ライフがないと意味がない。私たちは美しい空間をたくさんつくってきたが、パブリック・ライフのない都市をつくってきてしまったのではないだろうか。公共空間におけるパブリック・ライフのあり方を考え、時にはユーザーを巻き込んでそれを掘り起こし、育てながら開発を進める方法について9つのキーワードをまとめた。
都市の公共空間を整え、パブリック・ライフを一変させる大きな機会が **都市再生** である。また **都市のリノベーション** に取り組むときの視点としても、パブリック・ライフを持っておきたい。あわせてお読みいただきたい。

Keyword

- □ パブリック・ライフ
- □ プレイスメイキング
- □ タクティカル・アーバニズム
- □ パブリック・ハック
- □ ザ・パワー・オブ・10
- □ 社会実験
- □ 効果測定
- □ エリアマネジメント
- □ BID（Business Improvement District）

パブリック・ライフ

パブリック・ライフの定義

パブリック・ライフとは、主に公共空間における人々のアクティビティ＝活動を指す。公共空間研究の世界的な権威であるヤン・ゲールが提唱した概念であり、都市デザインの観点で都市の豊かさを測る「ものさし」とも言える。パブリック・ライフはその受け皿であるパブリック・スペースと共に存在し、適切にデザインされた場所ではその関係が相乗効果を生む。しかし、思慮が欠けたパブリック・スペースではパブリック・ライフが不在となり空虚な空間のみが都市に取り残されることとなる。パブリック・ライフは多様であり、オープンカフェでコーヒーを飲むといった行為のみでなく、通勤通学時のベンチでの休憩やアウトドアでのランチ、道端での知り合いとの立ち話や休日のサイクリングなど、建物の間＝屋外空間で営まれる人々の日常的な都市生活全般がそれにあたる。

パブリック・ライフの３つの型

ヤン・ゲールの著書[*1]では、パブリック・ライフとしての屋外空間での活動を「必要活動」「任意活動」「社会活動」の3つの型に分類している。「必要活動」とは、日々の通勤通学や日用品の買い物、郵便配達や荷物の運搬など、その場所の環境や状況にかかわらず義務的に行われるものである。その行為をしないという選択肢がないため、公共空間の環境が悪くとも一定の活動が発生する。次に「任意活動」は、利用者自身がその行為を行いたいという意志を持ち、行為を行う場所としての公共空間の環境が良好で、時間などの制約がない場合にのみ行われる。公園での散歩やランチ、屋外でのイベントなどに参加するといった行為が一例である。そして「社会活動」は、必要活動や任意活動と異なり、自分以外の誰かがいて初めて成り立つ行為である。自分、そして相手の必要活動や任意活動の過程において自然発生的に生まれる挨拶や会話、仲間と連れ立ってのおしゃべりや家族でのピクニックなど、他者と共に行う行為がこれにあたる。パブリック・ライフは主にこれらの活動に分類されるが、都市の豊かさを高めるために必要なのは「任意活動」と「社会活動」であり、これらがいかに多様な場所、時間、属性の人によって行われているかが、その都市の豊かさを映し出す。私たちが国内外の都市を外からの来街者として訪れる際に魅力的だと感じられる場合、そこでのパブリック・ライフの豊かさが大きな影響を与えているのである。

活動の器としてのパブリック・スペース

このセクションで解説する用語はいずれも、多様なパブリック・ライフをいかに持続的に生み出していくかを考える際に応用される理念や手法である。日本であれば春夏秋冬という季節ごとの気候差、1ヶ月や1週間という周期での行動の変化、朝昼夜という1日の中での利用者の属性の変化など、パブリック・ライフの様相は空間だけではなく様々な要素に影響を受けて移り変わるため、器となるパブリック・スペースをデザインする際にはそれらを踏まえて検討する必要がある。また、検討すべきはパブリック・スペースの空間デザインのみでなく、多様な活動を許容するための制度的な担保や場の運営の仕組みも含まれる。そうした都市デザイン、空間デザインの複合的なアプローチがあって初めて持続的なパブリック・ライフの器が成立するのである。

観察調査の重要性

対象とする都市でパブリック・ライフを考える際には、まずその場所で営まれているパブリック・ライフの実情を的確に把握することが重要である。パブリック・ライフやパブリック・スペースを対象とした調査手法は1960年代から存在してきたが、それらが学術的領域にとどまらず実際の都市デザインの現場に応用されるようになったのは1980年代末以降である。『アメリカ大都市の死と生』[*2]で知られるジェイン・ジェイコブスや社会学者のウィリアム・H・ホワイトらが行っていた都市の観察の視点も含め、ヤン・ゲールがパブリック・ライフ調査と称して複数の具体的手法を提示したことで、パブリック・ライフの状態把握を行う方法が広く普及した。具体的には、カウント調査、マッピング調査、軌跡トレース調査、行動追跡調査などを行い、それらの結果を統合して判断するものだが、その特徴は原則的に対象者とはアンケートやヒアリングなどで接触せず、現場での観察が基盤になっている点にある。パブリック・ライフが人々の日常的な都市生活である以上、日々移り変わる状況を肌で感じられる現場での観察こそが全ての検討の基盤となる。

パブリック・ライフの価値

人口減少が進み都市間競争がより熾烈になると共に、ライフスタイルや暮らしの価値観が多様化する日本においては、暮らす場所をこれまでの定量的なデータで示される都市機能のスペックのみで選択する人は減少し、本質的な暮らしの豊かさの表出であるパブリック・ライフの存在が新たな価値基準として重要性を増していくだろう。

＊1　ヤン・ゲール（2011）『建物のあいだのアクティビティ』鹿島出版会
＊2　ジェイン・ジェイコブス（2010）『アメリカ大都市の死と生』鹿島出版会

プレイスメイキング

プレイスメイキングの定義

プレイスメイキングとは、「都市空間において愛着や居心地のよさといった心理的価値を伴った公共空間を創出する協働型のプロセス・デザインの理念および手法」*1と定義されている。世界的には1970年代に理念や手法の研究、実践が進み、プレイスメイキングの世界的な先駆者であるニューヨークのNPO、プロジェクト・フォー・パブリック・スペース（PPS）が1975年に設立されて以降は欧米を中心に広く普及し、現在はこれからの時代の重要な都市デザイン手法の1つとされている。日本で広く認知されるようになったのは2010年代以降であるが、現在は国の調査研究の成果や支援措置もあり、全国各地でプレイスメイキングの取組が推進されている。

プレイスメイキングのルーツ

プレイスメイキング（英語表記では1単語でPlacemaking）は文字通り、単なる「空間（Space）」ではなく人々に愛される「居場所（Place）」を生み出すための理念であり、プレイスという言葉が重要な意味を持つ。プレイスという言葉はもともと心理学や地理学で定義されたものであり、それらの分野の専門家がトポフィリア（人々と、場所あるいは環境との間の、情緒的な結びつき）*2やセンス・オブ・プレイス（場所への愛着）*3といった言葉で説明してきた通り、人々がその場所に心理的な結びつきや価値を見出すことで生まれる場を指している。日本の近代都市の公共空間は人流を効率的に捌くという機能効率重視で人と場所との心理的結びつきは希薄であったが、人口減少や歩行者優先という社会の変化の中で、公共空間に求められる機能も交通処理から都市のアメニティへと変わってきている。プレイスメイキングはこうした社会の変化にも有効な手法であると考えられている。

都市デザイン手法としての特徴

プレイスメイキングの大きな特徴は、パブリック・ライフの創出を大きな目標とした「アクティビティ・ファースト」の手法であることと、目標達成に向けた戦略的なプロセスを描くことにある。アクティビティ・ファーストとは、対象とする空間の潜在力や課題を人の日常的な活動の視点から捉え、活動の器として最適な運営の在り方とそのための空間をデザインしていくという考え方である。建築の設計などでは当たり前になされることだが、公共空間の分野では希薄な観点であった。また、取組を進めるプロセスは次の10段階で整理されている。①「なぜやるか」を共有する、②地区の潜在力を発掘する、③成功への仮説を立てる、④プロジェクト・チームをつくる、⑤段階的に試行する、⑥試行の結果を検証する、⑦空間と運営をデザインする、⑧常態化のためのしくみをつくる、⑨長期的なビジョン・計画に位置づける、⑩取組を検証し、改善する。これらの特徴は、前例踏襲が原則とされる日本の都市計画の風習の下であっても、物事を決めきらない段階で試行と検証（日本で言う社会実験など）を行い計画の精度を高めることによって実情に即した計画にしていくという点にある。これらが具体的な手法として体系化されバックキャストで取り組むプロセスとなっている点が、フォアキャストで進めていくいわゆる市民参加型まちづくりやタクティカル・アーバニズムなどとは異なる。

プレイスメイキングの実例と展開

都市デザイン手法としてのプレイスメイキングは日本でも2010年代以降広がりを見せている。ヤン・ゲールが基調講演を行った「プレイスメイキング・シンポジウム2014」は、そのきっかけとなる企画であった。代表的な実践例には、静岡県静岡市の青葉シンボルロードを対象とした「プレイスメイキング・アクション」をはじめ、青森県弘前市の「座り場プロジェクト」、東京都豊島区の池袋グリーン大通りと南池袋公園での取組、愛知県豊田市の「あそべるとよたプロジェクト」などがある。そして2021年には世界のプレイスメイカーが集う「プレイスメイキング・ウィーク・ジャパン 2021」が開催され、日本の取組が世界に発信される段階まで来ている。

プレイスメイキングの価値

こうしたプレイスメイキングの取組には、次のような効果が期待できる。①「使い手」と「作り手」との間に対等なコミュニケーションによる協働の意識や、②公共空間は「与えられるもの」ではなく「自ら獲得し育むもの」であるという都市へのコミットメントの意識転換。そして③利用者がプロセスに直接的に参加することによる場所への愛着やシビック・プライドの醸成と、④専門家や行政だけに頼らずとも地域の人々が主体的に公共空間を変えていけるという持続可能な都市デザイン手法の構築。これらが発揮され「地域の人々が、地域の資源を用いて、地域のために取り組む」という点において、プレイスメイキングはその都市の社会関係資本（ソーシャル・キャピタル）を活用し強化していくものでもあり、これからの時代に適合した都市デザインの理念および手法であると言える。

＊1　園田聡（2019）『プレイスメイキング　アクティビティ・ファーストの都市デザイン』学芸出版社、p.18
＊2　イーフー・トゥアン（2008）『トポフィリア　人間と環境』せりか書房
＊3　エドワード・レルフ（1999）『場所の現象学　没場所性を越えて』筑摩書房

タクティカル・アーバニズム

タクティカル・アーバニズムは、「意図的に長期的な変化を触媒する、短期的で低コストかつ拡大可能なプロジェクトを用いたコミュニティ形成のアプローチ」*と定義されている。タクティカル・アーバニズムの根底には、自動車に過度に依存するアメリカの都市開発のあり方に対して、人優先の都市のあり方を示したニューアーバニズムの理念や運動がある。ニューアーバニズムは、公共交通を優先・連動した開発を行うTOD（Transit Oriented Development）や、ウォーカブルな界隈の創出、土地のミクストユースや多様性のあるコミュニティなど、豊かなパブリック・ライフの創出に欠かせない考え方も含んだ理念を掲げていた。1990年代に始まったニューアーバニズムの運動は着実にアメリカの街を変えてきたが、2000年代以降は従来の都市計画、都市デザインのプランニングのアプローチと比較して、より小さなエリアでよりスピード感を持ってアクションしていく動きが強まっていった。その代表的な例が、道路空間を活用して広場化していくニューヨークのプラザ・プログラムや道路のパーキング・ロットを人のための滞留空間に転用するサンフランシスコのパークレットなどであり、こうした状況を総称してタクティカル・アーバニズムという名がつけられた。

タクティカル・アーバニズムは、時間とコストがかかる大規模な開発や整備の前に、低コストで素早くできる仮設的なアクションを行い段階的に開発や整備のスケールを上げていくという戦術的なアプローチである。この手法は「構築（企画の立案など）」「計測（試行の実施と効果測定など）」「学習（測定結果の検証と次のアクションへの反映など）」という3つが基本要素であり、これをスケールアップしながら反復することで、最終的な開発や整備に結びつけていく。

ここまで解説した内容はプレイスメイキングにも共通する点が多いが、その大きな違いは、プレイスメイキングがその理念や戦略（プロセス・デザイン）に重きを置いているのに対し、タクティカル・アーバニズムは方法としての戦術に重きを置いていることである。取組の先に目指すビジョン、実現したいパブリック・ライフのシーンの共有が強固になっていれば、タクティカル・アーバニズムの事例にあるような自由な発想と多様な主体によるアクションが取組を力強く推進することになるだろう。

＊ 泉山塁威他編著（2021）『タクティカル・アーバニズム　小さなアクションから都市を大きく変える』学芸出版社、p.16

パブリック・ハック

パブリック・ハックとは、公共空間において、「個人それぞれが生活行為として自然体で自分の好きなように過ごせる状態であること」*とされている。「公共」の場を「ハック」するというのは刺激的な表現だが、パブリック・ハックの理念で大切にされていることは、都市生活者としての個々人がその空間の価値や可能性を読み取り、日常生活における自身の気分や動機に基づいて自由に利用、活用することである。そして、その使われ方を管理者や所有者も許容することで利用者同士、利用者と管理者が互いに尊重しあい、良い意味でのグレーゾーンが残されたその土地独自のパブリック・ライフが生まれることになる。リスクの排除（クレームになり得る利用方法の禁止など）だけを優先するのではなく個人の私的で自由な利用を積極的に許容していこうとする姿勢は、利用者のリテラシーと他者への寛容度を高めることで自らその場所の利用の自由を勝ち取っていくという点で、自治的な場の在り方であると言える。それは、指定管理者制度やエリアマネジメントといった民間事業者との連携による場の運営とは異なる、新たなパブリック・ライフの受け皿となり得る可能性を秘めている。

＊　笹尾和宏（2019）『PUBLIC HACK　私的に自由にまちを使う』学芸出版社、p.4

ザ・パワー・オブ・10

ザ・パワー・オブ・10はプレイスメイキングの手法の1つであり、ヒューマン・スケールで都市空間を捉えてアクションするための考え方である。園田によれば「豊かな場所には10以上の活動が共生しており、そのような場所が10以上集まるとエリアとしての魅力が高まり界隈が形成される、そして10以上の界隈が集積した中心市街地は生き生きとした都市の核になる」という仮説*に基づき、10という数字を切り口に都市のポテンシャルや界隈性を読み解いていく（作り出していく）のがザ・パワー・オブ・10の特徴である。これまでの開発や発展の制御を前提とした都市計画では広域→狭域→特定の場所という順序でのアプローチだったが、既成市街地の再編が主となるこれからの都市計画では、体感で街のツボ（魅力となる公共空間やコンテンツ）を把握し、具体的な場所の改変から試行することで、その効果が周辺、広域へと波及し最終的に大きなスケールで都市が変わっていくというアプローチが求められる。そのような時代の中で、ザ・パワー・オブ・10の考え方は、特定の場所での活動というスケールから都市へのアプローチを始められる有効な手段となり得るものである。

＊　園田聡（2019）『プレイスメイキング　アクティビティ・ファーストの都市デザイン』学芸出版社

社会実験

社会実験とは、これまでになかった仕組みや技術などを社会に導入する前に、地域や期間を限定してそれらを試行的に実施し、その効果や影響を把握する取組を指す。定常的な導入の前に実験を行うことで仕組みや技術の効果や影響の規模を把握することができ、本格的な導入の際によりよい形に改善することができる。日本では、国土交通省道路局が道路空間を対象地した社会実験の公募を開始した1999年をきっかけに、現在では道路以外の分野も含めて多様な社会実験が全国で展開されている。都市計画やまちづくりの分野では公共空間の再編や活用促進のテーマで実施されることも多く、机上での議論のみでなく、実際に現場で実験し、関係者や市民がその効果を体感しながら検討を進められるという点で合意形成においても有効な手段となっている。また、仕組みや技術を導入する「作り手」側だけでなく実際にそれを利用する「使い手」側にとっても、新しい環境に慣れる機会になる。この取組はあくまで定常化を目指すものであるため、企画段階における成功への仮説と評価指標の設定、適切な効果測定の実施とフィードバックが重要である。

効果測定

社会実験の実施において、その効果をどのように測定するかは重要な要素の1つである。特にパブリック・ライフの創出や促進にかかる内容である場合は、単純な来場者数や通行者数、空間活用として出店した店舗の売上だけではその本質的な効果を測ることはできない。最も重きを置くべきは人の活動の在り方であり、その様相は「利用者属性の多様性(世代、性別、一人か複数かなど)」や「活動の多様性(会話、飲食、待ち合わせなど)」、対象空間での「滞留人数」や「滞留時間」などとして捉えることができる。それらの評価指標でパブリック・ライフを捉える調査手法は園田によれば「プレイス・サーベイ」*という形でまとめられており、愛知県豊田市などプレイスメイキングの先進事例では実務の現場でも採用されている。これまでの都市計画分野での社会実験では、道路の交通モードを変えるため交通規制など定量的に効果を測れるものが主流であったが、近年では道路や公園など公共空間の利活用の実験が増加している。そうした実験ではパブリック・ライフの在り方を多様な視点から捉えて本質的な検証を行い、実験の効果を的確に評価した上で常設化へと結びつけていくことが求められている。

＊ 園田聡(2019)『プレイスメイキング　アクティビティ・ファーストの都市デザイン』学芸出版社、p.78

エリアマネジメント

エリアマネジメントとは、特定の地域(エリア)において利害を共有する人や組織が主体となり、主に清掃・美化活動、治安維持活動、公共空間の活用事業などによってエリアの魅力と価値を向上させるための取組及び仕組みのことである。取組の対象となるのは、広場、公園、道路、河川などの公共空間や民間敷地内の公開空地などであるが、これらの空間はこれまで行政による均質な維持管理がされてきた。しかし、今後都市間競争が激しくなる中でエリアに「ヒト・モノ・コト(・カネ)」を惹きつけるためには、エリアの共有財産でもあるこれらの空間を活かしてより積極的な投資と魅力づくりを行うことが必要不可欠となっている。そのための手法の1つがエリアマネジメントであり、東京都千代田区の大丸有地区などをはじめとし、全国各地で取組が展開されている。エリアマネジメントの原則は「受益者負担」という考え方であり、エリアの地権者や事業者をはじめとした利害関係者がマネジメント組織を組成し、一定の負担金を出し合いながらエリアに投資し事業を行う。その成果をどう明確化し共有するかが、この仕組みの今後の鍵を握る大きな課題となっている。

BID (Business Improvement District)

BIDは、業務系の用途が集中する地域において、不動産などの資産所有者やオフィス・商業などの事業者が、エリアマネジメントとして地域の発展や不動産価値の維持・向上のための事業を行う際に、組織の設立や財源調達を行うための仕組みである。BIDは1960〜70年代にカナダ・トロントで生まれ、1980年代にアメリカで発展した。BIDの特徴は、地域の資産所有者や事業者の一定割合の合意によってBID組織を設立することができ、そこでの決定に基づいて負担金を地域内の資産所有者や事業者に強制的に課すことができる点にある。一般的には、その財源を用いて公共サービスより高い水準の公共空間の維持管理や運営、警備や清掃、地域内の空間活用促進やプロモーションのイベントなどを行う。日本では2014年に大阪市で「大阪エリアマネジメント活動促進条例(通称:大阪版BID条例)」が成立し、うめきた先行開発地区(グランフロント大阪TMO)で適用された。その後2018年に「地域再生エリアマネジメント負担金制度(通称:日本版BID制度)」が生まれたが、本稿執筆時点では未だ適用例がなく、現場の実情に即して運用できる仕組みが模索されている。

マーケット

広義のマーケットは、人々に必要な資源を行き渡らせるためにある。近年になってそれは、私たちが制御できないような巨大な空間や仮想空間に場所をうつしてしまった。ショッピングモールしかり、e-コマースしかりである。それを再び私たちの手の届く範囲に作り直そうという取組がマーケットである。その成り立ちから先端的なアイデアまで、8つのキーワードをまとめた。
マーケットは空間だけではなく、人と人の経済的な関係を新しくつくっていく。それは疲弊した地方都市を再生する **地方創生** の中核的な方法になるだろうし、大都市においては人々と **緑地と農** の関係を作り直す方法にもなるだろう。あわせてお読みいただきたい。

Keyword

- □ マーケット
- □ 定期市
- □ 街路市｜ストリートマーケット
- □ パブリックマーケットプロジェクト
- □ 小商い
- □ 消費アクティビズム
- □ 透過交換プラットフォーマー
- □ ファーマーズマーケット

マーケット

地域課題解決に向けたマーケットへの注目

マーケットは広義には人が集まって物やサービスを交換する場所や仕組みを意味するが、本書では、商いを目的に屋外に店舗が集まる仮設空間とする。マーケットを自由な商業の場であると捉え、祭りやフリーマーケット、入場に制限があるものは除く。

都市の成り立ちにはマーケットがあり、日本でも交通の要所や各地に市(マーケット)が存在していた。鎌倉時代、室町時代には定期市が広がり関東地方を中心に発達した。江戸時代には街路で行われる街路市(ストリートマーケット)が多くあったが、戦後のヤミ市の広がり、道路法、道路交通法の整備、モータリゼーションの進行により警察の取り締まりが厳しくなり減少した。

近年、物とお金の交換の場としての役割を超えて、地域課題を解決するツールとしてマーケットが注目されているが、ブームとして消費されるのかマーケットが再び日本で花開いた時期として記録されるかは未だ不明瞭である。地方自治体の中には、マーケットを行政事業として取り組む事例も増えており、その内容、目的は多岐にわたる(パブリックマーケットプロジェクト)。

消費行動とのかかわり

現代の都市部の消費は、スーパーマーケット、コンビニエンスストア、専門量販店、ショッピングセンターが舞台となり、企業により量産、標準化された物と個人の所有するお金が等価交換されている。肥大化した企業、流通により、こうした消費の場ではお金の流れや労働環境といった物やサービスが生み出される背景は、不透過化されてきた。一方、マーケットではスモールビジネスや小商いが活躍し、出店者と消費者が直接顔を合わせて買い物をすることで、誰がどのようなプロセスで作ったものにお金を払っているかが比較的明確になる。お金の流れや労働の状況が透けて見えやすい消費を行える場の役割も担っている(透過交換プラットフォーマー)。近年、増加傾向にあるファーマーズマーケットも、食の安全への関心の高まり、地産地消の促進など、農作物の育つ環境への関心の高まりといった、消費の場へのニーズの多様化を反映しているといえる。消費行動は、自分の意志を社会に反映させることができる機会でもある。支持したい人や思想、方法論に積極的に消費を行い、またその逆も行う、消費アクティビズムとしての側面を持つ。

マーケットはイベントでもなければ、単なる小商い・スモールビジネスの場でもない。肥大化したグローバル資本主義が抱える地域経済の衰退、地域コミュニティの弱体化、気候危機、格差拡大、労働搾取に対して、既に存在するローカルリソースを再編集することで新たな道を導き出そうとする方法である。

Market B(l)ooming：マーケット・ブ（ル）ーミング

現在、日本においてマーケットは、急激に注目を集めている。2003年以降の公共空間に関わる複数の規制緩和による公共空間活用の促進、2009年の農林水産省による助成事業「マルシェジャポンプロジェクト」をきっかけとする複数のマーケットの誕生、2014年以降の地方創生事業への注目、そして2018年に日本で初めてマーケットに特化してまとめた本が出版され*、マーケットが都市戦略として示されたことなどが背景にある。しかしブームとして消費されるのかマーケットが花開いた時期として記録されるのかは未だ不明瞭であり、2000年代後半以降今に至る現状をMarket B（l）oomingと呼ぶ。

近隣店舗や農家、作家など地域人材、広場や道路など既存公共空間といった地域資源を活用して、地域経済の活性化（経済）、生活の質の向上（社会）、環境負荷の軽減（環境）の効果を比較的手軽に短期間に低コストで実施することが可能であり、行政やディベロッパーから地域の商工団体、店舗や友人の集まりまで様々な運営主体が各々の目的を持ち開催している。

しかし、場所を確保し店舗を集めればできる手軽さ故に、単なる人集めや賑わい創出の手段としてマーケットの開催自体を目的として安易に行われることもあり、玉石混合の状態にある。コンセプトや目的をはっきりさせずに開始し、継続できる運営手法への知識もなく行われることで、地域の人々がただ消耗してしまうこともある。また、歴史的に続いてきた諸外国では日常の買い物の場として認知されているが、日本ではイベントとして捉えられることが多い。

一方で定期開催するマーケットは着実に増え、各地でマーケットを安定的に運営する運営者も増えており、そうしたマーケットに出店する出店者にとってはマーケットが重要な収入源になっている。政令市でマーケットを定期開催する運営者は、普段の開催場所が改修工事で使えなくなった際にも出店者の収入がなくならないように場所を移動して開催していた。購入者にとっても、定期開催されるマーケットが生活圏に生まれ、生鮮食品を購入するようになるとマーケットが日常の生活の場になることは、意外と簡単に起きる。また、不定期開催、開催頻度の低いマーケットでも地域の魅力を人々に伝えるメディアとしての役割を担い、地域生活、地域経済の活性化に寄与している。

＊　鈴木美央（2018）『マーケットでまちを変える　人が集まる公共空間のつくり方』学芸出版社

定期市

定期市は比較的短い周期で同じ場所で同じ主催者により開催されるマーケットである。定期市は鎌倉時代には月三回開催される三斎市、室町時代には月に六回開催される六斎市が発達した。定期市は寺社の門前、交通の要所などに設けられたが、地方武士の支配拠点にも設けられ、楽市といった政策として城下繁栄のために組み込まれた*。定期市が行われた場所の中には、現在でも地名に市場が残っている場所もある。三重県四日市市は室町時代後期に四日市が行われたことが名の起こりと言われている。また、現在でも新潟県内では複数の六斎市が開催されている。

高知県高知市で江戸時代初期から開催されている街路市は、日曜日、火曜日、木曜日、金曜日に開催され曜日毎に異なる場所で異なる規模で行われている。ロンドン各地で現在も開催されるストリートマーケットやファーマーズマーケットも曜日ごとに開催される。日本のマーケットでは毎週開催するマーケットもあるが、月１回程度開催のマーケットも少なくない。いずれも多くが週末に開催され、平日に定期開催されるマーケットは少ない。比較的短い周期で平日に定期開催されるマーケットが増えれば出店者にとって出店機会が増え、マーケットでの収入のみで生計を立てる人が増えてくるだろう。

＊　石原潤（1968）「定期市研究における諸問題　特に都市発達史との関連において」『人文地理』20巻４号、pp.413-438

街路市｜ストリートマーケット

街路市とは街路（道路）で開催されるマーケットである。今では高知県高知市の街路市が有名だが、かつては各地に街路市があった。京都市では1967年時点で67か所の露店開設場所があったが、安全の確保上問題となるとの理由で場所の取り消しが進められ、買い物習慣変化も伴い街路市の数は激減した*1。近年、商店街や自治体が関わる現代版マーケットを中心に道路を利用するマーケットは増えているが、道路管理者である自治体から得る道路占用許可と交通管理者である所轄警察署長から得る道路使用許可が必要である。

ロンドンでは、ストリートマーケットは街路で開催されるマーケットに限らず、屋外で特定の曜日に特定の場所において仮設で開催されるマーケットを意味する。Streetの直訳は道路や街路だが、英語では道路に限らず広場などを含む広く人々が自由に使える外部空間をさす。ロンドン自治法ではstreetを「恒久的に閉じられていない、人々が無料で入れる土地で、道路から7m以内に存在するすべての場所」と定義している*2。交通網として認識されるroadとは違い、streetは人々のアクティビティの存在がイメージされる空間であり、その場所で生活する人々のアイデンティティとも繋がっている。

＊1　鳴海邦碩（2009）『都市の自由空間　街路から広がるまちづくり』学芸出版社

＊2　鈴木美央（2018）『マーケットでまちを変える 人が集まる公共空間のつくり方』学芸出版社

パブリックマーケットプロジェクト

行政が地域課題解決のツールとしてマーケットを使う施策を、パブリックマーケットプロジェクトと呼ぶ。歴史的な定期市や街路市は領地の統治や繁栄と結びつけられたし、戦後のマーケットの衰退も法制度に影響を受けてきた。そして、現代版マーケットも行政の所有する道路や広場といった公共空間が開催場所となることが多く、行政施策と強い関連性を持つ。

ロンドン市では、市長が発行する都市空間戦略の指針を示すThe London Planにおいて、中心市街地の活力向上、食生活の向上、観光資源としてマーケットが位置付けられ、ロンドン自治法にて開催手法が明示されるなど、都市戦略としてのマーケットの活用方法が確立されている。現ロンドン市長サディック・カーンは2016年の就任以降、マーケットへの集中投資を行い、戦略的にマーケットの新時代を目指している。行政が運営するマーケットの基本的な運営手法については、ロンドン自治法（London Local Authorities Act 1990）により開催手順やライセンシングの必要性など基本的な運営手法が規定されている。行政により運営されるマーケットは「バラ」と呼ばれる行政区が直接運営することが一般的だが、一部のバラはいくつかのマーケットを民間へ委託して運営を行っている。バラはそれぞれにマーケットの戦略を立てており、民間委託についてもバラにより異なるスタンスをとる。

日本でも、市町村を中心に自治体によるパブリックマーケットプロジェクトが拡大している。筆者が全市町村に対して行ったアンケート調査（回答自治体数：613）では、開始年度別にみた事業件数は2009～2010年度に14件であったが、2019～2020年度では66件、さらに2021～2022年度では162件と急増している。内容は、自治体による自主開催、開催にかかる助成または補助、公共空間の無料利用許可、広報支援、マーケットに関する専門家起用、マーケット運営相談窓口の設置など様々ある。実施部署と目的では、商業系部署での商店街支援事業や起業支援、農業系部署での地産地消事業、都市計画系部署での公共空間活用事業、シティプロモーション系部署での移住促進事業など多岐にわたる。マーケットは様々な分野で有効であるが、個別の部署での取組にとどめずに総合計画に位置付けるなど、ロンドン市のように自治体全体として活用を目指すことで、より地域生活に根差した効果が見込まれる。

小商い

小商い（スモールビジネス）とは、個人または従業員の少ない小さな会社が行う商売であり、マーケットと関連の深い概念である。マーケットへの出店は、初期投資が少なく低リスクで行えるため、起業機会に適している。また、消費者と直接対話しながら販売できるため、消費者のニーズ、売れる理由、売れない理由を理解することができ、次回出店時に反映させることができる。都心のマーケットでは地方の生産者が都心の消費者の声を聞く機会にもなっている。プロモーション機会として利用されることも多く、新規就農者がマーケットに出店することで、地域内の販売先や卸先を開拓することができる。

マーケットで起業後、収益が安定した段階で常設店舗を持つこともある。ロンドンのスーパーマーケットチェーンやコスメブランドにはマーケットを発祥とするものもあり、多店舗の展開に成功して大企業への成長や人気獲得を果たした例もある。出店者の多くは店舗を持たずに販売を続けるが、インターネットでの販売、店舗の間借りや委託販売など様々な販売機会と組み合わせて収入を得ている。

ロンドンではマーケットは13,000人のフルタイムの雇用を生んでいるが、日本ではマーケットでの収入だけで生計を立てる人はまだそう多くはない。これは定期開催されるマーケットが少ないこと、多くのマーケットが休日に開催されるため平日に出店機会が少ないことが影響している。ただし、キッチンカーの出店者では平日の販売機会を得て、生計を立てている出店者もいる。マーケットの収入をメインに生計を立てる出店者から補助的な収入である出店者まで様々である。収入のメインでない場合は、趣味として捉えられることもあるが、継続的にマーケットに出店し利益を出す出店者にとってマーケットは重要な収入源であることに変わりはない。コロナ禍でマーケットが開催されなくなった時に、別の仕事に就いた出店者は多くいた。

マーケットでの出店者の収入額は様々だが、共通していることは、多くの出店者が商品の製造過程にこだわり、自分の手の届く範囲で材料を揃え、デザインや運搬など必要な助けも身近な人に依頼している。結果として、地域内からお金が出ない方法を取っており、地域の経済循環に寄与している。

消費アクティビズム

消費アクティビズムとは、自分が信じる大義や価値にコミットする企業やブランドの商品を積極的に購入する「バイコット」と、その反対に賛同できない企業やブランドの不買の姿勢を表明する「ボイコット」を通じて、自分の意志を社会に反映させることをいう。人口の1%が富の大半を支配し、企業や政治家の権力が拡大する一方で医療費や家賃の高騰、所得格差により一般市民の生活が苦しくなり、自己破産やホームレス状態の人の増加が社会問題化してきたアメリカでは、特にドナルド・トランプ前大統領就任以降、若者を中心にSNS上でのボイコット活動やバイコットという消費アクティビズムを展開した[*1]。

「買い物は投票である」とよく言われるが、消費は市民が自分の意志を社会に影響を与えることができる1つの手段である。マーケットでは、個人または小規模の生産者、加工者、製作者が流通を介さずに直接販売することが多く、誰にお金を払っているかが明確である。単純な物とお金の交換を超えて、生産に係るプロセスや労働、思いなどを含めて出店者が積み重ねてきたことへの対価としてお金を払っていると実感することができる。出店者は環境、地域経済、公正な取引への配慮などそれぞれに自分の信念を持つ人が多く、運営者もまた社会的目的を持っていることが多い。人々はそれらを選び購入することで、地域経済へのサポートなど自分の意志を反映することができる。筆者らの調査では、地域の出店者を集めたマーケットで消費されたお金は、地域外出資のショッピングセンターでの消費に比べて約6倍多く地域に残ることが試算されている[*2]。地域外出資の企業で使ったお金は本社がある東京に流れ、材料費は海外や他地域に流れ、地域に残るお金はわずかである。マーケットでは地域の出店者にお金が入り、材料を地域から調達していればさらに地域にお金が残ることに繋がる。地域からお金が漏れ出ない買い物を選択することで、地域経済を豊かにすることができる一例である。

消費アクティビズムは、日々実践することが可能である。飛行機で輸送された農作物ではなく地元で育つ旬の農作物を選択するなど、小さなことから始めることができる。

消費アクティビズムが地域で育ち、人々がただの消費者ではなく社会を作る一員としての自覚を持ち行動するようになれば、より豊かな地域生活が送れるのではないだろうか。

＊1　佐久間裕美子（2020）『Weの市民革命』朝日出版社
＊2　稲垣憲治・鈴木美央（2022）『地域資源を活かしたマーケットはどれくらい地域に裨益するか　経済的側面を中心に』地域活性化協会

透過交換プラットフォーマー

　マーケットは個々の出店者が出店できる枠組みを提供している点でプラットフォームであり、そこで行われる交換がお金や労働の状況が比較的透けてみえるプラットフォーム提供者のことを「透過交換プラットフォーマー」と呼ぶ。

　物の購入には、企業など匿名的・間接的な販売者から購入する場合と、特定の販売者から購入する場合がある。前者は例えばスーパーマーケットなどでの買い物であるが、実際にお金を支払う相手である店員と購入者が商品とお金を交換しているわけではない。購入者の支払ったお金は店員の給与には直接反映されないし、購入者も店員に対する支払いの意味でお金を払っているのではない。購入した物の調達は複雑化し、複数の企業や人が関わり、購入者のお金が誰にどの程度分配されているか、購入者自身には分からない。不正な組織にお金が流れたり、不当労働が行われているかもしれない。

　一方、特定の販売者から購入する場合は、販売者に手渡したお金の大半が、販売者自身の判断の中で分配されていく。販売者の収入になり、材料の調達も販売者の判断により行われている。購入者が支払ったお金により販売者は今日の夕食を買うかもしれない。お金の流れが比較的透けて見えてくる「透過」交換といえる。

　特に生産者や製作者自身による直接的な販売機会となるマーケットにおいては、直接仕入れた商品を販売している場合が多いほか、訪れる人も物のストーリーが見えるそうしたマーケットでの購入を楽しみにきており、透過交換プラットフォーマーとしての役割を果たしている。こうした交換の場では、お金と物が等価であるか以上に誰がどのような意志でどのような労働で商品を作ったのか、物の背景が購入意志に影響を与える。

　プリミティブな交換の手段であるマーケット以外にも、テクノロジーによりもたらされた透過交換がある。「メルカリ」や「ジモティ」などのフリマアプリ、「ミンネ」や「クリーマー」などのハンドメイド販売アプリは、インターネット上で個人が個人に対して販売できるプラットフォームである。匿名性を持ちながらも、支払ったお金の大半が販売者に入り、プラットフォーマーが得る手数料、送料もおおよそ想定ができ、お金の流れが把握できる。販売者のレビューや販売履歴から販売者がどんな人か確認でき、この人にお金を払い商品を交換することが妥当か判断する基準になる。さらには値下げ交渉やメッセージのやり取り、取引後の互いの評価からこの人と交換をしていることが明確になる。

　かつては当たり前であった透過交換が資本主義の拡大と流通の発達により、等価交換の名のもとに不透過化されてきた。その結果、不当労働が露呈した後も、私たちはファストファッションを選択し続けている。不透明な交換が当たり前になってしまった今、個と個の交換に回帰した透過交換プラットフォーマーの役割は大きい。

ファーマーズマーケット

ファーマーズマーケットは、生産者である農家が直接農作物を対面で販売するマーケットである。国内外問わず、歴史的なマーケットの中には高齢化や地域のニーズに対応できずに衰退しているマーケットがある中で、ファーマーズマーケットは、人々の食に対する安心安全への関心の高まり、地産地消へのニーズの高まりが追い風となり拡大している。生産者にとっては、流通時に求められるサイズや形といった規格の制約に左右されずに、育てた農産物を直接市民に販売することができる。特に無農薬、減農薬、自然農、ユニークな野菜を育てる農家にとっては、直接商品の説明ができ、生産者が目指す価値をそのまま届けることができる。また新規就農者にとっては、地域とのつながりを作る場としても機能している。

大規模農業が行われ、大規模スーパーマーケットが浸透しているアメリカでも、ファーマーズマーケットは時代を超えて新鮮で地元で生産された食品の重要な供給源として機能してきた。1730年にペンシルベニア州ランカスターでファーマーズマーケットが初めて開催されて以来、現在では全米で8000以上のファーマーズマーケットが開催されている[*1、2]。また、低所得者が新鮮な野菜を得るプログラムとして、1992年より連邦政府がファーマーズマーケットで使えるクーポンを発行している[*3]。行政区がマーケットを運営することの多いロンドンでも、2012年にロンドンファーマーズマーケットアソシエーションが誕生し、現在では20のファーマーズマーケットを毎週開催している。ファーマーズマーケットアソシエーションは農家を束ねてマーケットを開催するだけではなく、独自のルールを設け、農場に直接出向き品質管理を行っている。運営者が基準を設けることで、スーパーマーケットなどと比較してファーマーズマーケットに寄せられがちな品質管理への不安を解消している例である。

日本では自治体の農政系部署や農業関係者、地域団体が開催しており、農作物を中心に、雑貨や日用品が販売されることも多い。また、ファーマーズマーケットは農家の研修の場、コミュニティガーデンで育てた野菜の販売機会、こどもや市民への農業教育の場として広く農業振興に活用されている。

＊1 Arthur Neal, "Meet Me at the Market" – The Evolution of a Farmers Market, U.S. DEPARTMENT OF AGRICULTURE, 2019.4.26, https://www.usda.gov/media/blog/2013/08/07/meet-me-market-evolution-farmers-market (2023.3.8)

＊2 アメリカ合衆国農務省によるファーマーズ・マーケット・ディレクトリーには、2つ以上の農家が共通の場所で農産物を直接販売するマーケットが掲載されており、この数が8000を超えている。

＊3 佐藤亮子（2006）『地域の味がまちをつくる　英国のファーマーズマーケットの挑戦』岩波書店

アートと都市

多くの人は、アートは美術館で鑑賞するものであり、都市にアートを導入する時には新しい美術館をつくればよい、と考えているだろう。しかしアートは額縁から出て、その形をどんどん進化させており、観客との関わり合いの中で製作されたり、衰退した地域を再生するための戦略的な手法としても用いられるようになった。そのようなアートの新しいあり方を概観する9のキーワードをまとめた。
アートの強みは、多種多様の都市の課題と組み合わせられることにある。アートを組み合わせることで困難な課題解決の糸口が得られるかもしれない。例えば**社会的包摂**、**レジリエンス**、**グリーンインフラ**といった課題にアートを組み合わせるとどういう可能性が広がるだろうか。

Keyword

- □ アートプロジェクト
- □ アート系ワークショップ
- □ アートマネジメント
- □ アートを介したコミュニティ形成
- □ ソーシャリー・エンゲイジド・アート
- □ ストリートアート
- □ アーティスト・イン・レジデンス（AIR）
- □ オルタナティヴ・スペース
- □ 創造都市（クリエイティブ・シティ）

アートプロジェクト

社会のあらゆる事象を取り込むアートの試み

アートプロジェクトとは、ギャラリーや美術館などアートのために整備された空間を飛び出して作品制作や発表を行う、または制作のプロセスで作者以外の人々の参加を意図的に組み込み、他分野と積極的に協働する作品やプロジェクトの総称である。アートと社会の接点を生み出すことに意識的であるという共通点はあるものの明確な定義は難しく、その評価や美学的な考察などを巡って議論が続いている領域でもある。

アートプロジェクトが盛んになった背景は、モダニズム以降活性化したアートマーケットへの反発として、商品としては流通しにくい屋外への作品設置や形の残らないパフォーマンス形式の作品が生まれたことや、時代の変化とともに作品に用いられる素材が多様化していったというアートの歴史がある。そうした中で旧来の絵画や彫刻で使用されていた伝統的な素材だけでなく、身近な生活用品や人々の関係性そのものまで社会のあらゆる事象が作品の一部として利用されていくようになった。

国内での興隆と芸術祭の役割

日本では1950年代からアーティスト達が主導する野外展示が行われるようになり、60年代にかけてそのような動きは活発化していった。一部のアーティストらの関心はギャラリーや美術館ではなく、自然の中や公共空間など特徴を持った場所へ向けられるようになり、そこを会場とした作品発表の動きが80年代まで続く。そしていくつもの地域で土地の特性を活かした芸術祭が開催されることになった。

こうした動向を受けて90年代以降は、活動を金銭的にサポートする助成金や活動の担い手となる人々の育成などプロジェクトを取り巻く制度の構築にも意識的になっていった。そしてアーティストやキュレーターだけでなく、企業や行政、ボランティアなど様々な人々が作品制作や設置、プロジェクト運営に関わっていくようになった。街中の公共空間や廃校などを活用した作品展示が増加するだけなく、こうした組織づくりなども含めて社会とアートの関係が模索されたことが現在では一般化したアートプロジェクトの原型にある。前述の動向を受けながら2000年代以降には越後妻有アートトリエンナーレや瀬戸内国際芸術祭などの地域密着型の芸術祭が一般化し、全国各地で様々な規模のアートプロジェクトが興盛することとなる。

現在ではキュレーターや専門家が選出した国内外のアーティストを招聘する国際展または芸術祭、アーティストが特定地域に滞在しながら作品制作や発表を行うアーティスト・イン・レジデンス、屋外に恒久的に作品を設置するパブリックアートなどにおいても、特に地域住民の参加を意識したものや、特定コミュニティとの協働を続けながらアウトプットの形式を模索するような可変性を持ったものはアートプロジェクトと呼ばれる場合がある。予め決められたものを作るのではなく、状況に応じて計画を更新していく柔軟性もアートプロジェクトの特徴と言える。

多義的な創造力が持つ可能性の提示

多くのステークホルダーによって成立するアートプロジェクトは、地域や協働分野によってプロジェクトが目指す方向性も異なるため、美学的価値だけでなく地域振興や社会包摂、コミュニティの課題解決やビジネス視点での事業展開など様々な目的が付随していることもある。こうした中で協働分野が担う社会的価値の達成が優先されたり評価方法が偏ったりすることで、本来アートが持っている批評性が失われることや、目的が単一化することでプロジェクトに関わる人々の多様性が見落とされることが懸念されている。

しかし、2017年に法改正された文化芸術基本法で観光、まちづくり、福祉、教育など他分野との協働推進が明記されたことで、アートプロジェクトは今後も活発化することが予想される。同時にアートは社会課題を解決する特効薬ではなく、その成果が現れるまでに長大な時間を要する場合もある。複雑化する価値観や多様なステークホルダーの中でアートの力を最大限に引き出すためには、長期的な視野で専門的なサポートを行うアートマネジメントの存在が一層重要になるだろう。アートの価値を多角的に考察し、これまで美術館などを訪れた経験のないような層にもその価値や魅力を発信するコミュニケーション能力、より良い協働を生み出すための領域横断的な知識の習得、そして共通点や差異の理解なども必要となるはずだ。こうして社会におけるアートの価値を考えていくことで、アートプロジェクトはアートのためのアートではなく、より多義的な創造力の可能性を示してくれるだろう。社会の中でアートに何ができるのか、アートプロジェクトはその可能性を拡張し続けている。

アート系ワークショップ

まちづくりにおけるワークショップは、参加者が協同である提案をまとめていく作業を行う集まりを指す。一方、アート分野におけるワークショップは参加者それぞれが表現を行う場の提供や、多数の人々が関わることで完成する作品制作への参加など多様な意見の表出を狙ったものが多い。

また、まちづくりワークショップでは、参加者が協同を通じて一定のまとまりを持った結論を導き出すことが目指される。対して、アート分野ではむしろそれぞれの「個」を表出させることで、多様な意見や嗜好、解釈の存在を経験することが目指されるという違いもみられる。

具体的には、作品制作の手法によって制作を追体験するプログラムなど、同時代に生きているアーティストが講師を務めるものが一般的である。加えて、作品鑑賞を通じて参加者同士が対話を行う取組もワークショップと呼ばれる。近年はアートプロジェクトのなかで地域住民を巻き込む仕組みとして実施されたり、美術館においても教育普及事業の拡充から展覧会に参加しているアーティストを講師として招いたワークショップなどが盛んになっている。

東京都墨田区を拠点に活動するアートプロジェクト「ファンタジア! ファンタジア!―生き方がかたちになったまち―」でのワークショップ風景

主催：東京都、公益財団法人東京都歴史文化財団 アーツカウンシル東京、一般社団法人藝と

撮影（写真上）：高田洋三

アートマネジメント

アートマネジメントの言葉の定義は幅広く、広義には、文化・芸術と社会を繋ぐための知識や方法論を指す。マネジメントは一般に企業経営の意味合いで捉えられるが、アートマネジメントは主に非営利の芸術活動を対象とする。具体的な業務は、展覧会やプロジェクトの企画立案、進行管理、広報、資金調達、教育普及、アーティストの活動支援、国内外の文化芸術機関とのネットワーキング、通訳など多岐にわたる。現代社会の動向や多様なニーズを捉え、芸術に関する理解と幅広い知識を持ち、異なる文化や社会背景を持つ人との共通言語を探り、社会とアートの接点を創る中間支援的な立場として他者へのアクセスを可能にする役割をもつ。

日本におけるアートマネジメントの普及の背景には、1980年代に多くの文化施設が建設されたハコモノ行政と呼ばれる時代が関係している。当時、立派な外観の文化施設が建設されながら、施設内で文化活動を展開するノウハウの欠如から有効活用されない状況に多くの批判がなされた。こうした背景から90年代に入ると大学や外郭団体においてアートマネジメントの専門教育が広がり始めた。また、芸術文化振興基金や企業メセナ協議会の創設を通じて文化芸術活動への助成や支援も展開されるようになり、活動資金を確保する手法として、アートマネジメントへの関心は高まった。さらに、NPO法（1998年〜）や指定管理者制度（2003年〜）の導入により、アートマネジメントが必要とされる場や組織の形態にも変化が表れた。特にアートNPOの登場は、公演や展覧会などで観客に作品鑑賞の機会を提供するだけでなく、アーティストの日常的な活動の支援、子どもや市民を対象としたワークショップやアウトリーチ活動などにも取り組み、アートを通じた新しい社会サービスの提供を活発にした。また、まちづくりや地域振興と密接に関わるアートプロジェクトや芸術祭が全国に展開され、地域住民や行政など様々な立場の人とコミュニケーションを図ることが求められるようになったことで、アートNPO以外にもアートコーディネーターやメディエイターと呼ばれる存在が現場の下支えに必要不可欠なものとして登場してきた。

このように、アートマネジメントに必要なスキルは実践と試行錯誤を重ねながら時代に合わせて拡張し続けている。持続可能なマネジメントを発展させていくためには、アートの専門的な知識でもって異なる領域を横断しながら、そこに小さな接点と信頼関係を築いていくことが重要になるはずだ。

アートを介したコミュニティ形成

アートは、鑑賞だけでなく、参加や協働など様々な形で、人々の接点を生み出すことができる。こうした関係性の創出を、「アートを介したコミュニティ形成」と呼ぶ。日本では、2000年以降に芸術祭やアートプロジェクト(以下、プロジェクト)が全国各地で盛んになったことから注目を集めるようになった現象である。地域活性や社会的包摂といった課題に向き合うプロジェクトの展開が、地域住民や観客との関わりから共同体=コミュニティの形成につながることもある。

こうした動きに貢献しているのが、プロジェクトの現場を支えるボランティア/サポーター組織の存在である。地域住民の他に学生や会社員など年齢もバックグラウンドも異なる多様な人たちが参加し、組織を率いる事務局と連携を図りながら、自身の特技や関心から自発的なアクションを通して現場を支えている。アーティストの作品制作補助、開催期間中の会場受付、作品解説を行うツアーガイド、SNS等を通じた作品や開催エリアに関する情報発信などが主な活動内容であるが、アートが観るだけではなく参加するものへと変化してきたことで、様々な関心を持つ人たちとの新たなコミュニケーションが生まれるようになった。コミュニケーションの創出には、展示されるアート作品の傾向も関係している。一般市民がアーティストの制作のプロセスに関わり共同制作者となったり、観客がアクションを起こすことで成立したりする参加/体験型の作品が増えてきた。偶然的なプロセスを経た作品は、アーティスト自身も予想していなかった他者との関係性を築いている。こうしたアートの実践を本書ではアーティスト本人以外が作品に関わる芸術実践の形態として1つに括っているが、類似した用語にリレーショナル・アート*1、参加型アート*2、コミュニティ・アート*3などがある。

最近のアーティストの活動では、「アート・コレクティブ」と呼ばれる動きも増えている(「アーティスト・コレクティブ」や「コレクティブ」と併用されることもある)。複数のアーティストが社会と関わりながら共通目的の達成を目指す共同体的なアートの実践で、活動や行為そのものを作品と捉える場合もある。アーティストの集団的活動は近年になって始まったことではないが、集まることで他者と知識や体験を共有しようとする試みである。

*1 フランス人キュレーターのニコラ・ブリオー(Nicolas Bourriaud)によって用いられた、「関係に重きを置いた芸術」を意味する用語。1998年にフランス語で出版された『L'esthétique relationnelle(関係性の美学)』以降、多くの人によって広く用いられるようになった。

*2 イギリスの現代美術館テート・モダンでは「観客がイベントの参加者となるように、制作プロセスに直接参加するアートの形式」と定義されている。(参考:https://www.tate.org.uk/art/art-terms/p/participatory-art)

*3 イギリスの現代美術館テート・モダンでは「交流や対話を特徴とした地域社会に根ざした芸術活動で、アーティストが一般の人々と共同作業を行うことが多い」と定義されている。(参考:https://www.tate.org.uk/art/art-terms/c/community-art)

『黄金町バザール2008』, ウィット・ピムカンチャナポン《フルーツ》, 2008
撮影：安斎重男
写真提供：NPO法人黄金町エリアマネジメントセンター

ソーシャリー・エンゲイジド・アート

ソーシャリー・エンゲイジド・アートとは、アーティストが協働制作などを通じて特定のコミュニティへ働きかけることにより、社会的価値観の変革を目指す活動の総称である。その頭文字を取りSEAと表記されることもある。社会への積極的な関与という点ではアートプロジェクトに含まれるが、より具体的に価値観の変革を目指しているという点が特徴だ。代表的なものとして、ドイツで高層ビルの誘致が予定されていた土地を舞台にアーティストが近隣住民を巻き込みながら様々なイベントを行ったことで、その場所を公園にするという結果をもたらした「パークフィクション」（1994〜）、DV被害にあった女性たちの体験を知り、意識変革を行うためのワークショップやパフォーマンスに取り組んだアーティストのスザンヌ・レイシーによる「自らの手で」（2015）、犯罪が多発していた南シカゴの地域で、住民とともに空き家をリノベーションして地域に開かれた場所をつくるシアスター・ゲイツの「ドーチェスター・プロジェクト」（2009〜）などがある。SEAで重要なことは、アーティストがプロジェクトを主導しながら社会やコミュニティにとって具体的で有益な結果を生むことにある。

ストリートアート

主に1970年代のヒップホップやスケートカルチャーに端を発した表現は、ストリートアートと呼ばれる。現代では、正規の美術教育の有無にかかわらず、路上や公共空間の特徴を活かした実験的な表現活動全般を指す場合もある。代表例に、スプレー缶やマーカーで制作されるグラフィティがある。アーティストの名前を単色で素早く書く「タグ」、2色で文字のアウトラインを書いた「スローアップ」、より書き込みを行う「マスターピース」、壁一面を使った「ミューラル」といった種類があるほか、地域によるスタイルの違いや、自分よりも上手いグラフィティの上に重ねて書いてはいけないといったルールなど、独自の文化体系が発展している。建物の所有者の許可を得ず違法に書かれているものが多いが、許可を得て合法的に書かれている作品も存在する。

ストリートアートには、都市を生活者とは異なるレイヤーから観察するヒントが隠されている。グラフィティが書かれた場所に注意すると、死角や周辺環境との関係など街の特徴が見えてきたり、ビルが解体されたことで隣のビルに書かれたグラフィティが姿を現すなど、都市開発の痕跡が読み解けたりすることがある。

またストリートアートは、その違法性が目につく一方で、アートマーケットで高く評価されて高額で取引される作品があることも見過ごせない。代表的なアーティストには、素性が謎に包まれたBanksyやバツ印の目のキャラクターが印象的なKAWSなどがいる。こうしたアーティストらの作品をはじめ、ストリートアート的なイメージが若年層から支持を集め、一種の流行としてファッションや広告などに利用されることも珍しくない。さらに、それ自体に違法性がありながら、ストリートアートを広告として無断利用したアパレルブランドがアーティストから訴えられる例や、ニューヨークの観光スポットの1つでグラフィティのメッカとして知られる「5Pointz」のビル所有者が、グラフィティの書かれた壁を白く塗りつぶしたことに対し、アーティストらが裁判を起こして勝訴した例もある。

ストリートアートだけでなく、プレイスメイキングやタクティカル・アーバニズムなども、都市空間の中のルールやまちの機能を利用して新しい風景を生み出したり、これまで当たり前だと思っていた規範を疑うきっかけを作るという点において、路上での表現として捉えられるのではないだろうか。

アーティスト・イン・レジデンス（AIR）

アーティスト・イン・レジデンス（AIR）は、国内外のアーティストをある一定期間招聘して、異なる文化や歴史を持つ地域における滞在制作の活動を支援する制度のことである。もともと欧米を中心に始まった制度であり、その原型は17世紀のフランスにまで遡る*。日本においては、1990年代以降にAIRが実施されるようになるが、当初は地方自治体が主導となって運営される事例が多く、アーティスト支援だけでなく地域における国際交流や文化振興に期待がもたれた。現在では、自治体の他にNPOや個人などさまざまな規模の組織によって運営がなされており、プログラムの目的や支援の方法も多岐にわたる。

AIRにおけるアーティスト支援は、アーティストが滞在しながら制作活動に専念できるアトリエやスタジオが備わっている環境があることはもちろん、渡航や制作費用の助成、同時期に滞在するアーティスト同士の交流による刺激し合える環境、制作やリサーチに必要な情報や人的ネットワークの提供など、作品を創るだけではなく形には見えない部分も重要な要素となりうる。また、アーティストの制作やリサーチのプロセスには、地域住民や多様な人々が交流したり共同作業できる余地があるため、国内外のアーティストがまちに滞在することが結果として地域活性のきっかけとなっていることも事実である。こうした観点から、まちづくりや地域振興にAIRが有効な手段と捉えられることもある。社会の変化と共にAIRのもつ機能も発展していると考えられるが、先に述べたように、AIRはアーティストに対して制作に専念するための時間や資金、ネットワークを提供するのが基本的なプログラムであることは忘れてはならない。

ここ数年の新型コロナウイルスの影響は、AIRの醍醐味ともいえるアーティストの国境を超えた移動に制限が課した。このような状況下において、国内のAIRではオンラインのプログラムを模索したり、招聘するアーティストの対象を地元に切り替えるなど、活動を継続するためのクリエイティブな発想がみられた。移動の自由を取り戻した現在は、再び国内外のアーティストが往来するようになっている。

アーティストだけでなく、AIRを運営する組織が共通の課題に直面した際は、互いの知識や人的資源を活かしながら、様々なツールを活用して交流を継続することが今後ますます必要となってくるのではないだろうか。

* 1666年にフランス政府がローマに「ヴィラ・メディチ」を設立し、自国の優秀なアーティストをローマに留学させ、表現や技術を高めたり国際的なネットワークの構築を築いた。

オルタナティヴ・スペース

美術館やギャラリーなどアートのために用意された空間ではなく制作や発表を行うための場所をオルタナティヴ・スペースと呼ぶ。1970年代のアメリカのソーホー地区で始まったとされており、国内の先駆的な事例としては「佐賀町エキジビット・スペース」(1983～2000)などがある。運営主体はアーティスト個人や非営利団体など様々であるが、現在のオルタナティヴ・スペースに共通する点として、学校や工場、空き家など既存の空間をリノベーションして作られていることや、ワークショップやイベントのためのスペース、カフェなどの多様な機能を併設していることが挙げられる。アートプロジェクトでは活動を地域コミュニティへ開き、交流を生み出すことが重要であるため、まちの中にある既存の建物をリノベーションして活動拠点を設けることも多く、そういった場所も広義にはオルタナティヴ・スペースと呼べる。こうした特徴から考えると、ファブラボのようなものづくりの拠点や地域住民らの交流の場となるコミュニティカフェ、特色のある個人商店なども地域文化を支える重要な場所(ハード)であり、アートプロジェクトのような活動(ソフト)を育む拠点としての可能性を有している。

創造都市(クリエイティブ・シティ)

「創造都市(クリエイティブ・シティ:以下、CC)」は、英国出身のチャールズ・ランドリーによって提唱された、創造性を核としながら産業振興や市民の生活向上を目指した都市ビジョンである。この概念が誕生した背景は、1980年代以降の欧州の産業構造の変化により、失業率と犯罪の増加が都市の荒廃を引き起こしたことにある。創造性を活かした新たな戦略は、都市に活力を取り戻し、世界から注目を集めた。ユネスコでは2004年に「創造都市ネットワーク」事業を開始し、創造性ある7つの分野[*1]で持続可能な開発を進める都市を創造都市に認定し、国際的な連携と交流を図っている。また、文化庁では地域課題の解決に取組む地方自治体を「文化芸術創造都市」と位置付ける支援があり、創造都市が地域振興や観光、産業振興などに活用されることも多い。ランドリーは『CCとなるためには発想や物事の考え方にも改革が必要。「CC」の本質は、いろいろな才能をもった人たちを育み、引きつけ、維持し、そして失敗も許すというもの』[*2]と述べている。持続的な創造都市の実現には、急激な社会変化の中でも多様性への寛容を維持することが重要となるのではないだろうか。

*1　文学、映画、音楽、クラフト&フォークアート、デザイン、メディアアート、食文化
*2　国際交流基金(2004)「クリエイティブ・シティ　都市の再生を巡る提案」報告書

スタジオメガネ
多摩ニュータウンの商店物件を改装した設計事務所。現在は地域のカルチャー拠点を目指す「STOA」としても運営している
撮影：コムラマイ

spiid
キュレーターとアーティストが運営していた住居兼アトリエ。不定期で展覧会なども開催し、地域のクリエイターらとの交流を行っていた（2016年～2022年）

住まい

住まいは言うまでもなく私たちの暮らしの中心にある。都市の成熟にともなって、工場の跡地、商店街の跡地、使われなくなった農地など、あらゆるところに住まいが入り込み、日本の都市の大部分は住まいになってしまった。このことはつまり、住まいの質を上げることが、私たちの暮らしの質だけでなく、都市の質をあげることにつながるということである。ここでは住まいづくりを概観する９つのキーワードをまとめた。
空き家問題は **人口減少** の影響を直接的に受けて、住まいが余る問題である。しかし住まいが余っているからといってそれが必要な人に行き渡っているわけでなく、居住支援などの **社会的包摂** の取組も必要となってくる。あわせてお読みいただきたい。

Keyword

- □ シェア居住
- □ 住宅価値の多様化
- □ ネイバーフッドデザイン
- □ 集合住宅再生
- □ 地方移住
- □ スマートウェルネス住宅
- □ 住生活基本法
- □ 住まいのリスク情報
- □ 住環境ランキング

シェア居住

住まい方の多様化とシェアハウス

近年、人々のライフコースの多様化に伴い、その生活拠点となる住まいについてもまた、様々なあり方に名前が付き、人々に認知されるようになった。これまでは1つの家に1つの家族が住む、いわゆる「一住宅＝一家族」の居住スタイルが一般的とされてきたが、未婚者や高齢者など単身者世帯の増加も背景に、家族以外の他者と暮らす住まいの形も広がりつつある。

家族以外の他者と生活空間を共有する住まい方はシェア居住と言われる。特にこの十数年の間に、20〜30代の単身者をメインターゲットとしたシェアハウス*1（1つの賃貸物件に親族ではない複数の者が共同で生活する共同居住型賃貸住宅）の数が、首都圏を中心に増加している。日本シェアハウス連盟の調査によれば、シェアハウス物件数は2016年には全国で4,533件であったものが、2021年には5,057件（うち東京、埼玉、千葉、神奈川の物件数は4,106件と全体の8割を超える）となっている*2。さらに詳しくみると、シェアハウスのタイプも様々である。人口減少や少子化、家族世帯の核家族化などによって空き家化した、部屋数が多い既存の戸建て住宅を利用して、単身者が集まって暮らすシェアハウスや、社員寮として使われていた建物をリノベーションし、広いキッチンやリビング、コワーキングスペースなどを併設した数十人規模のシェアハウスも存在する。また、外国人との異文化交流や起業支援、保護猫と暮らす、サイクリング用設備の提供といった特色あるコンセプトを打ち出すものや、シングルマザー向け、多世代共生など、入居者の属性に特色のあるシェアハウスも存在する。入居期間は1年未満から2〜3年以上までと個人差があり、平均すると一般の単身者向け賃貸住宅と同程度となっている。

シェアハウスのメリットとデメリット

シェア居住の主なメリットとして、他者と交流の機会があることによる楽しみや安心感、家具家電などの所有物を減らして身軽に移動できること、一人暮らしよりも家賃を下げることができる、あるいは一人暮らしと同等の家賃でより質の高い家に住むことが出来ることなどが挙げられる。反対に、シェアハウスのデメリットとしては、入居者間の生活音などの騒音が気になる、共用部の清潔保持に対する意識が異なる、浴室や洗濯機などの共用空間・設備利用が混雑する、入居者同士の交流に対する意識の違いなどが指摘されており、入居前に生活上のルールや入居者同士の相性を十分に確認するなど、トラブルを未然に防ぐ工夫が必要である。

ニーズに対応したバリエーション

シェアハウス以外のシェア居住のあり方として、個人住宅の中の一部屋を地域に公開する住み開きや、使用していない個室を旅行客に貸し出す民泊もある。Airbnbは世界中で民泊が可能なサービスとして広く利用されている。他にも、世帯ごとに個別の水回りなど独立した生活部を持ちながら、他世帯との交流スペースがあるコレクティブハウジング、複数世帯で家を作る段階から協働して空間を設計し、使用するコーポラティブハウスといった住まい方も世界各地で実践されてきた。なお、海外ではシェア居住がco-living、co-housingなどと表現されることもあるが、その定義は一様ではない。

近年、わが国においては単身者向けの個室タイプのシェアハウスが増加しているが、現在シェアハウスを経験している若者の次の住まい方として、今後ファミリー層向けのシェア居住がさらに一般的になる可能性も考えられる。

シェアが拓く住まい方の未来

シェアハウスの利点を生かして、通勤の必要のないリモートワーカーやノマドワーカーの人々が、世界中の好きな場所に中〜長期間滞在するという生活スタイルも生まれている。例えば、日本各地に登録された家にならどこにでも、定額で住むことができるサービスADDressなどがある。以上のような多様な住まい方を提供することは、住まいを所有する物としてではなく、快適な住環境を提供するサービスと捉えてHaaS（Housing as a Service）と表現されることもある。

シェア居住においては居住者の知り合いや近隣住民の訪問が可能な、外部との繋がりを生む空間を作ることで、そこに住む居住者内にとどまらないコミュニティの拡張が生じ得る。シェア住居を拠点に人が集まることで、波及効果として周辺地域の活性化につながることも期待されている。今のところ、実際に数値的な効果が実証されたわけではないが、そのような試みがあるということ自体が既に、住まいのあり方への新たな挑戦として前向きに評価され始めている。

家族という、共に暮らすことが無条件に定められていた住まい以外に、住まい方はますます自由に、そしてそれ故に選択を伴うものになっている。他人同士が共に暮らす中で、それぞれの生活習慣や価値観の違いからトラブルが生じることもあるが、高齢化、核家族化や共働き世帯の増加により、介護や子育てを家族の中だけで解決するのが困難なことも多い現在、地域単位で暮らしをシェアし、サポートしあうことで、新たな住まい方の未来が見えてくるかもしれない。

＊1　国土交通省「シェアハウスガイドブック」https://www.mlit.go.jp/common/001207549.pdf
＊2　日本シェアハウス連盟（2021）「シェアハウス市場調査2021年度版」

住宅価値の多様化

不動産に対する価値観の変容

戦後、住まいは木造賃貸住宅での一人暮らしから始まり、最終的には世帯をもって郊外に庭付き一戸建てを購入するのが一般的なゴールとされてきた。近年、そのような共通した価値観は消失しつつあるが、住宅に対しては、その資産性や自己との関係性の点から多様な価値が見出されている。

その背景には価値観の多様化や住宅ローンを長期間負担し続ける不自由さへの抵抗、また人口減少により将来的な不動産価値が不安定になったことによる住宅の資産価値の低下、既存の中古住宅を活用するストック社会の推奨、戦後の持ち家世代が現在直面している分譲住宅に対する課題（バリアフリー、郊外立地による公共・商業施設や公共交通へのアクセス不便）の表出などから、一生に一度の買い物として持ち家に住み続けるのではなく、ライフコースの変化に応じた適切な住まいへの住み替えが検討されるようになったことなどが考えられる。

資産的価値と居場所としての意義

高度経済成長期には、土地の値段が将来的に上昇するという見積もりがあり、不動産を所有することは投資としての役割も果たしていたが、人口減少社会においては土地の値段が今後も上がり続ける保証がないだけでなく、買い手がつかない場合にはローンを払い終えるまで負債を抱えることとなり、別の土地に移り住むことを阻むリスクにもなり得る。

実際、わが国の持ち家率は約61％[*1]と過半数を超える水準であり、この割合は1970年代からほぼ一定となっているが、国土交通省による2020年度住宅市場動向調査によれば、分譲住宅取得世帯の6割以上は住宅購入時に住宅ローンを組んでおり、新築分譲戸建住宅・マンションの場合、借入金の平均返済期間は30年を超えている[*2]。

一方、富裕層にとっては、資産を現金として所有するよりも建物として所有する方が課税評価額を抑えられることから、相続税などの節税効果を狙って賃貸マンションの新築が行われる場合もある。

住宅には資産的価値だけでなく、住み手の居場所であり、自己を表出する場所としての意義も見出される。

都市社会学者のレイ・オルデンバーグは、日常生活における3つの重要な空間を指摘し、第三の場所を「サードプレイス」と名づけたことで知られるが、彼が3つのうちで最も重要な第一の場所としたのは家庭（home）である[*3]。

また、イーフー・トゥアンは自分の家は親密な場所であり、建物全体というよりも手で触れ、においを嗅ぐことができる建物の構成要素や家具調度品によって過去の魅せられたイメージが喚起される、と述べており、人間の記憶における、家や家具との情緒的な関係性の継続を指摘している[*4]。さらに、家には無意識も含めた集合的な自己があらわれ出たものであり、その像は家人自身にとっても未知の肖像である[*5]という解釈がある一方で、南後由和[*6]は人間が自分の好きなものを置き、住まいを飾ることで、自分の拡張・表現をする「第二の自分」という捉え方や、個室をメディアに公開することで、他者に対して「見せる・魅せる」ことを意識した空間とする解釈について、複数の文献を引用しながら紹介している。

このように多様な住まいと自己との関わりが見出される一方で、むしろ物と自分との関係性の深さをしがらみととらえ、ものを持たない暮らし、ミニマリストといったライフスタイルにも一定の注目が集まっている。

定住の概念を超えた住まいの選択肢

1つの場所に定住すること、あるいはその時々に応じて住まいを移すことについて、新たな選択肢も提案されている。例えば、現在はまだ一般的ではないが、将来的にはMobitectureなどと呼ばれる、動く住まいにみられるような、最小限の居室を身体とともに移動させることが一般的になる時代が来るかもしれない。我が国における中古住宅の流通シェアは2018年時点では14.5%であり、欧米諸国の1/6〜1/5程度と低い水準にある[*7]が、今後住宅のストックとしての寿命が延び、市場流通が改善されることで、中古住宅がより一般的な選択肢になれば、世代や家族関係を超えて、住宅の住み継ぎが可能となる。

現在、一部の古民家や町家の価値が再評価され、保存・利活用の動きが活発化している状況を踏まえて、将来を見据えた良質な住宅ストックを造ることができれば、最初の住まい手が家を手放したとしても、新たな住まい手によって家の記憶が蓄積され、暮らしが積み重ねられていくことが、住宅の新たな価値として評価される未来が来るかもしれない。

＊1　総務省統計局「令和２年国勢調査の結果」https://www.stat.go.jp/data/kokusei/2020/kekka.html
＊2　国土交通省「令和２年度住宅市場動向調査報告書」
＊3　レイ・オルデンバーグ著、忠平美幸訳（2013）『サードプレイス　コミュニティの核になる「とびきり居心地よい場所」』みすず書房
＊4　イーフー・トゥアン（1993）『空間の経験』ちくま学芸文庫
＊5　多木浩二（1984）『生きられた家　経験と表象』青土社
＊6　南後由和（2018）『ひとり空間の都市論』ちくま新書
本書の中で南後の指摘において多田（1978）、柏木（1988）、片木（1992）が引用されている。
・多田道太郎（1978）『風俗学　路上の思考』筑摩書房
・柏木博（1988）『カプセル化時代のデザイン』晶文社
・片木篤「個室のユートピア」多木浩二・内田隆三責任編集（1992）『零の修辞学　歴史の現在』リブロポート、pp.153-191
＊7　国土交通省（2020）「既存住宅市場の活性化について」

ネイバーフッドデザイン

ネイバーフッドデザインとは、近くに暮らす人々とのつながりづくり、すなわち「同じまちに暮らす人々が、いざというときに助け合えるような関係性と仕組みをつくること」と定義されている*1。また、社会学者のエリック・クリネンバーグは、市民が集まり、コミュニティを創る場所、人々の交流を生む物理的な場や組織を社会的インフラと呼ぶ*2。具体的に言えば、図書館や公園、カフェなどであり、地域の中に社会的インフラが備わっていることは、人々の生活を豊かにし、心身の健康に良い影響を与えることが分かっている。

さらに近年、2019年末からの新型コロナウイルスの世界的流行などもあり、郊外の住宅から都心の職場へ長時間かけて出勤することへの抵抗や、在宅勤務が広がった。このような社会情勢の変化も追い風となり、住まいの周辺環境に対する見直しが始まっている。宅配やオンライン会議によって日常生活の多くを家の中だけで完結させることが可能となった一方で、終日を家の中で過ごす毎日を長期間続けるストレスから、歩くのが楽しいまち、徒歩や自転車で日常生活に必要な拠点にアクセスできるまちへの注目度が高まりつつある。パリでは2020年に15-Minute City Projectという都市構想を打ち出したが、これは都市に住むすべての人が、徒歩または自転車で15分以内に、生活に必要な都市サービスにアクセスできることを目指すものである*3。また、バルセロナでは2016年から400m×400mを1ユニットとし、その内部を歩行者のための空間とする「スーパーブロック」プロジェクトに取り組んでいる*4。

従来、入会地という意味において使われていた「コモンズ」という言葉も、まちづくりの文脈において新たな意味づけが行われている。個人の所有であるプライベート空間ではなく、誰もが自由に出入りできるパブリック空間とも異なる、地域コミュニティの活動拠点の場として用いられることが増えた。現在、人口減少に伴い増加している空き家や空き地をコモンズとして活用することで、失われつつあった地域コミュニティを強化する場としてポジティブに捉える取組などにより、様々な課題を多面的に解決する試みが行われている。

2016年には厚生労働省が地域共生社会を提唱した他、国土交通省による歩いて暮らせるウォーカブルシティ創出の推進施策など、地域を生活単位として捉える国家政策も進められている。日本各地の都市において、居住圏域の中にいかに魅力的な場所を面的に展開できるかが問われている。

*1 荒昌史著、HITOTOWA INC.編(2022)『ネイバーフッドデザイン』英治出版
*2 エリック・クリネンバーグ著 藤原朝子訳(2021)『集まる場所が必要だ　孤立を防ぎ、暮らしを守る「開かれた場」の社会学』英治出版
*3 パリの15-Minute City Project: https://www.15minutecity.com/blog/hello
*4 バルセロナのSuperblockプロジェクト: https://www.barcelona.cat/pla-superilla-barcelona/en
https://www.citiesforum.org/news/superblock-superilla-barcelona-a-city-redefined/

集合住宅再生

集合住宅の再生には、住宅地域を1つのまとまりとしてとらえた団地再生や、個別物件を対象としたマンション再生があり、その再生方法も、既存ストックを活かしたリノベーションあるいはリフォームから建替えまで様々である。

戦後、都心周辺部から郊外にかけては住宅団地やニュータウンの開発が盛んに行われたが、開発から数十年を経て、設備の老朽化や空き家化、住民の高齢化などが生じており、ニュータウンはオールドニュータウンなどと呼ばれることもある。その中で、開発後それぞれに時間を経てきた団地が、それぞれの特色を活かしつつ、次の世代へと循環していく取組が必要である。例えば、「団地＝古い」とのイメージをリノベーションで刷新したり、大学や企業との協働で団地に個性を持たせたりする動きがみられる。より具体的には、団地の中で貸農園やコミュニティカフェを運営し住民らの交流を育む、空き店舗や空き住戸を子育て支援活動の場や学生向けシェアハウスとして活用する、団地内コミュニティバスを運行することで交通利便性を改善する、退去時の原状回復が不要なDIY可能賃貸物件を提供するなど、課題へのアプローチ手法は多様である。

また、1970年代頃からは中高層（3階建て以上）マンションが、2000年代頃からは都心部においてタワーマンションの建設が進んだ。今後、入居者の世代交代や大規模修繕が社会課題となると考えられるが、1000戸を超える大型マンションもある中で、修繕資金の積み立てや住民間の合意形成を滞りなく進められるかどうかは重要な問題である。集合住宅には区分所有者個人の所有物である専有部分と、区分所有者全員が使用する共有部分がある。管理が行き届いた物件は長持ちし、住戸売却の際にも買い手が見つかりやすく良好な住環境を維持できる一方で、管理が不十分な物件は新たな入居者が見つかりづらいため、空き住戸が増加し、共有部分の管理も次第に困難になり、将来の住環境や資産価値に大きな差が生じると考えられる。

鉄筋コンクリート造のマンションの法定耐用年数は47年とされているが、ここ20〜30年に建てられた住宅は、普段のメンテナンスや必要に応じたリフォームを行えば、100年以上持つと言われている。複数の住戸所有者による合意形成には十分な手間をかける必要があるが、住まいの寿命とそれを使う人間のライフサイクルが異なる中で、集合住宅を長期的な住まいの拠点と見れば、手間をかけるという行為そのものによって、入れ替わっていく居住者間のコミュニティを維持する基盤としての役割を果たすとも捉えられる。

地方移住

戦後、三大都市圏（東京圏、名古屋圏、大阪圏）では転入超過が続く中、国家政策として、大都市から地方へ移り住む地方移住が推進されている。業種によるところも大きいが、2019年末からの新型コロナウイルスの流行によるテレワークの普及もあり、仕事場に囚われず、特色ある地方に住まうことや、一時的に地方に滞在しながら仕事を行うワーケーションも可能になり始めている。都市生活を経験した若者が、都市とは違う地方での暮らしに価値を見出し、移住するケースもあり、一度都市部に出てきた後、あるいは都市部で生まれ育った人が、都市部を離れて地方移住し働くことについては、Uターン（故郷に戻って働く）、Iターン（都市部で生まれ育ち、地方で働く）などと呼ばれる。

個々人の多様な動機付けによって地方移住が行われる一方で、知り合いのいない土地に移住した後、相性が悪かったなどのミスマッチが起こるケースも生じている。この課題に対して、地域の空き家を利用して移住希望地に短期滞在宿泊施設を用意し、地域住民との交流を行うなどの移住体験が実施されている。

わが国の平均寿命は年々伸び続けており、定年退職後の第二の人生を移住先で送るという、老後移住も選択肢の1つとなっている。介護が必要になってから住み替える高齢者介護施設ではなく、高齢者が健康な時から住みはじめ、介護が必要になっても住み続けることが出来る高齢者コミュニティであるCCRC（Continuing Care Retirement Community）は、1970年代にアメリカで始まった。これを地域に開かれたコミュニティとする日本版CCRCは、行政の地方創生施策の一部として、地方移住と結び付けて語られることも多い。

地方移住によって、都市圏への過度な人口集中の緩和が期待される一方で、日本の総人口は減少傾向にある中、全ての地域が人口増加を目指しても限界がある。完全に地方移住するのではなく、東京と地方の2つ以上の地域を行き来する二拠点 / 多拠点居住は、人口減少・住宅ストックの余剰という課題を抱える現代の新たな住まい方の可能性を有している。

さらに、地域における定住者を示す定住人口、観光客など一時的な訪問者を示す交流人口の間に、多様な形で地域に関わる人々を示す関係人口という言葉があるが、この関係人口を増やし、地域と人との関わり方を深めることで、一人が複数の地域で役割を担うことが可能になり、人口の奪い合いをせずに地方の担い手を維持することが期待されている。

スマートウェルネス住宅

住まいの根幹となる住宅は、近年、最新技術の導入によって様々な進化を遂げている。HEMS（Home Energy Management System）等を用いることで、住宅内で使用するエネルギーの使用量を見える化し、効率的なエネルギー制御を行う住宅はスマートハウスと呼ばれ、ZEH（Net Zero Energy House）等、環境配慮型住宅が誕生した。ZEHは断熱性能の向上や太陽光パネルによるエネルギー創出により住宅の年間エネルギー消費量の収支をゼロとすることを目指した住宅である。

また、住宅をIoT（Internet of Things）化し、主に家具や家電をセンサーとして用いることで、住宅内のデータを集め、居住者に合わせた居住環境の最適化や居住者の健康状態の把握を行うことが可能になった。このことにより、居住者自身による健康管理だけでなく、一人暮らしの高齢者などの場合には、住宅で取得されたデータを遠隔地に住む家族や医療機関へと転送することで、健康状態を日常的に把握することもできる。住宅そのものではなく、住宅に備わる設備にセンサー機能を持たせることで、テクノロジーの進化速度に応じた機能更新も可能である。

上述のような、エネルギーの効率化に加えて、多様な世帯が安心して健康に暮らすことができる住宅はスマートウェルネス住宅と呼ばれ、行政による推進事業も始まっている。

デザインにおけるバリアフリーの観点も進化し、障害がないだけでなく、誰にとっても使いやすい、ユニバーサルデザインの考え方が住宅設計にも広がっている。誰もが使いやすい居住空間となることで、加齢などによる居住者の身体的変化や居住世帯の入れ替わりがあっても、長期的に住宅を利用することが可能となり、住宅ストック活用の可能性を高めることも期待される。

先進的な住環境が新たに生み出される一方で、地域の風土に応じた住宅のしつらえや伝統木造住宅の再評価も進んでいる。計測技術が発達したことで、構造的な安全性の検証が可能となっただけでなく、換気の良さによるシックハウスの防止、地元の木材を活用することによる、新築から解体までのサステナブルな循環といった住宅建設プロセスなどが改めて評価されている。

最先端テクノロジーによって私たちの住まいの環境はより快適になる一方で、私的な空間でデータを取得することによるプライバシーの問題には配慮する必要がある。また、最適化・効率化された住宅で受身的に暮らすことで、人間本来の身体能力の低下のリスクも考えられる。

住生活基本法

住まいのかたちが多様化する一方で、一定水準以上の住環境を確保するためには、法による規定が必要である。2006年、これまでの住宅建設五箇年計画による、住戸数確保を目的とした量的政策から、住生活基本法による質的政策への転換が図られ、翌2007年には住宅確保要配慮者に対する賃貸住宅の供給の促進に関する法律（住宅セーフティネット法）が制定された。

住生活基本法は、良質な住宅ストック・住宅環境の形成、適正かつ円滑な取引のための住宅市場の環境整備、住宅困窮者に対する住宅セーフティネットの構築を目指している。また、住生活基本法に基づいて2016年には住生活基本計画が定められ、さらに2021年にはその内容の見直しが行われた。新たな住生活基本計画では、2030年までを計画期間として、DXの推進やコミュニティ形成、住宅ストックの活用などを目指した8つの目標が設定された。

わが国では、住宅に困窮する低額所得者に対して、低廉な家賃で供給される公営住宅がある。その戸数は2005年度の2,191,875戸をピークに減少傾向にあり、2014年度以降、東日本大震災に係る災害公営住宅の整備等により再び増加しているものの、この傾向は一時的なものになると考えられる。

また、入居者の年齢別入居戸数については、60歳以上の割合が年々増加しており、2015年時点で60.8%と過半数を超えるなど、入居者の年齢層の変化による既存ストックの住戸条件とのミスマッチが生じる可能性もある。一方で、民間賃貸住宅の空き家は増加傾向にあることから、それを有効活用する必要がある。

このような背景から2007年に制定された住宅セーフティネット法が、2017年に改正された。この改正では、住宅確保要配慮者（低額所得者、被災者、高齢者、障がい者、子育て世帯）に対して入居を拒まない「賃貸住宅の登録制度」が定められたほか、登録住宅の改修や入居者への経済的支援、住宅確保要配慮者に対する入居支援が用意された。

住まいは人間生活の基盤となるものであり、社会福祉と住宅の関わりは深い。しかし、国内外において、持ち家と賃貸の違いや、所得向上による生活の自立支援など、様々な観点からの政策があるため、その一部だけを比較し、政策の優劣を判断することには慎重になる必要がある。

住まいのリスク情報

生活の拠点となる住まいは、その条件として安全であることが欠かせない。住まい選びの際には、家自体の品質はもちろん、その立地条件も考慮して情報を集め、リスク検討を行う必要がある。

持ち家の取得時の品質保証としては、2000年に施行された住宅の品質確保の促進等に関する法律(品確法)があり、新築住宅の瑕疵に対する10年間の担保責任、耐震性や省エネなどの住宅性能を表示する制度、トラブル時の紛争処理という3つの柱を打ち出した。これにより、情報の判断が難しく、高額な住宅購入に対するリスク低減が図られた。

家の立地についてみると、洪水、土砂災害、津波など、様々な自然災害のリスクが存在する可能性もあり、国土交通省が公開しているハザードマップは、様々な自然災害リスクの可視化、及び避難場所などの防災施設情報の提供を行っている。さらに、2020年には宅地建物取引業者に対し、不動産取引時にハザードマップにおける取引対象物件の所在地について説明することが義務化された。

防災への取組は改善が重ねられているが、気候変動などによって、今後自然災害リスクの増加や災害の激甚化が生じる可能性もあり、これからも防災への備えをアップデートし続ける必要がある。

住環境ランキング

地域の魅力を図るために、様々な評価指標やそれに基づく地域のランキングが提案されている。国際的には「都市の生活快適度ランキング」(英エコノミスト)、国内においては「官能都市」(HOME'S総研)、「日本の都市特性評価」(森記念財団)、「住みたい街ランキング」(リクルート)など、専門家が関わったものからインターネットによるアンケート調査に基づくものまで多岐にわたる。これらの評価にはランキングがつけられているものもあるが、我々一人一人にとっての地域の魅力の評価基準は個人の価値観やライフステージに左右されるものであり、1つの評価指標が皆にとって最適なものとは限らないことから、リチャード・フロリダは「クリエイティブ都市論」の中で、各個人が自身の優先順位やライフステージに応じて、最も適した居住地選びを見つける方法を提示した。また、地域の側から見れば、地域の魅力を高め、他地域と差別化する試みとして地域ブランディングや、市民のまちに対する誇りを育てるシビックプライドといった概念もあり、地域がそれぞれの個性や魅力を発見し、地域外に発信することで人気を高めようとする取組も盛んである。

社会的包摂

かつて農村で暮らせなくなった人々が集まってつくったのが都市であり、都市の本質はあらゆる人を受け入れるところにある。それぞれの人たちの場所の集合が都市であり、それぞれの場所の成長こそが、都市の成長である。この本質に則って、それぞれの人たちが自分の場所を見つけたり、使ったり、作ったりできるようにすること、それが社会的包摂である。ここでは「それぞれの人たち」へのアプローチのガイドとなる８つのキーワードをまとめた。社会的包摂を実現するには、市場だけでなく公共の役割が欠かせない。そこで **ガバナンス** の組み立てが重要となってくる。あわせてお読みいただきたい。

Keyword

- □ 社会的排除
- □ ホームレス
- □ ひきこもり
- □ ひとり親世帯
- □ 子ども食堂
- □ ドメスティック・バイオレンス（DV）
- □ LGBTQ
- □ 地域福祉｜居住支援

社会的排除

社会的排除とは

社会的排除（social exclusion）という概念は1970年代以降、欧州で注目されるようになり、1980年代には政策アジェンダとなった。この概念は特定の人々が社会への参加（参入）が困難になる過程に着目したもので、日本では2000年代以降に関心が高まった。厚生労働省では以下の3つの問題の複合化を踏まえた対応の必要を指摘している。

①心身の障害・不安
（社会的ストレス問題、アルコール依存など）
②社会的排除や摩擦
（路上死、外国人との摩擦など）
③社会的孤立や孤独
（孤独死、自殺、家庭内の虐待・暴力など）

貧困との違い

社会的排除は貧困とどのような点で異なるのだろうか。貧困は単に金銭的・物品的な資源が不足している状況を示す概念である。対して社会的排除は、資源の不足をきっかけに社会の仕組みから脱落し、人間関係が希薄になり、社会の一員としての存在価値を奪われていく過程に着目した概念である。労働市場から追い出され、社会の仕組みから脱落し、人間関係から遠ざかり、自尊心が失われ、徐々に社会から切り離されていくような状況は社会的排除のわかりやすい説明といえるだろう*1。

拡大を助長した先進国の変動

社会的排除の広がりは先進国の共通する2つの社会・経済的変動と連関していると考えられている*2。

1つはグローバル化である。グローバルな競争や分業が進む中で「雇用の柔軟化」が進行し、不安定な暮らしを余儀なくされる人々が多く生み出された。

もう1つは脱工業化である。製造業に代わって金融業や新しいサービス業が主産業へと変容した。このことによって労働市場の再編が起こり、低学歴・低スキルの人材の不安定化が深刻化した。

排除から包摂へ

今日では地縁や血縁に深く埋め込まれた社会関係は当たり前のものではなくなり、選択的・獲得的な側面が強まる傾向にある。また雇用の流動化が進行することで経済的な安定性を得られない人々も顕在化している。貧困や孤立・孤独といった困難は複合化しやすく、こうした不利の重なり（複合的不利）も社会的排除の特徴だと考えられている。

複合化しやすい不利を個人の自助努力で克服することは困難である。そのため国や地方自治体といった公的セクターによる制度的対応が求められる。

一方、制度的対応は柔軟性・機動性を欠くこともあるため、「制度の隙間」

を埋めるような民間セクターによる取組が果たす役割も少なくない。このように社会的排除を生み出さないための取組を社会的包摂（social inclusion） という。

＊1 阿部彩（2011）『弱者の居場所がない社会』講談社
＊2 岩田正美（2008）『社会的排除 参加の欠如・不確かな帰属』有斐閣

ホームレス

1990年代に社会問題化したホームレス問題の今

日本ではホームレス問題がバブル経済崩壊後の1990年代中頃に顕在化した。それまでもホームレス状態を余儀なくされる人々がいたが、多くの場合、「寄せ場」と呼ばれる日雇労働者の集住地域（大阪の釜ヶ崎、東京の山谷、横浜の寿町など）に限定した問題だと考えられていた。しかし寄せ場を超えて都市の公園、駅舎、商業地区などに広がりを見せることで社会問題化した。

2002年には「ホームレスの自立の支援等に関する特別措置法」が施行され、国によるホームレス対策が進むようになった。これに連動して2003年に厚生労働省は初めて「ホームレスの実態に関する全国調査」を実施した*1。同年に確認されたホームレスの数は約25,000人だった。その後、ホームレスの数は徐々に減少しており、2021年は約3,800人となった。つまり20年ほどの間にホームレスの数はおよそ7分の1に減少したのである。

2021年の調査時点のホームレスの平均年齢は63.6歳で2003年の調査以来、過去最高となった。また10年以上ホームレス状態の者が全体の4割を占めている。このように今日のホームレス問題は高齢化と長期化が顕著になっている。一方、ホームレスの大多数が男性で占められていることは変わっていない（女性の割合は5%未満）。ホームレスが大都市を中心とした問題であることも一貫する特徴である。

生活保護の適用に伴うホームレスの減少

かつてホームレス問題の主因は労働問題・失業問題だと考えられる傾向があった。そのため国のホームレス対策も就労対策を軸にした自立支援に力点を置いてきた。しかし実際にホームレスの減少に大きく寄与したのは生活保護である。深刻なホームレス問題に対応するために2000年代以降に民間の支援団体による居住支援が広がりを見せた。住宅を借りる際には保証人や初

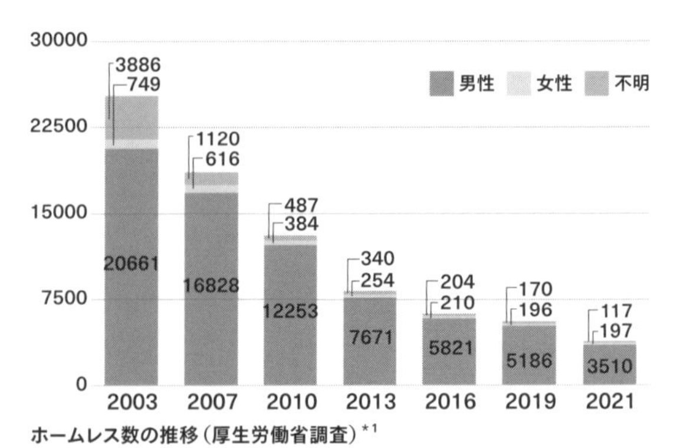

ホームレス数の推移（厚生労働省調査）*1

期費用が必要となる場合が多いが、これらのハードルを下げる諸々の取組によってホームレス状態からの脱却が容易になった。こうしてホームレスの「量」は大幅に減少した。一方、ホームレス状態から脱却した人々の暮らしの「質」を見てみると多くの課題が山積している[*2]。

玉石混交の居住支援

ホームレスや生活困窮者の居住支援は制度化が不十分な領域であることから、その対応にはバラツキが大きい。NPO法人等の尽力によって比較的良好な環境で専門職による支援が受けられる状況も生まれてきているが、それは全体の一部に過ぎない。実際には最低居住面積水準に満たない極端に狭小な住環境で暮らす元ホームレスが多い。また生活保護の費用の大部分を吸い上げ、元ホームレスを劣悪な住宅環境で囲い込む悪質な業者も少なくない。こうした悪質な商法は「貧困ビジネス」と呼ばれる。その温床となってきたのが無料低額宿泊所だ[*3]。2020年の改正社会福祉法によって無料低額宿泊所の設置基準が設けられ、基準を満たさない場合は地方自治体の改善命令が出せるようになった。しかし無料低額宿泊所の届けがなくても罰則がないために根本的な解決には至っていない。このように生活困窮者を支えるための住宅制度はきわめて貧弱である。こうした状況は「住まいの貧困」や「ハウジング・プア」と呼ばれる[*4]。

「広義のホームレス」と女性

政府はホームレスを野宿生活者に限定してその数を捉えている。このような狭義のホームレス定義に基づけば問題は解決傾向に見える。しかし、派遣寮やネットカフェ、知人宅での居候など不安定居住を広くホームレスと定義し直すと、解決とは程遠い状況であることに気付かされる。ホームレスを広義で捉えた場合には、女性の貧困の存在が浮き彫りになることも分かっている。例えば2016年から2017年にかけて東京都がネットカフェなどを対象にした「住居喪失不安定就労者等の実態に関する調査」ではオールナイト利用者のうち、女性が占める割合が14%にのぼることが明らかになっている。

女性の路上生活者が少ないことは女性が貧困でないことを意味しない。女性が独立して生計を立てるのが困難であることから、女性世帯そのものが形成されづらい。また、貧困女性には男性を対象としたものによりも多岐にわたる福祉制度があるため、路上生活者になりにくい。つまり、女性が家を失った場合、ネットカフェなどの商業施設や婦人保護施設などの福祉施設に滞在するなどして、見えにくい形で存在している[*5]。

*1 厚生労働省「ホームレスの実態に関する全国調査(概数調査)結果について」
https://www.mhlw.go.jp/content/12003000/000769666.pdf
*2 白波瀬達也(2017)『貧困と地域　あいりん地区から見る高齢化と孤立死』中央公論新社
*3 山田壮志郎(2016)『無料低額宿泊所の研究　貧困ビジネスから社会福祉事業へ』明石書店
*4 稲葉剛(2009)『ハウジング・プア　「住まいの貧困」と向き合う』山吹書店
*5 丸山里美(2021)『女性ホームレスとして生きる(増補新装版)　貧困と排除の社会学』世界思想社

ひきこもり

若者問題としての注目とニートとの混同

ひきこもりとは、様々な要因の結果として社会的参加を回避し、6カ月以上にわたって家庭に留まり続けている状態を指す概念である。最初期には1980年代から1990年代にかけて不登校の文脈で用いられた。その後、精神医療における問題としても立ち上がるようになった。

ひきこもりという概念が一般化したのは、2000年頃に立て続けに発生した刑事事件が契機となっている。時を同じくして公的機関によるひきこもり対策も始まった。2003年には『10代・20代を中心とした「ひきこもり」をめぐる地域精神保健活動のガイドライン』が作成され、全国の保健所や精神保健福祉センター等の相談機関に通知されるようになった*1。

2000年代中頃になると、「教育を受けておらず、雇用されておらず、就労のための訓練も受けていない状態」を意味するニート(NEET)とひきこもりが混同して論じられ、問題視する言説も広がり、ニート対策として就労支援が強調されるようになった*1、2。

専門性に基づかない悪質な「支援」

ひきこもりのゴールを経済的自立や就労とみなす文脈のもとで、2005年には「若者自立塾創出推進事業」(2009年に廃止)が、2006年には「地域若者サポートステーション」が設置された*3。また、厚生労働省は2009年から、都道府県と指定市に相談窓口「ひきこもり地域支援センター」の設置を進めた。しかし就労一辺倒で進めるひきこもり支援は効果的な成果を生み出さなかった。相談先はあっても適切な支援に結びついていなかったのである。

公的機関によるひきこもり対策が脆弱な中で台頭してきたのが、無料や低額で支援を提供する民間の自立支援施設だ。一方で高額な費用を請求する業者も存在し、トラブルも少なくない。とりわけひきこもり当事者を強引に自宅から連れ出す「引き出し屋」と呼ばれる業者をめぐる訴訟も目立つようになった。このように、ひきこもり支援は行政の統制が十分に効いておらず、業者の質にバラツキが大きい。

ひきこもりの長期化・高齢化と8050問題

2010年に内閣府は15歳から39歳を対象にした「若者の意識に関する調査(ひきこもりに関する実態調査)」を公表し、全国に約70万人の「ひきこもり群」とされる人々が存在すると推計した。ひきこもりになったきっかけは「不登校」とともに「職場になじめなかった」が最も多く、人間関係上の困難が明らかになった。また同調査では「ひきこもり群」の内訳を男性66%、女性34%としているが、専業主婦や家事手伝いのひきこもり女性を対象から除外していることに留意したい。実際には女性のひきこもりがさらに多いと考えられる。

一方、内閣府は2018年に、40歳から64歳の中高年を対象にしたひきこもりの実態調査も行った。当初、若者の問題と考えられていたひきこもりが、長期化により中高年の問題に広がってきたためである。その結果、ひきこもり状態の中高年が約61万人いると推計された。若年層と合わせ、ひきこもりの総数は100万人規模になると考えられている。

近年のひきこもりの長期化は「8050（ハチマルゴーマル）問題」という新しい社会問題とも連動している。8050問題とは、50代のひきこもり当事者が、80代の高齢の親と同居する状況を指す。親が健在な間はひきこもり状態の子も生きていくことができるが、共に年齢を重ねることで孤立し、親の死亡によって困窮化する状況がある。

求められる「居場所」

厚生労働省は各自治体に相談窓口の設置を促しているが、都道府県と政令市に1カ所ずつしかないのが現状だ。また、とりわけ長期間ひきこもり状態となっている人が自ら相談に行くことは難しい。このため先進的な自治体や民間団体では、直接ひきこもり当事者の自宅を訪問するアウトリーチに力を入れている。

一方で、世間から見つかりたくないと思っている当事者にとって、アウトリーチは「心の中に土足で踏み込まれるようなもので、もっとも受けたくない支援の1つ」でもある。アウトリーチが有効なのは本人が望んだ場合であり、そうでない場合はそれが「襲撃」となる危うさを孕む[*3]。実際、強引に就労自立を促すひきこもり支援はこれまで好ましい成果を生んでいない。当事者が就労に向かうハードルを理解した上で、きめ細かなサポートの提供が求められる。

ひきこもりの人々が抱える課題は個別性が強いため、オーダーメイド型の対応が必要だ。また、就労以外の支援としては居場所のニーズが大きい。居場所の形態は当事者・経験者たちだけで運営するものから、支援者や家族が運営に関与するものまで様々である。また居場所の活動も一様ではなく、個々の取組には差異がある。一方、安心・安全な場を重視し、あるがままの存在を肯定しようとする点は多くの居場所に共通する特徴である。同じような経験を持つ者たちが集う居場所を通じて共感と理解を得ることが自己肯定感の回復に効果的だと考えられている[*3]。

＊1　伊藤康貴（2022）『「ひきこもり当事者」の社会学　当事者研究×生きづらさ×当事者活動』晃洋書房
＊2　石川良子（2021）『「ひきこもり」から考える　〈聴く〉から始める支援論』筑摩書房
＊3　林恭子（2021）『ひきこもりの真実　就労より自立より大切なこと』筑摩書房

ひとり親世帯

ひとり親世帯とは、父親、あるいは母親いずれかと子どもで形成される世帯のことを指す。戦後、離婚率の上昇を背景にひとり親世帯数が増加した。うち、大多数が母と子からなる母子世帯である。

貧困の状態を示す指標として、相対的貧困率（一人当たり可処分所得を並べ、中央値の半分に満たない人の割合）が公表されている。2019年の国民生活基礎調査によれば、親が2人いる子どもの相対的貧困率が10.7%であるのに対して、母子、父子を併せたひとり親の子どもの貧困率は48.1%と高いことが報告されている。この相対的貧困率の高さには、母子世帯の経済状況が強く反映されている。2016年の厚生労働省の調査によれば、母子世帯の年間平均収入は348万円であり、父子の573万円と比較して大きな差がある。

母子世帯の8割以上が就労しているが、正規職はその半数にも満たない。母親の就労状況は婚姻時の働き方に強く影響を受ける。前掲の厚労省の調査によれば、婚姻時、母親の7割以上が就労しているが、その職種は非正規に大きく偏っている。家事や育児を優先するため、融通の利く非正規職へ移行する女性は多いが、離婚時にはその選択が不利に働く。大黒柱として正規職に就こうとしても、キャリアがなく叶わないケースは多い。育児と仕事の両立の困難から正規職をあきらめるケースもある。日々の育児に加え、保育所や学童保育の開所時間外の勤務や、病児、病後児の対応の難しさなどがその理由として挙げられる。これについては、父子世帯も同様の困難を抱えている。実家等と同居をして、就労環境を整備する者もいるが、全てがその恩恵を享受できるわけではない。子どもを地域で育むという互助関係も、特に都市部では希薄化している。

所得は低いにもかかわらず、ひとり親の労働時間は、ふたり親の労働時間よりも長く、時間の貧困に直面している事実も明らかになっている[*1]。働かなければ生活がしてゆけず、低賃金では市場からケアを調達することもできない。ひとり親の過酷な労働環境を見れば、子どもだけで過ごす時間が長くなり、孤食の回数が増えることは必然である。忙しく働く親をサポートしようと、学齢期の子が、家事や幼子の世話、同居する祖父母の世話を担う、ヤングケアラーもひとり親世帯に多いという[*2]。

こういった課題の解決には、公的施策の充実など抜本的な改革が求められることはいうまでもない。とはいえ、社会から孤立しがちな親子に対して地域は何ができるのか。これからのまちづくりには、そういった眼差しが重要になると確信する。

＊1　労働政策研究・研修機構（2014）『子どものいる世帯の生活状況および保護者の就業に関する調査（第3回子育て世帯全国調査）』No145

＊2　澁谷智子（2018）『ヤングケアラー　介護を担う子ども・若者の現実』中公新書

子ども食堂

「日本の子どもの貧困率は諸外国と比較して高く、中でも、ひとり親の子の半数が貧困状態にある。」2008年にOECD（経済協力開発機構）が公表したこの客観的な告発は、子どもと貧困にまつわる世論の意識を「一部の家庭の特殊な事情」から、「放置できない普遍的な課題」として変革させる大きな契機となった[*1]。

2013年には、「子どもの貧困対策の推進に関する法律」が成立し、翌年には、子どもの貧困の解消に向けた目的や方針、重点施策目標を示す「子どもの貧困対策に関する大綱」が閣議決定される。マスコミの報道も手伝って、子どもの貧困という言葉は猛烈なスピードで我々の社会に浸透し、それに立ち向かうべく、公民、多様なレベルでの実態調査や、支援の実践が試行されるようになった。この一連の流れの中で大きく注目されたのが子ども食堂である。

農林水産省によれば、子ども食堂は「地域住民等による民間発の取り組みとして無料または安価で栄養のある食事や温かな団らんを提供する」とされており、その意義として「子どもにとっての貴重な共食の機会の確保」、「地域コミュニティの中での子供の居場所を提供」等が掲げられている。2012年に、民間支援団体から始まったこの活動は瞬く間に全国に広がり、2021年には6,000カ所を超えるに至った。子どもの欠食や孤食、子の体重減といったパワーワードが多くの人の心をつかみ、活動に導いたのである。

自治体や企業は、これらの自発的な活動を応援しようと、助成金などを幅広く準備している。中には、企業から、大量に廃棄される賞味期限切れ前のフードロスを活かすSDGsを意識した取組もある。増える空き家や空き店舗を有効活用する事例も出てきた。

今や47都道府県全てをカバーする子ども食堂であるが、その特性は多様性を極める。

ターゲット（誰を対象とするか）と目的（何のためにそれをするか）の二軸を用いた分類では、国内の子ども食堂は、困窮家庭の課題を発見し、支援に繋げる「ケースワーク型」と貧困や子どもに限定せず地域交流拠点の構築を目指す「地域づくり型」に大別される[*2]。

いずれにしても、様々なプレイヤーが、「子ども」と「食」という接点を介して繋がり、交流の場をともにつくるプロセスそれ自体が地域に活力をもたらす。子ども食堂というコアな活動に地域性や担い手の専門性をミックスさせることで、多様な活動への展開が期待される。

＊1　阿部彩（2008）『子どもの貧困　日本の不幸編を考える』岩波新書、阿部彩（2014）『子どもの貧困II　解決を考える』岩波新書

＊2　湯浅誠（2017）『なんとかする子どもの貧困』角川新書

ドメスティック・バイオレンス（DV）

ドメスティック・バイオレンス（以下DV）とは、配偶者や親密な関係にある、または、あった者から振るわれる暴力を指す。暴力の定義は、殴る蹴るといった、身体的暴力だけにとどまらず、精神的暴力、性的暴力、さらには、経済的暴力なども含まれる。

暴力被害女性への支援は、日本において1980年代、夫からの暴力に悩む女性を非営利組織が救済したことを機にはじまった。その実践的な支援手法は、同様の課題に挑む全国の女性団体に共有されることとなる。被害女性をかくまう一時的なケアの場は、民間シェルターと呼ばれ、2018年の内閣府の調査では、全国に107カ所存在する。

恒常的な支援を展開するためには、財源の確保は欠かせないが、当時、その根拠となる法もなく、ほとんどの活動が手弁当で行われていた。行政の責任の所在も不明確なため、被害者を受け入れても、自立支援の手立てがなく、支援者らの私的な財源で自活を後押しするという事例も珍しくはなかった。

被害者支援の拡充とその継続性を担保するためには、法の整備をおいてほかになく、2001年、配偶者からの暴力の防止及び被害者の保護等に関する法律（DV防止法）の成立に至る。以後、都道府県は、被害者の相談・保護機能を備えた配偶者暴力相談支援センター（センター）を設置することが義務付けられた。警察や役所など、様々な窓口に寄せられた相談や情報がセンターに集約され、必要に応じた支援方策が検討される。同法は、売春防止法を根拠とする婦人相談所を、センター機能を担う一機関として位置づけている。被害者の保護については、婦人相談所が自ら担うか、基準を満たす施設へ委託を行うことができる。うち、民間シェルターも委託先の1つとなる。

他方で、不当な暴力で傷ついた女性たちを、「売春を行うおそれのある女子」への補導や更生を目的とした施設で保護することについては、提供できる支援とのミスマッチも含め、様々な議論があった。加えて、若年女性の貧困や生活困難など、法律の網にかからない女性たちの救済すべてを、売春防止法が引き受けていることも積年の課題とされてきた。

2022年5月には、制度のパラダイムシフトを目指すべく、「困難女性支援法」が成立した。同法は、売春防止法と切り離して、広く困難な女性たちを支援することを目的としている。女性の福祉の増進や人権の尊重などが明文化されたことも注目に値する。女性のライフスタイルの変化やそれに伴い多様化する生活困難に同法がいかに適応していくのか。その役割に大きな期待が寄せられている。

LGBTQ

社会一般には、LGBTQというワードが多用されはじめているが、これは、あくまでもセクシュアルマイノリティにかかわる代表的な類型に過ぎない。このうち、Lは、レズビアンを意味し、生物学上の性も自認する性も女性であり、性的指向も女性という人を指す。Gのゲイは、心の性も体の性も男性として男性を好きになる人のことである。また、Bはバイセクシュアルの頭文字で、恋愛対象が男性にも女性にも向く人を意味する。これら、生物学上の性と自認する性が一致している人はシスジェンダーと総称される。

他方で、Tのトランスジェンダーとは、生物学上の性と自認する性が異なる人のことである。例えば、生物学上の性は女性だが自認する性は女性以外などがそれにあたる。なお、自認する性や性的指向が分からない、定まらない、決めたくないという人もいる。これらの人々はクエスチョニング（Q）と呼ばれる。但し、性のありようは、極めて個人差が大きく、単純なカテゴリーにはおさまらない事例も多く存在することが予測される。

一方、社会の側は、相変わらず、男女2つの性を軸にほとんどのコトやモノが区分けされる性別二元論が貫徹している。

公衆トイレや浴場、更衣室、医療・福祉施設など公共空間のほとんどが男女を軸にゾーニングされているし、教育現場や職場は、多くの場面で性への配慮を欠いていることが指摘されている。関連して、日本の社会保障の仕組みそれ自体が、男女という2つの性を前提とした異性婚、血縁関係を重んじ、それ以外の結びつきを軽視してきた。

同性婚が認められていない日本では、日常生活の多くの場面で同性カップルが不利を被っている。遺産相続権や遺族年金の受給資格がない、公営住宅への入居資格がない、災害時に世帯として住生活保障がなされない、医療行為の同意ができないなど、数え上げればきりがない。

婚姻に代わるものとして、自治体が独自に証明書を発行する、パートナーシップ宣誓制度がある。同制度は、2015年に渋谷区と世田谷区が導入して以降、全国に広がり、2022年4月1日現在、209自治体が導入、人口カバー率は52.1%である。ただし、自治体が証明を発行しても、医療機関や企業など、地域社会の側に理解がなく、その権利が適切に保障されていないことが指摘されている。まちが多様性を受容することの重要性が言われて久しいが、その実現は、公的施策にのみ期待していては発展がない。地域の住民それぞれが、性とシステムのズレや歪みに気づき、ともに社会を創り変えていく姿勢が求められるのである。

地域福祉｜居住支援

日本型福祉社会の幻想化

経済困窮をはじめ、資源の不足に起因し、社会との接点を喪失する社会的排除の問題はどの地域にも必ず存在する。社会的排除の改善は、単に、金銭的な援助のみでは難しく、日常生活にまつわる様々なサポートをはじめ、地域、人間関係の構築支援など、まさに社会的包摂といった領域が求められる。

それを具現化するための手法として地域福祉や居住支援というキーワードが注目される。

地域福祉とは、それぞれの地域において人々が安心して暮らせるよう、地域住民や公私の社会福祉関係者がお互いに協力して地域社会の福祉課題の解決に取り組むことを指す*1。また、居住支援とは狭義の意味では、住む場所に困る人に住宅、つまりハードを提供することを指すが、広義には、誰もが住みたい地域で安心して住み続けることができるようにソフト面の支援を提供することを含意する。

例えば、8050問題やヤングケアラーなどは、生じた課題を個人化し、自助努力で解決しようとするがゆえに更なるひずみを生む。いわずもがな、自死を含む孤独死も生前の生活問題に帰結する。しかし、認知症の徘徊やそれに伴う事故、ごみ屋敷問題など、自己責任論に終始していては解決できない事例もある。

1970年代に提唱された家族の支え合いを軸とした日本型福祉社会は幻想と化し、世帯の多様化に伴う新たな地域課題が進行する中で、2000年代以降、コミュニティの力を紡ぎなおす方向性が模索されはじめている。

コミュニティソーシャルワーカー

2000年の社会福祉法改正時には、「地域福祉」という言葉が明記された。生じた課題を個人に押し付ける自己責任論を乗り越えるための手法として、地域住民、社会福祉事業者、民間の活動団体等が相互に連携して地域力を高め、課題の解決に努めることが明記された。

しかし、連携とは言っても、具体的な仕組みや旗振り役がいなければその実現は難しい。

例えば、2004年、大阪府豊中市の社会福祉協議会は、コミュニティソーシャルワーカー（CSW）を独自に配属している。CSWとは、地域の中にあるインフォーマルな社会資源を掘り起こしてネットワーク化したり、利用可能な公的制度をカスタマイズしたりと、公的、非公的領域のタッチポイントとしての役割を担う職能を指す。

1995年の阪神淡路大震災を機に、住民を巻き込んだ地域づくりの必要性に気づいた同協議会が、長期にわたる地域住民との対話を経て発案したのがCSWであった。地域を耕すには相当な手間と暇がかかるが、CSWが住民を巻き込むことで、課題の早期発見、アウトリーチが可能になることも確認された。法制度で対応できない課題についても、CSWが住民や非営利組織の力をうまく引き出すことで解決に導くことができる可能性も充分にある。このCSWの活動の有効性は、専門家らにも評価され、2008年に厚生労働省が発表した「これからの地域福祉のあり方に関する研究会報告書」では、地域福祉を推進するための環境に必要なものとして、地域福祉コーディネータ（=CSW）が明記された。

住み続けられるようにする支援

このほか、近年では、地域福祉の一手法として、居住支援というキーワードが盛んに言われるようになった。ホームレス、低所得ひとり親、暴力により行き場をなくすDV被害者や同性での入居を希望するLGBTQなど市場では住宅の確保が難しい人もいる。

不動産業者からは、課題のある人を入居させた場合のトラブル、家賃の不払いや近隣とのもめごとなどを想定すると住宅を貸すことができないという声がよく聞かれる。

また、家族型福祉が限界を迎えるなか、住宅があっても、支えがなければ日常生活を営むことが難しい人もいる。例えば、高齢、障害による困難はもとより、ひきこもりやヤングケアラーなどもそこに含まれるだろう。求められるケアは、身体介護、日常の生活支援、メンタルケア、見守り、家事、育児など幅広い。抱える課題が複層的で、行政支援はもとより専門家のスキルが求められるケースも少なくない。

そこで、住宅に困る人（住宅確保要配慮者）が課題を抱えながらも地域に住み続けられるよう、2007年に成立した住宅確保要配慮者に対する賃貸住宅の供給の促進に関する法律では居住支援協議会の設置を認めている。多様なアクターがコンソーシアムを創り、ともに課題解決に挑むというのが協議会設置の目的である[*2]。当該地域で活動する、子ども食堂や、民間の支援組織、自治会などの住民組織が輪に加われば、支援は面的に整備できる。2022年5月31日現在、全都道府県及び68の市区町村において居住支援協議会が設置されている。

ここで例示したように、地域力を蓄え、相互の支え合いによって地域課題に対峙するための仕組みは様々整備されている。一方で、重要なのは、この仕組みを、地域に所属する個々人が、当事者性をもって使いこなしていくことではないだろうか。

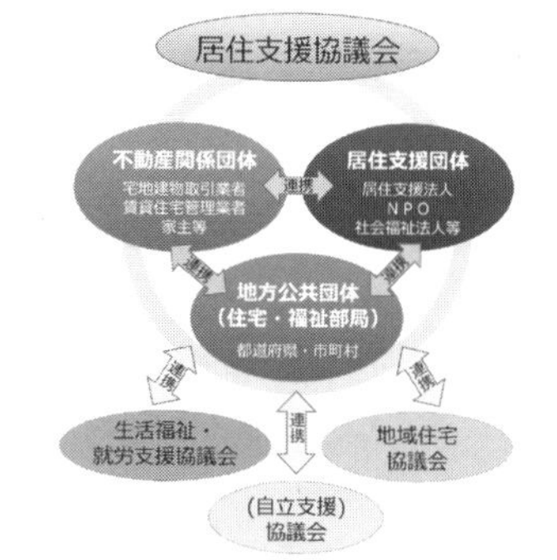

居住支援協議会のイメージ[*2]

＊1　社会福祉法人全国社会福祉協議会HPより
https://www.shakyo.or.jp/bunya/chiiki/index.html#:~:text=%E5%9C%B0%E5%9F%9F%E7%A6%8F%E7%A5%89%E3%81%A8%E3%81%AF%E3%80%81%E3%81%9D%E3%82%8C%E3%81%9E%E3%82%8C,%E5%8A%AA%E3%82%81%E3%82%8B%E3%82%88%E3%81%86%E5%AE%9A%E3%82%81%E3%81%A6%E3%81%84%E3%81%BE%E3%81%99%E3%80%82

＊2　国土交通省「居住支援等に関する最近の動き」https://www.mhlw.go.jp/content/12501000/000974786.pdf

超高齢社会

日本は世界でも類をみない超高齢社会になったが、これは世界一の長寿社会を作り出してきたことの帰結であり、発展しきった人間社会の1つの姿を、ユートピアの1つの姿を私たちは経験していることになる。人類が経験したことのない超高齢社会をどのように運営していくか、ここにまとめた10のキーワードを頼りに、これからも多くの発明的な取組が求められる。
超高齢社会では高齢者が福祉の対象ではなく、社会活動の主体として捉え直される。高齢者の経済活動を考える時に、**マーケット**や**ツーリズムと都市**は重要な要素になるだろう。一方で高齢化にともなって精神や身体の障害といった形で顕在化する人々の個別性は、**社会的包摂**の視点から捉え直されるべきである。あわせてお読みいただきたい。

Keyword

- □ 再帰的超高齢社会
- □ 閉じこもらないまちづくり
- □ サクセスフル・エイジング
- □ 住まいとケアの分離
- □ ケアの本質
- □ 障害の生活モデル
- □ 個人単位の生活と社会的支援
- □ 在宅医療を含む地域包括ケアシステム
- □ 社会福祉法人制度改革
- □ 地域密着型サービス

再帰的超高齢社会

転換する高齢社会の価値観

「高齢者のケアは長男の嫁の務め」は介護保険制度の確立前の伝統だが、いまや3世代同居する高齢者は1割程度になった。高齢社会の価値観を大きく変えたのは、われわれ一人ひとりの選択と行動の結果である。高齢者自身が、高齢社会にまつわる伝統・慣習・マナー・法制度と対峙し、自分自身のために変革する社会を「再帰的超高齢社会」と定義したい。

世界では、人口に占める高齢者の割合が7%を超えると高齢化社会、14%を超えると高齢社会と呼ぶ。日本では高齢化率が21%を超えると超高齢社会と呼ぶこともあるが、これに国際的な合意はない。日本の高齢化率は2019年度に28%を超えており、世界で最も高齢化が進んでいる。北欧諸国が福祉先進国とすれば、日本は高齢社会先進国として、今後高齢化が進むドイツ・中国・アメリカなど各国のモデルとなることが期待されている。

団塊世代が後期高齢者(75歳以上)になる2025年頃には、人口の約30%が高齢者となる。前期高齢者(65歳以上74歳以下)が人口に占める割合は12〜13%で横ばいだが、後期高齢者は2030年に人口の約20%、2060年には人口の約27%に増加する。後期高齢者になると身体機能・認知機能が低下するため、人口の約2〜3割が病気や身体障害・認知機能障害等を抱えて暮らす時代が訪れる。

一方で、社会全体のバリアフリー化やノーマライゼーションが広がることで、あらゆる世代に対して優しいまちづくり(エイジフレンドリーシティ)が進む時代ともいえる。

求められるステレオタイプな高齢者像の刷新

内閣府の調査によれば、世帯主が60歳以上の世帯の平均預貯金残高は2,385万円(2016年度)、その内約2割は4,000万円以上である。また70歳〜74歳の高齢者の約半数は自分自身を高齢者だと考えていない。今後、中堅所得層でリベラル化した時代を生きた世代の大量高齢化が世界の中心的課題となる。いわゆる「お年寄りのための福祉」では対応しきれない、新しいニーズへの対応が求められる。

実は高齢当事者は自分の人生の歩み方に迷っている。同じ年齢でも、認知機能・身体機能、家族の有無、年金や貯金額、交流のある友人・知人が異なり、典型的・科学的・合理的な高齢者像が存在しないためである。高齢者向けの製品・サービスが発表されても他人事のように感じつつ、隣の同年代が持っていると欲しくなる複雑な心境も抱える。

後期高齢者は運転免許を返納し、公共交通機関を利用すべきだとする論調もあり、「歳をとって運転できなくなったらバスに乗る」ことを高齢者自身も疑っていない。しかし、認知機能の衰えた人が、複雑なバス路線と時刻表を読み解いて公共交通機関を乗り継いでいくのは、自動車の運転より複雑で難しい。後期高齢女性が難なく公共交通機関を利用しているイメージが強いのは、免許証取得率が元々低く、長年の習慣でバス利用の長期記憶を有しているからである。まちづくりにおいて路線の充実や乗合タクシー等の導入が訴えられながら、実際にコミュニティバス等の乗車率が上がらないのはこうした事情によるものだ。

超高齢社会を考える上では、まずステレオタイプな高齢者像を見直す必要がある。そのために高齢当事者のニーズを聞き出すことが重要だが、再帰的超高齢社会においては、ステレオタイプな高齢者像に囚われた高齢者自身が本音と異なる発言や希望を口にすることも多い。社会実験や丁寧な対話を繰り返して、ニーズを探りながら前進させていくことが大切だろう。

高齢当事者のリソースを取り入れたまちづくりへ

一方で人口減少時代において、現役世代と高齢者の丁寧な対話は実現可能だろうか。

再帰的超高齢社会においてはむしろ、高齢者自身が、いま暮らしている地域で、自分の人生とともに培ってきた社会資源・地域資源を活用し、身体的機能や社会的機能が低下しても自分らしく暮らし続けられるように、試行錯誤を通じて自ら環境を創りこんでいくまちづくりが重要である。年金・医療費・介護費も、若年層の給与を含めた経済を回す重要なリソースだとする考え方を社会保障経済と呼ぶが、こうした高齢当事者のリソースと社会保障費を取り入れ、人口のうち1,000万人が85歳以上となる2035年頃を見据えて、高齢社会対応のまちづくりに取り組む好機にある。

高齢者だけが安心できる仕組みをつくっても、ケアワークを担う若い世代が自分らしく質の高い暮らしを送れなければ、医療・介護サービスは供給されない。例えば都心の住宅地で介護ヘルパーを担う若い世代の人材は、職場まで30分〜1時間程度の通勤をしている。ケアワーカーの賃金では都心の住宅地に到底住めないためだ。若い世代にとっても暮らしやすく希望の持てるまちづくりも忘れてはならない。

再帰的超高齢社会においては、全世代を対象として、人生の不測のリスクに一喜一憂せず、なるべく自立的・快活に自分らしく暮らせるまちづくりが重要となる。

閉じこもらないまちづくり

再帰的超高齢社会は、安定成長からバブル期に組み立てられた空間や社会的機能について、当事者を巻き込んで見直し、当事者自身が自分の生活に望ましい結果が得られるようにつくり直して行く社会である。このような空間・社会機能の更新が進まないと、自宅に閉じこもることしかできない高齢者が増え、孤立が進み、心身機能の虚弱（フレイル＝病気や介護状態になる前の状態のこと）から重度の要介護状態へと進んでいくことが懸念されている。

近年、社会的交流は、高齢期のフレイル予防につながるというエビデンスが多数示されるようになった。フレイル予防を通じて、健康自立期間をなるべく先に延ばしていく。フレイル予防は、予防医療に由来し、一次的には「栄養、運動、社会参加」により身体的・精神的・社会的な健康を維持することであるが、あらゆる予防医療の出発点は、当事者が「社会性を維持していくこと」にある。

閉じこもりを予防し社会性を維持する取組として、住民主体・民間主体で通いの場や居場所づくりのケースが多数提案されている。居場所は、他者が与えたり押し付けたりすることはできない。個性的なライフコースを歩んだ高齢者が、閉じこもらず自発的に外出して人と交流して、落ち着けると実感できる場所である。

このような居場所は、共感する仲間とともに自分自身で体験し、発掘し、創り出していくしかない。高齢者の多様性に合わせて町内会によるサロン活動だけではなく、コインランドリーを喫茶店にしたり、スーパーのイートインコーナーを交流スペースにしたりと、小規模で個性的な居場所が増えてきた。

現状では、医療・介護・福祉行政とまちづくりの接点は、通いの場・居場所づくりという論点に集約されているが、今後は散歩しやすい、買い物しやすいといった居住環境改善の論点も上がってくる。さらに2025年以降を考えると、自分の力で外出できない（歩いては暮らせない）高齢者が急増することから、それでも閉じこもらずに、買い物や交流にでかけ社会性を維持していくために、パーソナルな移動手段の確保や自宅と通いの場をつなぐ工夫など、歩かなくても暮らせる空間構成などが必要となる。

高齢社会はとかく社会保障給付費がかさむイメージがあるが、社会保障給付を活用し当事者とともにまちづくりへの投資を積極的に行うことで、たとえ一人暮らしで要介護状態であっても閉じこもらず、自分らしく暮らせるまちづくりが求められている。

サクセスフル・エイジング

人の出生から死までの過程をライフサイクルと呼ぶ。1929年にペリーが近隣住区論で示した郊外住宅地のモデルでは、1920年代のアメリカ人（平均寿命が50歳前後）について、子ども期、青年期、成人期、老年期と生物学的な4つのステージを含むライフサイクルで考えられていた。E.H.エリクソンは、子ども期をさらに4段階に分類しているが、平均寿命や死亡年齢の最頻値を考えると、老年期もいくつかのステージに分けて考える時代になるだろう*。

人生のステージが複数に分かれていくなかで、自分の人生の道筋を選んで生きていくことは、一般にライフコースデザインと呼ばれる。例えば人生が100年とすれば、60歳で定年退職した場合、残りの40年を余生と呼ぶにはあまりにも長い。ビジネスを立ち上げて再び現役として活躍することも考えられる。また、家の買い方なども大きく変わる。30歳で戸建てを買い35年ローンを払い終わっても、100歳までまだ35年残っている。家は人生1回限りの買い物だろうか。例えば配偶者が亡くなって独居になった場合、サービス付き高齢者向け住宅等に移る場合と、リフォームをして住み続ける場合とではどちらが得だろうか。人生のステージごとに、一人ひとりが答えを出していかなければならない。このように超高齢社会は、子どもの頃から人生のステージ毎に、進学、結婚、出産、仕事、家の購入など自分自身でライフコースを選択していく時代であるといえる。

しかし、どんなライフコースを選ぼうとも、生活の質を維持し、自分らしく幸せに歳を重ねていくことが望ましい。これを世界保健機関はサクセスフル・エイジング（日本語に訳すと「幸せな老後」であるが、これでは意味が狭くなる）と定義する。これは、生涯にわたり健康で要介護にならないことを意味していない。例えば癌の末期状態でも趣味のプールを楽しんだり、外出ができずともSNSを駆使して俳句を添削し後進の育成に励んだりする方もいる。認知症の方が自分の持てる能力を活かす「注文をまちがえる料理店」なども有名な事例である。

つまりサクセスフル・エイジングとは、主体的な生活を営み自己実現を目指すことである。老化により身体的機能が衰えても、本人が長年培ってきた能力を活用して社会参加できる仕組みや場所が求められている。このような仕組みと場所がまちに広がることで、いかなる障害があっても自分らしく暮らせる社会の実現に結びつき、これはあらゆる世代の暮らしやすさを向上させることになる。

＊　E. H. エリクソン著、西平直・中島由恵訳（2011）『アイデンティティとライフサイクル』誠信書房

住まいとケアの分離

要介護状態になっても、住み慣れた場所で、安心して自分らしく年を取るという考え方は、エイジング・イン・プレイス（aging in place）と呼ばれる。特に、要介護期に自分らしく年を取るために重要なのが、自らの意思で暮らしたい場所やケアサービスを選び、自己決定していくことである（住まいとケア［サービス］の分離）。

例えば、同じ介護必要量の高齢者に対して、老人ホームでは介護サービスの選択の余地はないが十分なケアが受けられ、他方、自宅で暮らす場合はサービスの選択は自由であるが、受けられるケアの量が限定的であるとすれば、安心して自分らしく年を取ることが難しい。日本の高齢世帯の約8割は持ち家に暮らしている。住まいとケアが一体となった福祉施設を増やすのではなく、住まいとケアを分離して、施設であっても、自宅であっても自分自身のニーズに合ったサービスを自分に必要な分だけ選び取れる社会を目指している。この際、玄関の段差や介助時の狭さ、寝室とトイレの距離、浴槽の深さなど、ケアを受けるために自宅の全面改修が必要になることも多い。持ち家か施設かの2択ではない住まいの選択肢として、サービス付き高齢者向け住宅の整備も進められている。

ケアの本質

ケアとは、困っている人を世話することであるが、この理解では支援者・非支援者に上下関係や分断が生まれやすい。ケアの本質である、なぜケアをするのか、その動機への理解が重要である。ミルトン・メイヤロフは、ケアとは「その人が成長すること、自己実現することをたすけること」だけでなく、「ケアする人の自己実現もたすけること」と指摘する*。アンソニー・ギデンズは、親交のあるケアを提唱し、経済的に窮しているとか身寄りがないからといった外形的基準にもとづき手を差し伸べるのではなく、ケアを受けるものとケアするものが、お互いの関係そのものから充足を受けることを重視し、これを純粋な関係性と呼んでいる。いずれの背景にも、当事者の自己実現を支えるケアの在り方、従来の非就労女性（主婦）が子育て、介護などケアワークを担うことが固定化された社会を見直す論点がある。双方が自己実現を果たすこと、というケアの本質が失われることにより、ケアワーカーの担い手不足やバーンアウト（もちろん報酬の面もあるが）、老老夫婦や実の親子といった親族間での虐待問題などにつながりやすい。

＊　ミルトン・メイヤロフ（1987）『ケアの本質　生きることの意味』ゆみる出版

障害の生活モデル

障害の医療モデルとは、個人の身体的な異常が障害の原因にあると考え、医療やリハビリテーションにより病気を診断・治療して解決を図ろうとする考え方を指す。いわば、障害の原因を個人に求めるモデルである。これに対して1970年代以降に登場した障害の社会モデルは、障害に起因する不利益の原因を、社会環境や物的環境が対応できていないことに求め、その解決を図ろうとする考え方である。例えばバリアフリーやノーマライゼーションなどが代表事例だ。しかし「いままでできていたことができなくなる」という当事者の不安・羞恥・苦しみに対しては、これらのモデルを統合しても十分に対応できない。

そこで近年注目されるのが、障害の生活モデルである。高齢者が初めて認知症になったり、初めて常時ベッドで過ごす生活を体験したりするとき、生きる目的や目標を見失い、何が解決すれば生活の質が向上するのか、当事者もわからず悩む場合がある。障害で困っている人の不安・羞恥・苦しみに寄り添い、ともに悩み・考えてくれる人とつながれる社会を目指すのが、障害の生活モデルである。「寄り添う」や「伴走型」という概念で表現され、近年の居場所やサードプレイス論にもつながる考え方である*。

* 30年後の医療の姿を考える会編(2017)『今あらためて生活モデルとは?』30年後の医療の姿を考える会

個人単位の生活と社会的支援

近代における社会保障は、家族・親族による相互扶助を前提としている。困ったことがあれば、まずは家族・親族間で援助し、それでも救済されない場合に、政府による最低限の制度が準備されている。しかしながら結婚・離婚の自由、子どもを持つことの自由、男女の雇用機会の均等化など、生活は個人単位(リベラル化)となり、家族・親族の相互扶助機能は相対的に低下した。

また多様化した生活課題は、現金給付のみでは十分対応できない。生活を整え健康を維持すること、就労や社会参加を促進することなど、個人単位の生活に合わせて社会的に支援する時代にシフトしつつある。

社会的支援の制度的事例として、介護保険制度がある。65歳以上の高齢者がいる世帯で、3世代同居するのは1割程度である。家族・親族によるケアを想定せず、個人の持つ能力と環境を活かし、自立に資するケアサービスを提供する仕組みである。また非制度的事例として、コミュニティカフェや居場所づくり、買い物やゴミ捨て支援、子ども食堂や暮らしの保健室など、地域コミュニティや友人等による自発的な支援がある。

心身の機能が低下しても、家族に依存せず社会的支援を受けて暮らせるように、シェアハウスやコミュニティスペースなど、空間面を支える新しい計画論も求められている。

在宅医療を含む地域包括ケアシステム

個人の自立的・快活な人生を支えるシステム

在宅医療を含む地域包括ケアシステムとは、重度（要介護3～5）の要介護状態になっても、社会資源・地域資源を使って、住み慣れた地域・自宅で、できるだけ自立的・快活に自分らしく最期まで暮らせるように、医療、介護、リハビリテーション、生活支援、住まいが一体となって個人を支えようとするシステムである。

地域包括ケアシステムは、厚生労働省が示す植木鉢を模した図に示されているが、専門性や立場によって、その理解の仕方には図のように大きく3つのパターンがある*。

生活支援に着目する考え方

まず地域福祉・高齢者福祉の文脈でコミュニティケアと呼ばれる、主に生活支援・福祉サービスの部分に着目する考え方である。この文脈では、見守り（朝晩の声掛け）と1日3食の食事の提供が重要であり、この2つが機能している限り孤独死は発生しない。見守りと食事は、これまで同居家族が担う機能であったが、これを特に介護保険と地域住民の互助で支えあうことを想定するシステムである。

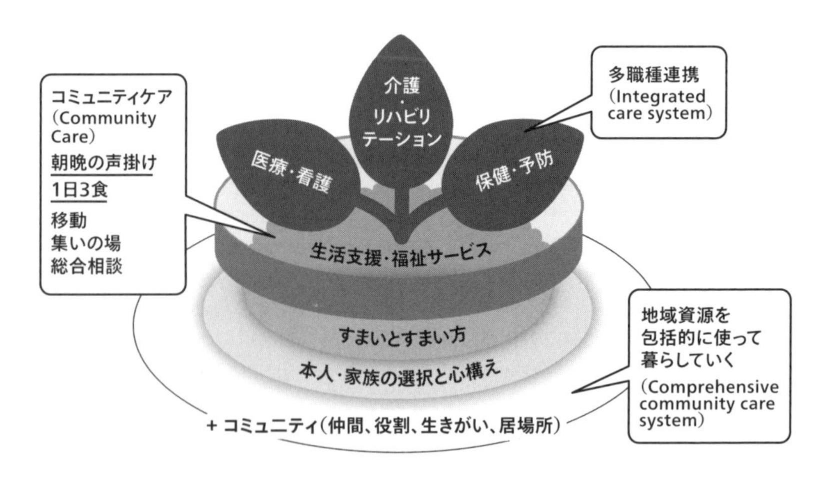

＊ 三菱UFJリサーチ&コンサルティング（2013）「持続可能な介護保険制度及び地域包括ケアシステムのあり方に関する調査研究事業報告書」（図の解説文、コミュニティについては筆者が追加）

多職種連携のシステム化を重視する考え方

次に、特に医療関係者（医師・薬剤師・歯科医師・看護師・リハ職等）が考えるのが、多職種連携によるケアシステムである。本来、病院で長期入院して最期を迎える患者が、在宅ケアを受ける。病院であれば、医療・看護、介護・リハビリテーション、保健・予防が1つの医療法人内で一体となって受けられるが、特に在宅ケアとなれば、病院、診療所、訪問看護ステーション、ケアマネ事業所、ヘルパー事業所など、それぞれ経営の違う主体が担うことになる。このような状況下でも、スムースに連携して十分なケアを提供するにはどうすればよいか。この多職種連携のシステム化を重視する考え方である。

地域資源の包括的な活用を目指す考え方

3つ目は、主に自治体・行政による高齢者を支えるサービスを、どのように確保するかという視点である。2040年を見据えると、高齢者は増えるが担い手は減り、地方自治体の財源にも限りがある。そこで税金だけではなく、社会資源・地域資源を最大限活用してコストパフォーマンスの良い高齢者を支えるコミュニティの環境づくりが重要だ。この場合、医療介護サービスだけでなく、バス等の公共交通機関やコンビニ・郵便局等の社会資源、町内会・民生委員・老人会等がつくる居場所や助け合いなども地域包括ケアシステムに含める考え方である。

地域の実情に合わせた体制の必要性

高齢化率がさほど高くなく（若い世代の流入が多い）また医療資源・介護資源が多数あるまちでは、多職種連携を中心とした地域包括ケアシステムの整備が可能だろう。

他方で、高齢化率が高く、それに見合う医療資源・介護資源（若い世代の担い手）が少ないまちでは、社会資源・地域資源の最大活用や生活支援の充実を軸にした地域包括ケアシステムを考えることになる。

すなわち全国一律的に、同じモデルを導入するのではなく、その地域に暮らす人が、それまでの暮らしが継続できるように今ある資源を組み合わせて、体制を整えていくことが重要となる。

社会福祉法人制度改革

社会福祉法人は、児童養護施設、重症心身障害児施設、特別養護老人ホームなどの社会福祉事業を行うことを目的とする法人である。株式会社とは異なりサービス提供による利益に対して税制優遇を受けられるが、その利益は社会福祉の充実や地域における公益的な活動への還元が求められる。

戦後、社会福祉の目的は、制度が整わないなかで、困っている人々に手を差し伸べ支援することであった。このような関係者の不断の努力により、現在では生活保護制度をはじめとして、高齢者には介護保険制度、障害者には自立支援制度、子どもには子ども子育て支援制度と、対象別の政策が充実した。しかし制度の充実は、対象者をふるいにかけて絞ることにもつながり、制度の狭間で救済されないケースも増えてくる。

従来この狭間を埋めていたのが、家族や地縁組織による相互扶助であったが、これらも社会のリベラル（個人主義）化によって機能を果たす余裕がない。さらに再帰的超高齢社会においては、高齢者自身が多様なライフスタイルのなかで複雑な支援ニーズを自ら創り出すため、ますます制度の狭間が広がる。また近年では、社会福祉による支援をスティグマ（それを受けることで偏見や差別を受ける）と捉えて、制度の対象者であっても利用せず、困窮や多重の困難に苦しむ実態もある。このようなライフスタイルによる課題と従来の社会福祉との間をつなぎなおすべく、社会福祉の役割の再定義や法人改革（規模拡大・協働化）などが進められている。

私たちの生活は地域の多様な資源に支えられている。社会福祉法人が大所高所から福祉課題を設定しても、既存の制度の対象とならない方へのきめ細かな支援にはつながらない。そこで社会福祉法人によるモデル的実践として、例えば、高齢者住宅、保育所、障害者施設、訪問介護事業所などの社会福祉施設を核として、レストランやカフェ、温浴施設、スポーツクラブなど様々な機能を組み込むプロジェクトが増えてきている。ここでは障害者と健常者、支援する側・支援を受ける側という括りをなくして、多様性を尊重してお互いが支え合う（近年では、ごちゃまぜや社会的包摂と呼ばれる）仕掛けが用意されている。このような社会福祉施設は、地域に住むすべての人に利用され、親しまれ、地域の誇りとなるべく、空間面でのデザイン性も求められている。社会福祉法人が地域住民のニーズを引き出しながら、その地域にふさわしく新しい公益的な活動を行政や民間事業者とも連携して積極的に展開することが期待されている。

地域密着型サービス

介護保険制度には日常生活圏という考え方がある。日常生活圏は、住民が日常生活を営んでいる地域であり、地理的条件、人口、交通事情等の社会的条件などを踏まえて、市町村が設定する圏域である。概ね人口2万人・中学校区程度とされる例が多いが、必ずしも法律の定めによるものではない。

重要なのは、住民が日常生活を行う中で、友人・知人、なじみの店や居場所など、自分自身で培ってきた地域資源・社会資源に富んだ圏域であることだ。要介護になった途端に見ず知らずの土地にある大規模施設に入所させられるのではなく、自分自身で培ってきた地域資源・社会資源を利用しながら住み慣れたまちで暮らしたり、近所の人となじみの関係を維持したまま、心身の状態に応じて必要なケアが受けられる。これを可能にする仕組みとして期待されているのが、地域密着型サービスである。

地域密着型サービスには、デイサービス・ショートステイ・ホームヘルプが一体となった小規模多機能型居宅介護、食事介助・トイレ介助といった日常生活上のケアサービスを定額で頻回に受けられる定期巡回随時対応型訪問介護看護、認知症グループホーム、定員30人未満の特別養護老人ホームなどがある。

子どもとともに育つまち

大人になってから振り返ると子ども時代はあっという間であるが、子どもたちは、そしてもちろんかつての私たちは、十分に長く濃密な子どもの時間を生きている。その時間の中で、子どもたちがどのようにまちを使い、そして変えていくか、そのような子どもたちを支えるまちをどう作るか。ここではその原則から具体的な手法まで、11のキーワードをまとめた。
子どもたちのコミュニケーションには **ワークショップ** の方法が応用できるだろう。また、子どもたちによる **ガバナンス** という可能性もある。あわせてご覧いただきたい。

Keyword

- □ 子どもの権利条約
- □ 子どもにやさしいまち（CFC）
- □ 公共ばあちゃん
- □ コンピテンシー
- □ 外遊び
- □ まちづくりゲーム
- □ こどものまち
- □ PBL
- □ デザイン思考
- □ 冒険遊び場（プレーパーク）
- □ ユースセンター

子どもの権利条約

子どもの権利条約とは、子ども（18歳未満）の基本的人権を国際的に保障するための条約である。本条約を通じて、子どもは保護・支援の対象であると同時に、一人の人間として権利を持つ主体として位置づけられた。子どもの権利を保障するため、本条約は4つの原則「生命、生存および発達に対する権利」「子どもの最善の利益」「子どもの意見の尊重」「差別の禁止」に基づき、子どもの生存・発達・保護・参加に関連する全54条から構成されている。

本条約は、1989年国連総会で採択、1990年に発効され、日本は1994年、世界で158番目に批准し、「児童の権利に関する権利条約」と位置付けている[*1]。しかし、批准にあたり「子どもの権利アレルギー」とも言える事態となった[*2]。理由として、発展途上国のための条約であったと捉えられたこと、これまでの子どもに対する教育や権利に対する考え方に反するものであり、「わがままになる」「権利を主張する前に義務をはたしてほしい」といった誤った解釈が広がったことが挙げられる。また当時の日本政府も、現行法で子どもの権利は守られているとの立場を取っていたが、実態としては子どもを権利の主体として位置づけた国内法はなかった。その後、批准から約30年後の2023年4月、子どもの権利に基づいた包括的な法律「こども基本法」が施行され、政策機関として「こども家庭庁」が設置されるに至った。

国の動きとは異なり地方自治体では、本条約批准後、条例制定や多様な取組が進められてきた。現在では61自治体が子どもの権利に関する条例を総合的に制定し[*3]、この他にも子どもの権利を踏まえた条例が各地で制定されている[*4]。神奈川県川崎市では、川崎市子どもの権利に関する条例に基づく施設として、神奈川県川崎市夢パークを設置し、「認定NPO法人たまりば」が指定管理者として運営を担い、子どもが自由に過ごせ、意見を述べる余地が生み出されている。2020年の新型コロナウイルス蔓延禍においては、公的な子ども施設がほぼ閉鎖される中で、担当所管と協議を行い、感染対策を徹底した上で開園し続けた。危機的な状況だからこそ子どもの居場所が不可欠であると考え、「最後の砦」として子どもの権利を保障するための施設運営を続けてきた[*5]。この夢パークの事例の他にも、公園改修、子ども議会など、様々な地方自治体の担当課レベルで子どもの声に基づいた取組が行われるようになっている。

＊1 外務省：人権外交「児童の権利条約」（2020年7月30日更新）https://www.mofa.go.jp/mofaj/gaiko/jido/index.html（最終閲覧日：2022年6月1日）

＊2 子どもの権利条約総合研究所（2014）『子どもの権利広報ガイドブック　子どもの権利研究第24号』日本評論社

＊3 子どもの権利条約総合研究所（2022）：子どもの権利に関する総合条例一覧（2022年4月現在）、http://npocrc.org/wp-content/uploads/2022/04/jorei2204.pdf（最終閲覧日：2022年6月1日）

＊4 地方自治研究機構（2022）：子どもに関する条例（2022年5月12日現在）http://www.rilg.or.jp/htdocs/img/reiki/103_child.htm（最終閲覧日：2022年6月1日）

＊5 Mitsunari Terada, Marila Ermilova, and Hitoshi Shimamura, “Playworkers’ Experiences, Children’s Rights and Covid-19: A Case Study of Kodomo Yume Park, Japan,” In Play in a Covid Frame Everyday Pandemic Creativity in a Time of Isolation Edited by Anna Beresin and Julia Bishop., Openbook publisher, pp.119-140

子どもにやさしいまち（CFC）

地方自治体の子どもの権利に基づいたまちづくりを支援する動きとして、国連機関であるユニセフによる「子どもにやさしいまちづくり事業（CFCI）」が挙げられる。「子どもにやさしいまち（CFC）」とは、「子どもの最善の利益を図るべく、子どもの権利条約に明記された子どもの権利を満たすために積極的に取り組むまち（市町村など）のこと」*1である。1996年第2回国連人間居住会議（ハビタットII）で事業提唱され、2021年では世界58カ国で実施されている取組である。2018年に日本型子どもにやさしいまちモデルが作成された後、2021年6月に日本型CFCIが正式に開始され、2021年12月には第三者評価委員の評価を経た5自治体が「ユニセフ日本型CFCI実践自治体」であることが承認されている。該当の5自治体は今後3年間、子どもにやさしいまちづくり事業を本格的に実施していくこととなっている。子どもにやさしいまちは、

①子どもの参画
②子どもにやさしい法的枠組み
③都市全体に子どもの権利を保障する施策
④子どもの権利部門または調整機構
⑤子どもへの影響評価、子どもに関わる法律や施策
⑥子どもに関する予算
⑦子どもの報告書の定期的発行
⑧子どもの権利の広報
⑨子どものための独自の活動
⑩当該自治体にとって特有の項目

といった10の構成要素から成り立ち、各自治体の特色を踏まえた展開が可能となっている。実践自治体の1つである北海道安平町では、職員研修により全庁的な普及啓発に取り組みつつ、震災復興として子どもの声に基づいた義務教育施設（小中一貫校）の建設、遊びの中でエネルギーを培う「遊育」など、全町を挙げた取組として展開している*2。

地方自治体レベルでは条例制定をはじめ、様々な取組が行われており、これからは「こども家庭庁」の設置に伴い、国レベルでも子どもの権利に基づいた省庁横断的な政策の実施が期待される。しかし子どもにやさしいまちの実現に向けては、子どもと関わる大人一人ひとりが、「子どもはまちをともにつくっていく主体である」として捉え、関わっていくことが求められる。

＊1　日本ユニセフ協会「ユニセフの子どもにやさしいまちづくり事業」https://www.unicef.or.jp/cfc/（最終閲覧日:2022年6月1日）
＊2　安平町「子どもにやさしいまち」https://www.town.abira.lg.jp/kosodate/anshin-kosodate/cfci#u03（最終閲覧日:2022年6月1日）

公共ばあちゃん

「公共ばあちゃん」とは、自分自身の家族に止まらない地域の子ども（他人の孫＝たまご）を育てる地域公認の高齢者女性を指す。「公共◯◯」というように、高齢者女性にとどまらず、年齢や性別を問わずに使用することができる。

子どもの教育には「家庭」「学校」「地域」の重要性が指摘されてきたが、「家庭」「地域」の教育力の低下が指摘されて久しい*1。かつて「地域」の教育は、「地域の子どもは地域で育てる」という考えに基づき、子ども会や地域活動を通じた活動が展開されていた。子どもの数も多く、近隣に同世代の子どもがいる場合においては、子どもを通じた関係「子縁」によって関係性の構築が可能であった*2。しかし、少子化や地縁コミュニティの希薄化、不審者不安などから、近隣住民と子どもが気軽に関わることは極めて難しくなり、他の世代との関わりは、公共サービス、塾や習い事を始めとした商業サービスに限定されるようになった。子どもや子育て世帯の行動圏が身近な地域に限定される中、絶縁社会*2とも呼ばれる現代において、どのように程よい地縁の関係を編み直していくことができるか。

横浜市神奈川区ではNPO法人親がめは2005年より地域の風土に合った地域の子育て支援拠点を目指し、活動を行っている。100名以上の地元の高齢者が、「公共ばあちゃん」「公共じいちゃん」としてNPOにボランティア登録しながら、区役所、地元地域、子育て支援拠点などと連携しながら、現在では47カ所、「すくすくかめっ子」と呼ばれる親子のたまり場づくりを行っている*3、4。また、2016年より千葉県松戸市岩瀬自治会では「公共若者」として、大学生が自治会館に居住している。利害関係が少なく、気軽に話すことのできる存在であり、地域の子どもの育ちを支援するコーディネーターとして機能している*5。

このように、「公共◯◯」と地域の団体が、様々な世代や人材を位置づけることで、安心して子どもや子育て世代が関わることができる関係が創出されている。公的なサービスやNPO法人による社会サービスはもちろん、個々の地域住民が役割を見出し、気軽に多世代と関わることのできる「共助」、セーフティネットを生み出す取組として期待できる。地域における世代間の分断が進む中で、現代に合う「子縁」を通じた地域の関係づくりが展開されている。

＊1　臨時教育審議会（1987）「教育改革に関する第一次答申（昭和60年6月）」文部時報、pp.50-76
＊2　瀧井宏臣（2011）『なぜ子縁社会が求められるか　絶縁社会＝子育て危機へのシンプル対応術』明治図書出版
＊3　NPO法人親がめ、https://kanaoyagame.com/（最終閲覧日：2022年6月22日）
＊4　NIKKEI STYLE キャリア（2014）「元気なシニア、「他人の孫＝たまご」育てに活躍」https://style.nikkei.com/article/DGXBZO66994700Y4A210C1WZ8000/（最終閲覧日：2022年6月1日）
＊5　岩瀬自治会（2017）「新しい自治会の創造」あしたの日本を創る協会「まち むら」137号、pp.14-16

コンピテンシー

コンピテンシーとは、「スキル」等で表される認知的側面に加えて、非認知的側面（態度や情意的側面、社会的側面など）も含む能力・力を指す概念である。1997年から2003年にかけて行われた、経済協力開発機構（OECD）の「コンピテンシーの定義と選択（DeSeCo）[*1]」プロジェクトに用いられた。DeSeCoのコンピテンシーの中でも中核的な能力となる「キー・コンピテンシー」には、「相互作用的に道具を用いる」「異質な集団で交流する」「自律的に活動する」という3つの力が掲げられている[*2]。

教育方法学者の松下佳代は、1990年代以降、多くの経済先進国で共通して教育目標に掲げられるようになった能力の諸概念を総称して、〈新しい能力〉と呼んでいる[*3]。日本では、1996年の中央教育審議会答申に記載された「生きる力」をはじめ、2000年代にかけては「人間力」（内閣府）、「就職基礎能力」（厚生労働省）、「社会人基礎力」（経済産業省）、「学士力」（文部科学省）、「エンプロイヤビリティ（雇用されうる能力）」（日本経営者団体連盟）、「リテラシー」（OECD-PISA）[*4]、「コンピテンシー」（OECD-DeSeCo）など、様々な能力概念が導入された。

コンピテンシーは、各国の教育目標や評価対象に位置付けられている。公的教育機関はもちろん、それらを補完する教育団体にも影響を及ぼしている事例として、フィンランドにある子どもや若者のための建築スクール「Arkki（アルッキ）」[*5]を紹介する。

Arkkiは1993年に創設された非営利の教育機関で、4歳から19歳までが通うことのできる、フィンランド初の、建築教育と環境教育を行う放課後学校である。同校独自には、「遊ぶ（Play）」「創造する（Create）」「成功体験を積む（Succeed）」の循環により創造的学習が進行すると主張しながらも、それらとフィンランドの学習指導要領に掲げられた7つの「横断的コンピテンシー（Transversal Competences）」との対応関係を位置付けている。Arkkiはフィンランドの基礎教育（義務教育）の9年制導入以来、授業時間数を大幅に削減された芸術教育を補完する形で教育活動を行ってきた経緯から、フィンランドの教育文化省に認定されたカリキュラムを持ち、正課では実施しきれない課外活動を担っている。そのため、国の教育政策や学習指導要領との連携を取りながら、芸術教育の課外活動として、教育文化省公認の1,300時間に及ぶ拡張教育を実施することに成功している。

*1　“Definition & Selection of Competencies: Theoretical & Conceptual Foundations” の略称。
*2　ドミニク・S・ライチェン、ローラ・H・サルガニク編著、立田慶裕監訳（2006）『キー・コンピテンシー　国際標準の学力をめざして』明石書店
*3　松下佳代（2010）『〈新しい能力〉は教育を変えるか　学力・リテラシー・コンピテンシー』ミネルヴァ書房
*4　“Programme for International Student Assessment” の略称。各国の15歳の生徒を対象とする国際的な学習到達度調査を指す。
*5　Arkkiホームページ（https://www.arkki.net/en/）参照。

外遊び

外遊びとは、屋外・戸外での遊びを指す。遊びは何より楽しいものであり、行為をすること自体が目的である[*1]。子どもにとって遊びは、子どもの権利条約に示された権利であり、遊びを通じて挑戦性、身体性、社会性、創造性、そして主体性を向上させるものであると考えられている[*2]。

子どもの遊びは、時間・仲間・空間の3つの間（三間）と方法を組み合わせることで成立すると考えられてきたが、特に1970年代から、継続的な三間の減少および屋内化の進行に伴い、直接体験の減少と間接体験の増加が報告されてきた。塾や習い事の増加に伴い遊び時間は減少し、遊び仲間は少子化に伴い、遊びの伝承が可能な異年齢大人数の集団から同年齢少人数の集団に変化してきた。遊び空間も、川や森など地域全体が遊び場であったが、都市化が進むにつれて公園などの整備された空間に限定されるようになった。また限定された空間に子どもが集中し、子どもの声を騒音とみなしたりボール遊びを禁止したりする動きが増えた結果、子どもが外で気軽に遊びにくい地域の存在が浮き彫りになってきた。このように三間が減少し続け、現在では小学生のうち放課後に外遊びをしない子の割合が、都市では8割、農村でも6割にのぼる結果となった[*3]。

外遊びというと、鬼ごっこやボール遊びといった身体動作を伴う運動的な遊びや、砂、水、木登り、虫取りといった自然との関わり合いのある野遊びが想起される。しかし、ポータブルゲームの普及やIoT化の進展により、自分や相手がいる場所に囚われず、遊ぶことが可能になった。例えば公園にゲーム機を持ち出して遊ぶことも、外遊びの選択肢の1つにもなりつつある。デジタル空間におけるゲームは、運営会社により、バグ（エラー）がすぐに改善されたり、新しいステージが増えたり、絶えず関心を惹くイベントが開催されたりといった特徴がある。規制の強化や老朽化が進む公園のあり方を大人が考える上で、そうしたアップデートの充実した遊びの環境に親しんだ子どもの視点を踏まえる必要はないだろうか。

デジタル技術が今後も変化する中、屋外空間はどのような行為を誘発する空間となるか。グリーンインフラといった概念が提起される中で、子どもたちが遊びを通じてワクワク・ドキドキしながら，自ら学び成長していく「プレイフル・ラーニング」の要素を加えた，いわば子どもの遊びや学びを育む社会的な基盤「プレイフルインフラ」を[*4]、どのように作っていくことができるか、まちづくりの手腕が求められている。

＊1　ヨハン・ホイジンガ著、高橋英夫訳（1973）『ホモ・ルーデンス』中央公論社
＊2　国土交通省（2014）都市公園における遊具の安全確保に関する指針（改訂第2版）https://www.mlit.go.jp/common/000022126.pdf（最終閲覧日：2022年6月1日）
＊3　日本学術会議 子どもを元気にする環境づくり戦略・政策検討委員会（2007）「我が国の子どもを元気にする環境づくりのための国家的戦略の確立に向けて」https://www.scj.go.jp/ja/info/kohyo/pdf/kohyo-20-t39-4.pdf（最終閲覧日：2022年6月1日）
＊4　子どもの水辺研究会（2022）『子どもが遊びを通じて自ら学ぶ　水辺のプレイフルインフラ』技報堂

まちづくりゲーム

まちづくりゲームとは、まちづくりを楽しみながら体験し、デザインや意思決定のプロセスを補助するためのゲームの総称である。ボードゲーム等を利用するアナログゲーム、コンピュータソフト等のデジタルゲーム、既存のエンターテインメントゲームを社会的用途で利用する「用途開発」も含まれる。

1989年にアメリカのマクシス社によって第1作目がリリースされた「シムシティ」は、本格的な都市開発・都市経営を体験できるシミュレーションゲームの代表例である。「箱庭ゲーム」[*1]と呼ばれるジャンルで人気を博して数々のシリーズを発売し、そのエンターテインメント性に惹かれたゲームユーザーが自然にまちづくりに触れる機会を生み出した。

1990年代以降、市民参加型まちづくりやワークショップが盛んになるにつれて、「まちづくりゲーム」や「まちづくりデザインゲーム」[*2]と呼ばれるアナログゲームの開発・利用が進んだ。これらのゲームは、都市計画やデザインを専門としない一般市民に対して、ワークショップへの参加意欲を高める〈動機付け〉としての役割や、計画や議論を円滑に進める方法を指示しワークショップの進行を補助する〈デザインツール〉、ワークショップの成果を共有する〈情報公開〉の役割を持っていた。

2000年代に入ると、既存のデジタルゲームや仮想世界（メタバース）をまちづくりに利用する用途開発が行われるようになった。宮崎県小林市が2018年、高校生と共に「シムシティ課」を立ち上げ、前述した「シムシティ」のモバイル版「シムシティビルドイット」を使って理想の市の姿を形にして議論している[*3]。

その他、長田は2003年にアメリカのリンデンラボが公開したメタバースである「セカンドライフ」上にまちづくりセンターを設置し、公開型の会議・展示スペースとしての利用可能性を検討している[*4]。西・饗庭は2009年にスウェーデンのMojangが初期版をリリースした「マインクラフト」を利用し、まちづくりワークショップにおける再現、空間把握、議論への利用可能性を検討している[*5]。

デジタルゲームやメタバースの用途開発ではインターネットを通した〈情報公開〉の拡張性が期待される一方で、利用者の増大に対応する〈デザインツール〉としての拡張性には課題を抱える。一方、田口・林はゲームに打ち込む高校生や動画配信を楽しむファンを対象にしたプロジェクト[*6]を開発し、本来はゲームに向けられた高いスキルや意欲をまちづくりに結びつける〈動機付け〉の拡張性を示唆している[*7]。

＊1　ゲーム内の閉じた世界にプレイヤーが外側から干渉することで、その状況や情景の変化を楽しむゲームの総称。また、ゲーム上の広大な世界にプレイヤーが入り込み、自由に動き回って探索・攻略をするゲームのことも指す。
＊2　ヘンリー・サノフ（1993）『まちづくりゲーム　環境デザイン・ワークショップ』（晶文社）や、佐藤滋（2005）『まちづくりデザインゲーム』（学芸出版社）など。
＊3　小林市シムシティ課（http://www.tenandoproject.com/tenando_SimCityBuildIt/）参照。
＊4　長田進（2008）「セカンドライフを用いたまちづくり活動についての一考察」『日本地理学会発表要旨集』
＊5　西昭太朗・饗庭伸（2020）「Minecraftを用いたまちづくりワークショップの開発」『都市計画報告集』19（2）、pp.239-244
＊6　地域資源研究プロジェクトBOKUCRA（https://bokucra.com）参照。
＊7　田口純子・林憲吾（2018）「通信制高校と地域を結ぶマインクラフトを用いたまちづくり学習の開発」『日本教育工学会研究報告集』18（1）、pp.387-393

こどものまち

こどものまち（遊びの都市）は、子どもが主体となって仮想のまちを作る活動である[*1]。子どもが参画する「こども会議」での議論を踏まえて開設される仮想のまちの市民となり、実際のまちさながらに、仕事をしてまちの独自通貨を稼ぎ、食事や買い物を楽しんだり、議会で市長や議員に立候補してまちの運営に携わったりすることができる。

こどものまちの起源は、1979年にドイツ・ミュンヘン市で始まった「ミニ・ミュンヘン」であり、日本では2002年に千葉県佐倉市で始まった「ミニさくら」を筆頭に、2018年時点で112都市にて開催されている[*2]。高知県高知市で2009年に始まった「とさっこタウン」は、学生と社会人ら約100名の実行委員会が企画し、400名ほどの子どもが市民として参加している[*3]。さらに2012年に開始した「こうちこどもファンド」事業[*4]では、子どもから募集したまちづくりのアイデアを、専門家等からなる審査委員会や、子どもたちによるこども審査会に諮り、助成金支援事業を決定している。仮想のまち・実際のまちを往復しながら、子どもの声を反映したまちづくりを展開している事例である。例えば、2021年度は小学生による里山保全活動、女子高生による生理への理解を広げる動画作成が行われている[*5]。

ミニ・ミュンヘンの議会の様子

＊1　木下勇ら（2010）『こどもがまちをつくる　「遊びの都市（まち）－ミニ・ミュンヘン」』萌文社
＊2　全国子どものまちまとめサイト：https://w.atwiki.jp/kodomonomachi/pages/13.html（最終閲覧日：2022年6月1日）
＊3　とさっ子タウン：https://tosacco-town.com/profile/（最終閲覧日：2022年6月1日）
＊4　高知市地域コミュニティ推進課「こうちこどもファンド」：https://www.city.kochi.kochi.jp/soshiki/21/kochi-kodomofund.html（最終閲覧日：2022年6月1日）
＊5　高知市地域コミュニティ推進課：こどもファンド通信及び各年度の審査会・事業報告書 https://www.city.kochi.kochi.jp/soshiki/21/kodomofundtuusinn-houkokusyo.html　（最終閲覧日：2022年6月1日）

PBL

PBLは、プロジェクト型学習を意味し、プロジェクト・ベースド・ラーニング（Project Based Learning）の頭文字から取られている。アメリカで20年以上にわたりPBLの学校導入を支援するPBLWorksの定義によると「生徒が現実世界に主体的に関わること、もしくは個人として意味のあるプロジェクトに取り組むことを支援する教育手法」*1である。

PBLでは、学びの場としてのプロジェクトが中心にある。まちづくりにおけるプロジェクトは、期間や予算は様々であれども、行政、民間企業、NPO等各種団体、地域住民など、多様なステークホルダーが知恵を出し合い、協働するための拠り所となる。そのため、まちづくりの現場はプロジェクトの宝庫であり、学習者にPBLを提供しやすい環境だといえる。一方、学習者は、まちづくりの現場に新たな視点や気付きをもたらす「風の人」になることもあれば、PBLで定められた学習時間を超えて、地域に根ざして主体的な取組を続けていく「土の人」に成長していくこともある*2。

2022年度から導入された高等学校学習指導要領のキーワードである「探究学習」は、生徒が世界に主体的に関わり、試行錯誤するなかで自ら学びを構成するという価値観に支えられている。PBLはこうした「探究する学び」の一部に位置付けられる。

埼玉県深谷市で行われたまちづくりPBLの様子（2018年）。空き家を活用した拠点で、高校生、行政職員、地域住民、研究者などが議論した。

＊1　PBLWorksの定義（https://www.pblworks.org/what-is-pbl）。日本語訳は、藤原さと（2020）『「探究」する学びをつくる　社会とつながるプロジェクト型学習』平凡社、p.48を引用した。

＊2　「風の人」「土の人」は「風土」をもとにした造語。まちづくりや地域づくりの文脈では、「風の人」は外から刺激をもたらす人、「土の人」はその土地に根ざす人を指す。

デザイン思考

デザイン思考とは、デザイナーの思考プロセスを形式化した課題解決の手法である。観察やインタビューを通してユーザーの潜在的ニーズや課題を見つけ、アイデアの発散と収束、プロトタイピング、テストを繰り返しながらよりよい解決策を生み出していく。論理的思考がデータ分析や明確・選択的な未来の予測を得意とすることに対して、デザイン思考はVUCA[*1]時代の不確実な未来に向けた意思決定や課題解決を得意とし、その対象はグラフィックや工業製品に留まらず、サービス領域や制度・組織のデザインにまで及ぶ。

デザイン思考は企業活動やまちづくりだけでなく、子ども・若者の探究学習やデザイン教育、デザインを通した課題解決学習に用いられる。社会貢献としての建築、計画、デザインの役割を推進する国際団体AAOでは多数の教育事例が報告されており[*2]、デザイン思考が子ども・若者の課題解決力や周りと協働する力などを育み、大学教育への準備やSTEAM科目[*3]の実践的な理解をどのように促進しているかが議論されている。その取組として、AAOの協賛団体である、アメリカのシカゴ建築センター（旧シカゴ建築財団）は、特に建築・建設・工学・デザインの分野で少数派である女性や貧困層の子ども・若者に向けた教育プログラムに力を入れ、デザイン思考の習得をジェンダーやコミュニティの課題解決と結びつけている[*4]。

＊1　現代社会を象徴する言葉の１つで、Volatility（変動性）、Uncertainty（不確実性）、Complexity（複雑性）、Ambiguity（曖昧性）の頭文字を取ったもの。

＊2　AAOホームページ（https://www.aaonetwork.org）参照。

＊3　Science（科学）、Technology（技術）、Engineering（工学・ものつくり）、Art（芸術・リベラルアーツ）、Mathematics（数学）の頭文字を取ったもの。

＊4　シカゴ建築センターホームページ（https://www.architecture.org）参照。

冒険遊び場（プレーパーク）

冒険遊び場（通称：プレーパーク）は、「すべての子どもが自由に遊ぶことを保障する場所であり、子どもは遊ぶことで自ら育つという認識のもと、子どもと地域とともにつくり続けていく、屋外の遊び場」[*1]である。既存の遊び場の質の乏しさや制約の多さ、大人の子どもに対する過度な規制といった課題に対し、子どもの「やってみたい」を軸に、環境との自由な関わりを許容し、子ども自身が遊びをつくる場となることを志向する活動だ。

1943年にデンマーク・コペンハーゲン市に作られた「エンドラップ廃材遊び場」を端緒に1975年頃から試行された国内初の設立事例は、国際児童年の1979年に東京都世田谷区に設置された「羽根木プレーパーク」である。日本においては市民参加型まちづくりの手法として展開されていることが特徴といえ、2020年の最新調査では458団体と増加している[*2]。現場ではプレーリーダーと呼ばれるボランティアのスタッフや専門職員(プレーワーカー)が環境づくりに取り組む。近年の活動は常設の遊び場づくりにとどまらず、公園などでの乳幼児の子育てひろば事業、集って遊ぶことが難しい農山村や迅速な支援が必要な被災地で、プレーカーと呼ばれる遊び道具を積んだ移動式の遊び場も展開されている。

＊1 特定非営利活動法人日本冒険遊び場づくり協会「冒険遊び場の定義」https://bouken-asobiba.org/play/about.html(最終閲覧日:2022年6月1日)

＊2 梶木典子・寺田光成(2021)「冒険遊び場づくり活動団体の活動実態に関する研究-第8回冒険遊び場づくり活動団体実態調査の結果より」『日本建築学会学術講演梗概集』pp.383-384

ユースセンター

ユース(青少年)センターとは、おおよそ中高生から若者までが集う、家でも学校でもない第三の居場所である。ユースワーカーと呼ばれるスタッフがコーディネートにあたり、自由に過ごせる多目的スペース、自習スペース、音楽・ダンス等の文化芸術活動、スポーツ活動など、多様な活動ができる拠点である。

現在、わが国の子どもの自殺者数が自殺統計データのある1980年以降で最も多く、自殺の原因・動機の上位には、学校問題、家庭問題が並ぶ[*1]。また近年の国際比較調査においては、わが国の子どもの自己肯定感が低いこと[*2]、精神的幸福度が極めて低いこと[*3]が課題として挙げられている。このような中で、家庭や学校での関係性の編み直しはもちろん、第三の居場所といった、子ども自身が生きる実感を持って過ごせる場所が求められている。

東京都文京区には2015年に中高生が主体となってオープンした中高生向け施設「b-lab」、世田谷区には「アップス」と呼ばれる子ども・若者が基本無料で使える施設、小規模で自由に参加できる活動がある。それぞれ「中高生の秘密基地」、「家にも学校にもないものを。」というキャッチコピーが定められ、中高生、若者が安心して過ごすことができる居場所づくりが進む。ただし全国的には整備されていない地域が多いのが実態であり、今後当事者の声に基づいた展開が期待される。

＊1 2020年には499名、2021年には473名であり、両年ともに高校生が7割弱、中学生が3割、小学生2〜3%となっている。文部科学省(2022)資料「児童生徒の自殺対策について」、https://www.mhlw.go.jp/content/12201000/000900898.pdf(最終閲覧日:2022年6月1日)

＊2 内閣府(2019)子ども・若者白書、特集1「日本の若者意識の現状〜国際比較からみえてくるもの〜」https://www8.cao.go.jp/youth/whitepaper/r01honpen/s0_1.html(最終閲覧日:2022年6月1日)

＊3 ユニセフ(2020)ユニセフ報告書「レポートカード16」先進国の子どもの幸福度をランキング日本の子どもに関する結果、https://www.unicef.or.jp/report/20200902.html(最終閲覧日:2022年6月1日)

町並み・景観まちづくり

木造の伝統を持つ日本の都市の新陳代謝は速い。石造の伝統を持つ西欧の都市のような町並み・景観は形成されるはずもないが、入れ替わる建物によって形成される動的な町並み・景観が私たちの都市の魅力であるとも言える。目まぐるしい新陳代謝の中で、多くの人が共通して「美しい」と感じられる定点をつくること、美しい空間をつくるルールを新陳代謝のサイクルに埋め込み、景観を向上させていくこと、それが町並み・景観まちづくりである。ここではその原則から具体的な手法まで、13のキーワードをまとめた。

美しい町並みや景観は観光資源となり、それを元手とした新たな **ツーリズムと都市** の経済活動を生み出す。また、建物の保存や修復の具体的な方法については **都市のリノベーション** も参考になるだろう。あわせてお読みいただきたい。

Keyword

- □ 景観｜景観まちづくり
- □ 景観ガイドライン
- □ 町並み保存
- □ ヘリテージ（遺産）
- □ 歴史的風致
- □ 文化的景観
- □ リビングヘリテージ
- □ テリトーリオ
- □ 登録有形文化財
- □ 建築基準法の適用除外
- □ 地域住宅生産体制
- □ 景観権｜景観利益
- □ 俗都市化

景観｜景観まちづくり

景観の定義

我が国の景観工学の草分けである中村良夫はその著書『風景学入門』*にて「景観とは人間をとりまく環境のながめにほかならない。しかし、それは単なる眺めではなく、環境に対する人間の評価と本質的な関わりがある」と定義した。すなわち、人間をとりまく環境と視覚を通した人間の主観の間に成立する視覚的概念であると述べている。一方、欧州景観条約では、「景観とは、自然と人間、両者の相互作用によってつくられる特徴からなり、人々が認識する領域である」としており、自然と人間の間に成立する地域的概念であると定義している。このように、景観は、視覚的概念と地域的概念での言葉の用法があり、これらは表裏一体の関係にある。

また、自然・環境と人間との相互作用によって成立する景観は、まちづくりの重要な柱となってきた。「景観まちづくり」は、美しく、魅力的な空間をつくることだけではなく、そこに住み、働く人のいきいきとした生活や活動を目指すものであり、総合的なまちづくりと一体的な活動として展開してきた。

2004年に制定された景観法では、景観を「国民の共有の資産」と位置づけ、「良好な景観は、地域の自然・歴史・文化等と人々の生活、経済活動等との調和により形成される」としている。また、「景観は地域固有のものであり、その個性を伸ばすよう多様な景観形成がある」とし、そのためには、「住民、事業者、地方公共団体が協働し、保全だけでなく、新たな景観創出も含め、地域の景観形成に取り組む」としている。

景観まちづくりの現状と課題

低成長成熟社会、衰退する都市など、まちや社会の変化が進む中、景観まちづくりの手法もこれまでの規制・誘導を中心とした方法では対応できない課題も発生している。この様な変化に対して、空き家のリノベーション、歴史的建造物の活用、土木景観デザインやランドスケープデザイン、夜間景観演出、公共空間活用など、様々なまちづくりの取組が展開している。

また、近年では、コロナ禍、多発する災害、気候変動に伴う再生可能エネルギーへの転換、俗都市化による景観の均質化など、グローバルな課題が増加し、景観まちづくりに求められる役割や課題が重層化している。

景観権の確立、継続的な協議や対話による景観マネジメントなど、景観に対する法的位置付けの向上や景観まちづくりをアップグレードすることが重要となっている。

＊　中村良夫（1982）『風景学入門』中公新書

景観まちづくりの流れ

戦前	文化財保存の取組や都市美運動などの活動がおこり、「保全」と「創出」の景観まちづくりの源流となる取組が生まれる。
戦後	高度経済成長期の都市化や開発による自然環境破壊、歴史的環境破壊が進行した。これに対して歴史的な景観、特に伝統的な町並み保存の団体が数多く結成。
1950年	建築基準法、文化財保護法の法整備が進められる。
1970年代	横浜市において、当時の企画調整局長田村明を先頭に都市デザインの先進的な取組が推進され、以降、横浜市都市デザイン室による先導的な景観形成に関わる事業が展開。
1972年	UNESCO世界遺産条約が批准され、記念建造物と町並みが重要なヘリテージとなる。
1975年	伝統的建造物群保存地区制度が制定され、歴史的な町並みを文化財として捉えるようになった。
1978年	神戸市都市景観条例にて、景観の「保全」と「創出」の両面を結びつけた総合的な景観条例が制定され、これを契機に1980年代以降、全国各地の都市において景観条例制定の動きが展開。
1980年代～1990年代	ニュータウン開発に伴う都市デザインが各地で推進され、創出型の多様な景観ガイドラインがつくられる。
1980年	地区計画制度が創設され、地区レベルでの景観ルールを法的に担保することが可能となる。
1983年	地域住宅計画（HOPE計画）が創設され、地域住宅生産体制による地域性を考慮した住宅づくりから景観まちづくりへ展開する取組が全国的に拡がる。
1992年	UNESCOが世界文化遺産に文化的景観を追加。
1993年	街なみ環境整備事業が創設され、地方公共団体及び街づくり協定を結んだ住民による美しい景観の形成、良好な居住環境の整備が各地で展開した。
1995年	国登録有形文化財制度が創設され、以降多くの歴史的建造物の登録がなされる。
2001年	阪神淡路大震災での多くの歴史的建造物の喪失をきっかけとして、兵庫県にてヘリテージマネージャーの育成が始まり、全国に広がる。
2004年	1980年代からの全国での景観条例策定の動きを受け、景観法が制定され、景観計画による規制・誘導を中心に多くの計画や実践が推進される。
2005年	文化的景観が新たな文化財となる。
2006年	最高裁判所にて初めて景観利益の概念が認定される。しかし、景観利益を超えた景観権は認められていない。
2008年	国土交通省・農水省・文部科学省（文化庁）が共同で進める、地域における歴史的風致の維持及び向上に関する法律（歴史まちづくり法）が施行される。
2010年代～	歴史的建造物の保存だけでなく活用が重視され、リビングヘリテージという考え方が広がる。
	歴史的建造物の活用を視野に、全国で建築基準法の適用除外条例が各地で策定される。
	テリトーリオなどの地域の産業や社会経済的・歴史文化的な文脈も合わせた広域的で統合的な景観の把握が重視されてきている。

景観ガイドライン

景観まちづくりを推進するためには、景観形成の規制や誘導のルールが必要となる。景観ガイドラインとは、景観形成のルールの1つである。

景観形成のルールには、法律に基づくものと法律に基づかない任意のものに大別することができる。法律に基づくルールとしては、景観法による景観形成基準や景観協定、都市計画法による地区計画、文化財保護法による伝統的建造物群保存地区の修理・修景・許可基準などがある。これらのルールは、法的拘束力は強いが、その内容は限定される。具体的には、建築物の屋根、外壁、設備、外構、広告物などの景観構成要素ごとの規模や位置、材料や色彩などのデザイン性について、数値や文章などで規定されるものが多い。法律に基づくこれらのルールは、行政への届出と合わせて運用されることが多く、届出の前に事前協議が行われることが多い。

一方、法律に基づかない任意のルールが、地域住民等による自主的な協定や景観ガイドラインである。これらは、法的拘束力は弱いが、ルールの内容は幅広く、任意のものを定めることができる。特に景観ガイドラインは、最低限守る基準だけではなく、望ましい景観のあり方へ誘導することに重点が置かれている。具体的には、望ましい空間イメージについて、要素毎に具体的事例が示され解説なども含め表現されるものが多い。これらのルールの運用では、協議や対話によるデザイン調整が行われる。

デザイン調整は、確認申請や景観条例等の届出と併せて実施され、企画段階、設計段階、申請段階と、段階的に開催される。創造的な対話を行うため、模型やパース、CGなどのビジュアル資料が用いられる。近年では、道路や河川、公園などの公共空間活用や夜間景観演出に関する景観ガイドラインなども広がっている。

夜間景観	桜のライトアップ
夜間景観・おもてなし	おそろいの提灯を設置
建築	2階の連続窓に木製手摺を設置し川に対して開放的な建物文化を継承／下屋庇などを設置し町並みの連続性を創出
おもてなし・道路空間活用	屋台・机・椅子の設置など道路空間を活用し、外部で食事や休憩ができる場所を創出／店先空間での商売により賑わいを生み出す

夜間景観	風情のある公共照明／旅館の窓からの風情ある電球色のあかり／長門湯本温泉オリジナル提灯の演出／樹木のライトアップ／川や橋のライトアップ／持ち運べる照明で周囲との調和を図る
おもてなし	深川萩焼のお茶会等、長門湯本温泉ならではのおもてなし
おもてなし・河川空間活用	置き座を設置し川を眺める場所を創出

複合的な景観（建築・工作物・公共空間活用・夜間景観など）の調和を目指すガイドライン

長門湯本温泉景観ガイドライン https://www.city.nagato.yamaguchi.jp/uploaded/attachment/13920.pdf

町並み保存

町並み保存とは、複数の歴史的・伝統的建造物等が残り、それらが連続して建ち並ぶ景観（町並み）を保存する事業・活動のことである。歴史的建造物単体の保存と異なり、地域・地区単位での取組といえる。

町並みを保存する国の法制度には、文化財保護法、景観法、歴史まちづくり法等がある。文化財保護法には、伝統的建造物群保存地区、文化的景観の制度がある。これらは、市町村が条例で地区を指定し、国が選定する仕組みである。景観法では、地方公共団体が条例で景観計画を策定し、それに基づき景観重要建造物や景観地区の指定を行う。歴史まちづくり法では、市町村が歴史的風致維持向上計画を策定し、重点区域内の事業の実施や歴史的風致形成建造物の指定を行う。この他に、地方公共団体が条例等を定め、町並み保存の取組を行う場合もある。

高度経済成長期の都市化や開発による歴史的環境破壊が進行し、これに対して1960年代半ばから1970年代半ばの10年間に町並み保存の団体が数多く結成され、妻籠を愛する会（長野県）、今井町を保存する会（奈良県）、有松まちづくりの会（愛知県）の3団体が集まり、これらを核に後に全国町並み保存連盟となる。

1975年の文化財保護法の改正において、「周囲の環境と一体を成して歴史的風致を形成している伝統的な建造物群で価値の高いもの」が「伝統的建造物群」として新たな文化財の1つとして位置付けられ、市町村が「伝統的建造物群保存地区」を決定する仕組みが確立された。

伝統的建造物群保存地区の仕組みでは、伝統的建造物は修理基準に基づきその価値を保存することが求められる。しかし、保存対象は外観であり、建築物内部には及ばないため、利活用における動態性は担保される。伝統的建造物以外の一般建造物は、修景基準に基づく修景が行われる。併せて、最低限守るルールとして許可基準を設定することで、歴史的風致の維持向上を図る。

伝統的建造物群保存地区制度が発足してまもなく半世紀になる。2021年10月現在、126地区が選定されており*、景観法や歴史まちづくり法などとも連携し、歴史的風致を有する地区における効果的なまちづくり手法として広く認識されるようになっている。しかし、これら地区の多くは過疎化や空洞化が進行しており、空き家が問題となっている。歴史的建造物を利活用し続けることが建物や地区を保存する上で重要となっている。

* 文化庁「伝統的建造物群保存地区」https://www.bunka.go.jp/seisaku/bunkazai/shokai/hozonchiku/（最終閲覧日：2022年10月12日）

ヘリテージ（遺産）

「ヘリテージ（heritage）」は、日本語で「遺産」と訳されるが、「先人たちが遺した有形・無形のものごと」という意味をもつ用語である。同じく、「レガシー（legacy）」も同様に「遺産」と訳されるが、「現代世代が後世に残すもの」という意味を持つ。

ユネスコの世界遺産で登録される遺産（heritage）は、その特質に応じて「文化遺産」、「自然遺産」、「複合遺産」に分類される。「文化遺産」の主役は、記念建造物と町並みである。ユネスコのガイドラインでは、文化遺産が4つの点でオーセンティシティ（Authenticity）を保持していなければならないとされている。オーセンティシティ（Authenticity）とは日本語で「真正性」と訳されており、具体的にはDesign（デザイン）、Material（素材）、Setting（立地環境）、Workmanship（構法・生産体制を含む）により評価される。

1964年、世界文化遺産条約の制定批准に先立って、記念建造物及び遺跡の保全と修復のための国際憲章である「ヴェネチア憲章」が定められ、保全と修復にあたっての原則が示されている。

歴史的風致

歴史的風致とは、「地域におけるその固有の歴史及び伝統を反映した人々の活動とその活動が行われる歴史上価値の高い建造物及びその周辺の市街地とが一体となって形成してきた良好な市街地の環境」と定義される*1。また、単に歴史上価値の高い建造物が存在するだけでは歴史的風致とは言えず、祭りや年中行事、芸能、生業、伝統産業、さまざまな職人など、地域の歴史と伝統を反映した人々の営みが一体となって初めて歴史的風致が形成される。

2008年、国土交通省・農水省・文部科学省（文化庁）が共同で進める「地域における歴史的風致の維持及び向上に関する法律」、いわゆる「歴史まちづくり法」が施行された。歴史的風致という概念は、この歴史まちづくり法において新たに位置づけられた概念であり、歴史的風致を「維持」するのみならず、積極的に良好な市街地の環境を「向上」させることが重視されている。

歴史まちづくり法では、重要文化財や史跡、伝統的建造物群保存地区等の周辺の歴史的地域（バッファーゾーン）のまちづくりを総合的、計画的に推進するための「歴史的風致維持向上計画」を策定し、市町村が歴史的資源の活用による広がりのある地域づくりを進めることができる。2022年10月現在87都市が歴史的風致維持向上計画を策定している*2。

＊1　地域における歴史的風致の維持及び向上に関する法律
＊2　国土交通省「歴史的風致維持向上計画認定状況について」https://www.mlit.go.jp/toshi/rekimachi/toshi_history_tk_000010.html（最終閲覧日：2022年10月12日）

文化的景観

文化的景観は、2004年の文化財保護法の改正によって導入された新たな文化財である。同法では、文化的景観は「地域における人々の生活又は生業及び当該地域の風土により形成された景観地で我が国民の生活又は生業の理解のため欠くことのできないもの」と定義している。

文化財としての文化的景観の概念の発生は、ユネスコ（UNESCO）による世界遺産条約に由来する。世界遺産の中には、文化遺産と自然遺産を併せたCultural Landscapeがあり、その日本語訳として「文化的景観」が登場した。文化的景観として選定された景観地には、農耕（水田・畑地等）、採草・放牧（茅野・牧野等）、森林の利用（用材林・防災林等）、漁ろう（養殖筏・海苔ひび等）、水の利用（ため池・水路・港等）、採掘・製造（鉱山・採石場・工場群等）、流通・往来（道・広場等）、居住（垣根・屋敷林等）に関する景観地などがある。2022年3月現在、全国で71件の重要文化的景観が選定されている[*1]。

農山漁村部の文化的景観では、農作物の干し場などの仮設物や季節作業の風景なども景観上重要な役割を果たしている。このような景観は生業が継続して初めて維持できるものである。しかし、生業を継続することが困難となってきており、建物や工作物に対する補助よりも、むしろ生業を継続するための支援が必要となってきている。また、文化的景観の保護は、文化財行政だけでは限界があり、国土交通省、農林水産省、環境省を含め、省庁間や行政区域の垣根を越えた総合的な景観行政が求められている。

文化的景観を文化財としての枠組みを越えてより広く捉えた概念として「生活景」がある。日本建築学会がとりまとめた『生活景』[*2]にて、生活景とは「生活の営みが色濃く滲みでた景観である。特筆されるような権力者、専門家、知識人ではなく、無名の生活者、職人や工匠たちの社会的な営為によって醸成された自主的な生活環境のながめ」であると定義されており、「ここで用いる生活環境とは広義に捉えるべきもので、寝食空間にとどまることなく、生産・生業、信仰・祭事、遊興・娯楽のための空間も含むものとする。言い換えるならば、「生活景」は、地域風土や伝統に依拠した生活体験に基づいてヒューマナイズされた眺めの総体である」とされている。

＊1　文化庁「文化的景観」https://www.bunka.go.jp/seisaku/bunkazai/shokai/keikan/（最終閲覧日：2022年10月12日）
＊2　日本建築学会（2009）『生活景　身近な景観価値の発見とまちづくり』学芸出版社

リビングヘリテージ

リビングヘリテージとは、有形無形の有効に活用されている文化遺産の総称である。日本語で「生きている遺産」という意味であり、遺産の凍結的な保存よりも、変化を許容しながら遺産を継承していくことを重視する概念である。わが国では特に、歴史的建造物の空き家問題などが顕著となっており、利用し活用し続けることで、地域における歴史的建造物を総合的にマネジメントする方向への転換が期待されている。

景観についても同様に「生きた景観」という概念が重視されている。2021年、日本建築学会がとりまとめた『生きた景観マネジメント』*において、生きた景観とは、「景観を成立させている様々な環境の変化をうけながらもいまも生き生きとある都市やまち場所を物語る景観である。」とされ、「まちや地域の営みを象徴し、空間と居住者・来訪者など人々が空間を使うことで生まれる場を表現する景観であり、観察者・参加者らも景観の担い手として関与する景観である。」と定義されている。そして、動態的な生きた景観を生み、育てるマネジメント手法が今後の景観まちづくりでは重要であるとしている。

＊　日本建築学会（2021）『生きた景観マネジメント』鹿島出版会

テリトーリオ

イタリア語の「テリトーリオ（territorio）」は、日本語では領域、地域と訳されるが、その意味する内容はより広く深いものである。都市や町の領域のみならず、土地や水系などの地理的空間のうえに、人間の営みが育んだ農業・漁業・林業、その他産業などによる景観、さらには、政治、経済、社会の圏域をも包み込む包括的概念である。

イタリアの都市研究では、1980年代以降、現代都市文明からの脱却という考え方が広がり、単に市街地だけを扱うのではなく、都市の後背地としての周辺農村地域との有機的な関係を志向する思想が重視された。そして、近代の開発から取り残された全国の地域を蘇らせる意図を込めて、そのキー概念として、テリトーリオという用語が積極的に使われるようになった。

日本にテリトーリオの概念を紹介したイタリア建築・都市史の研究者である陣内秀信はテリトーリオを「都市と周辺の田園や農村が密接に繋がり、支え合って共通の経済・文化のアイデンティティを持ち、個性を発揮してきたそのまとまり」と定義しており*、自然に恵まれ、変化に富んだ田園風景が国土全体に広く広がる日本においても重要な概念として紹介している。

＊　木村純子・陣内秀信（2022）『イタリアのテリトーリオ戦略　甦る都市と農村の交流』白桃書房

登録有形文化財

1996年の文化財保護法改正にあたり創設された文化財の登録制度である。それまでは基本的には文化財は指定あるいは選定される仕組みであったが、登録有形文化財は、所有者自らが申請することで登録される。2022年10月12日時点で、全国で13,456件の建造物が登録されている*。

登録制度は建設後50年を経過した歴史的な建造物を対象に、その文化財としての価値に鑑み、保存及び活用が特に必要とされる建造物を幅広く登録して、緩やかな保護措置を講じるものである。登録の基準は、①国土の歴史的景観に寄与しているもの、②造形の規範になっているもの、③再現することが容易でないもの、のいずれかにあたるものと定められている。登録対象は、建造物や美術工芸品、民俗文化財、記念物であり、登録により、修理のための設計監理費の補助や相続税評価額の軽減などの措置が受けられる。

災害復興においては、復興基金などを用いた登録有形文化財の修理・修復に対する再建支援が段階的に充実してきている。しかし、活用や災害からの復旧などが広がるなか、既存不適格建造物となった登録有形文化財の法適合への対策が重要な課題となっている。

* 文化庁「登録有形文化財（建造物）」https://kunishitei.bunka.go.jp/bsys/categorylist?register_id=101（最終閲覧日：2022年10月12日）

建築基準法の適用除外

歴史的建造物の多くは、現行の建築基準法等に適合しない既存不適格建造物となっているものが多く、増築や用途変更などには、現行法の規定が遡及適用されることから、歴史的価値や形態などを保存しながら使い続けることが困難となることがある。このような課題に対して、近年、建築基準法の適用除外を可能とする独自の条例を策定し、建造物の歴史的な価値などを保全しながら、別途安全性を確保する措置を講じることで、歴史的建造物を保存・活用する取組が拡がっている。

建築基準法第3条第1項第3号では、地方公共団体が文化的な価値を活かすため、条例で現状変更の規制及び保存のための措置を講じた場合、建築審査会の同意を得て建築基準法を適用除外にできることとしている。

2017年2月、国土交通省では、自治体等と連携し、建築基準法の適用除外に関する条例の制定・活用を促進することを目的とした「歴史的建築物の活用に向けた条例整備のガイドライン」を作成している。

多くの歴史的建造物の活用が円滑に行われるために、建築基準法適用除外に関する条例の制定・活用を加速するとともに、歴史的建築物に関する技術基準の更なる合理化などが求められている。

地域住宅生産体制

地域の住宅生産は、林業家、製材業、材木店、部品メーカー、設計事務所、大工・工務店など諸主体で構成される社会システムによって成立しており、これら地域住宅生産体制により建設される、地域の固有の環境（自然環境、資源環境、文化的環境など広義の環境）を具備した住宅、つまり現代版の民家が「地域住宅」といえる。そして、地域の町並み保全や歴史的風致の維持向上は、残存する建物の修理修景はもちろんのこと、地域住宅の新築も含めた、地域住宅生産体制の持続性に依拠するものである。

このような考え方のもと、旧建設省が1983年から実施したHOPE計画（地域住宅計画）では、山形県金山町、岩手県遠野市、福島県三春町、富山県八尾町、長野県小布施町、佐賀県有田町など、各地で地域住宅生産者が連携し、地域性を考慮した住宅づくりから景観まちづくりへ展開する取組が生まれ、保全から創出までカバーする景観まちづくりが全国的に広がった。

近年では、新築産業だけでなく維持管理産業の育成が重要な課題となっており、景観法の景観整備機構の制度や歴史まちづくり法での歴史的風致維持向上法人の制度など、法律に基づく事業の担い手として地域住宅生産体制の構築が進められている。また、広く歴史的建造物に精通した建築士等の専門家（ヘリテージマネージャー）の育成が推進されているとともに、リノベーションまちづくりと地域住宅生産体制との連携が重要な課題となっている。

また、大規模な災害によって一瞬にして、地域の町並みや歴史的風致が失われることが多く発生している。このような課題に対して、中越地震被災地山古志地域での中山間地型復興住宅、能登半島地震被災地での能登ふるさと住宅など、再建者が自力で再建できる地域住宅のモデルを開発し、その供給体制として地域住宅生産体制を再構築し、再建者の自力での住宅再建を支援する「自立再建住宅支援」が拡がっている。また、新築での再建支援のみならず、地域住宅生産体制との連携による歴史的建造物の再建や被災した建物の改修への支援の充実により、災害前後の景観や歴史的風致の継承が求められている。

景観権｜景観利益

景観権とは、司法の場において用いられる用語であり、地域の町並みや自然の風景全体について地域住民がその景観を享受する権利のことを指す。景観訴訟の対象となる開発・建築行為としてはマンション開発が多く、その他には、戸建て住宅建設、再開発事業、埋立事業などが存在する。問題となる

開発・建築行為の差し止め、あるいは景観破壊に対する損害賠償を求める民事訴訟と、景観保護を根拠に問題となる建築・開発案件への許可の差し止め、許可内容の是正などを求める行政訴訟があるが、いずれも景観利益の侵害があったかどうかが争点となる。景観利益を認めた判例には、国立大学通り景観訴訟、白壁マンション訴訟、鞆の浦世界遺産訴訟がある。

景観利益についての最高裁判断（2006年3月30日）では、景観利益とは「良好な景観の恵沢を享受する利益」であると定義し、「景観利益は法律上保護に値する」ものであると述べている。しかし景観権に関しては、「景観利益を超えて景観権という権利性を有するものを認めることはできない」としている。つまり、景観権に関しては、地域住民が景観を享受する利益（景観利益）は法律上保護に値するとしながらも、景観利益を超えて「景観権」という権利性を有するものとしては認められていない。

景観権に類似した権利として日照権や眺望権がある。日照権は心身の健康に直接影響を与える可能性が高いとして確立した権利である一方、眺望権は眺望利益の享受が社会概念上からも独自の利益として承認される場合に限り法的に保護される権利となっている。

俗都市化

グローバル化や消費社会化の影響により均質化・平準化した都市のあり方を批判的に表現した用語として、俗都市化やファスト風土化がある。

「俗都市化（urbanalizacion）」*[1]とは、スペインの地理学者フランセスク・ムニョスの著書名で、スペイン語の「都市化（urbanizacion）」と「平俗な（banal）」を合成した造語である。彼は俗都市化の景観、すなわち「俗景観」は、「地域との関係において相対的に閉ざされた都市形態をなし、場所やその特徴には関係なく複製できる。そうした景観の生産にあって形態的な基準が標準化されているのをみると、建築や都市デザインは、具体的な戦略・方法の利用によって、実のところいかなる地域にも属さない類の景観を生み出している」と述べている。そして、俗都市化に抗うためには、空間だけではなく、時間の配分とマネジメントが重要であり、それが観光のモノカルチャー、景観の標準化、社会的エリート化を避けることになるとまとめている。一方、ファスト風土化とは、消費社会研究家である三浦展が『ファスト風土化する日本』*[2]で導入した概念である。地方の郊外化の波によって日本の風景が均一化し、地域の独自性が失われていくことを、その象徴であるファストフードに例えて呼んだものである。

*1　フランセスク・ムニョス著、竹中克行・笹野益生訳（2013）『俗都市化　ありふれた景観グローバルな場所』昭和堂
*2　三浦展（2004）『ファスト風土化する日本　郊外化とその病理』洋泉社

ツーリズムと都市

近代都市計画においては、暮らす空間、働く空間に加えて、余暇の空間が重視される。余暇の都市計画、観光の都市計画である。かつては公園や緑地がその中心的な手法であったが、都市の成長と成熟にともなって、都市の空間そのものが余暇の都市計画の資源となり、都市におけるツーリズムが発達してきた。脱工業化が進む社会において、主要産業が観光業に置き変わりつつある都市も多くある。2000年代に入って急速に発達した分野であり、ここではその入口となる10のキーワードをまとめた。
ツーリズムが **地方創生** の主要な戦略となる都市も多くある。また、ツーリストのスムーズな移動を支える **交通まちづくり** の知識、観光の対象となる建造物を整える **町並み・景観まちづくり** の知識もあわせて知っておきたい。

Keyword

- □ 観光まちづくり
- □ 持続可能な観光
- □ オーバーツーリズム
- □ 観光地のライフサイクル
- □ 観光地域づくり法人（DMO）
- □ 着地型旅行商品
- □ エコツーリズム
- □ MICE
- □ 民泊
- □ ワーケーション

観光まちづくり

「観光」と「まちづくり」を組み合わせた語だが、必ずしもこれら2つの用語は親和性が高いわけではない。観光はその語源を「国の光を観る」に持ち、様々な楽しみを求めて人々が空間的な移動をすることを指す。このような人々の移動である観光は、地域側では、宿泊事業者や交通事業者などの民間事業者を主体とし、利潤を求める経済活動として捉えられる。一方、まちづくりはそのような利益を必ずしも前提とせず、住民が主体となって地域資源を守り、活かしながら居住地周辺の住環境の改善を目標とする活動である。

このように、本来は異なる主体による異なる目的のための活動であった観光とまちづくりだが、1990年代以降、観光需要の変化や国内旅行市場の低迷、地域経済の不況等を理由に、互いが接近していった。民間事業者のみでは誘客が困難になった従来型の観光地では、地域としての魅力を市場に訴求することが求められ、まちづくりの手法を必要とした。一方、地域経済の停滞を鑑みたまちづくりの現場では、観光という手法を用いた地域活性化が期待された。

政府関係者や学識者によって2000年に発表された「観光まちづくりガイドブック」には、当時まだ一般的ではなかった「観光まちづくり」の考え方が整理されている。これによると、「地域が主体となって、自然、文化、歴史、産業など、地域のあらゆる資源を生かすことによって、交流を振興し、活力あふれるまちを実現するための活動」と定義されている。これは、サステナブルツーリズムやエコツーリズムの考え方とも類似するが、観光まちづくりは、より地域住民の生活する「まち」の視点を重視するものである。従来観光客が訪れるような地域でなくとも、地域住民を主体とした活動を通して様々な地域資源を発掘し、それを観光客に伝えるという、「まち自慢」[*1]の活動であると言える。著名な神社仏閣や歴史的街並みのあるような地域のみならず、町工場のある地域や一般的な住宅地など、様々な地域で、地域資源を活用した観光まちづくりが展開された。

国としても、地域で観光まちづくりを実践してきたリーダーを「観光カリスマ」として選定したり、全国の事例を集めた「地域いきいき観光まちづくり」を数年に亘って公表したりするなど、観光まちづくりという考えの浸透を図ってきた。こうした取組の結果、地域ぐるみで観光に取り組むことの必要性やそれが地域に与える効果は認識されたが、2010年代以降、国は訪日外国人旅行者の受け入れ拡大や地方創生の柱の1つに観光を位置づけ、地域が一体となって「稼ぐ」ことに重点が置かれていった。地域一体となって計画的に観光振興をマネジメントする「観光地経営」[*2]という考えが新たに誕生したり、観光地経営を推進する中心的組織として観光地域づくり法人（DMO）の必要性が叫ばれたりするようになった。

その一方で、一部の地域では過度な観光振興による地域への弊害も露呈していく。新たな宿泊サービスである「民泊」の台頭なども影響し、2010年代後半にはオーバーツーリズムが社会問題となった。その反動から「持続可能な観光（サステナブルツーリズム）」や、観光客自身の行動に責任を持つべきとするレスポンシブルツーリズムの考えも再認識されるようになっている。

一般的に、まちづくり活動はそのプロセスに意義があり、住民が街への関心を高めたり、主体的な関わりを生んだりすることが評価される。一方で、観光は地域活性化の手段という点において、観光客数や観光消費額などの成果が求められる。観光まちづくりは、その両者を求めるものであり、どちらかに過度に偏重するのではなく、そのバランスを保ちながら地域住民が主体的に取り組むことが必要である。観光まちづくりという語が誕生した2000年代初頭から20年超が経過した今、成熟期における「観光まちづくり」を問う必要がある。

＊1　西村幸夫編著（2009）『観光まちづくり　まち自慢からはじまる地域マネジメント』学芸出版社
＊2　公益財団法人日本交通公社（2019）『観光地経営の視点と実践』丸善出版

持続可能な観光

持続可能な観光とは、国連世界観光機関（UNTWO）によれば「来訪者、産業、環境、地域の需要を満たしつつ、現在及び将来の経済、社会、環境影響に十分に配慮した観光」と定義される（UNWTO）。持続可能な観光は、マス・ツーリズムのような特定の観光のタイプとの対比を示す言葉ではなく、あらゆるタイプの観光が本来目指すべきである観光の姿である。具体的には、環境資源の最適な利用やホストコミュニティの社会文化的真正性の尊重、長期的な経済活動の保証が求められ、それらが適切な均衡を保つ必要がある。

経済、社会、環境の均衡を保つべく、観光の持続可能性を評価するための指標の開発が進められ、2013年には国際持続可能観光委員会（GSTC：Global Sustainable Tourism Council）により観光地向けの基準「GSTC-D」が発表されている。我が国では、2020年に観光庁がこの基準を参照し、日本の観光地の特性を踏まえた「日本版持続可能な観光ガイドライン（JSTS-D: Japan Sustainable Tourism Standard for Destinations）」が発表された。これは、持続可能なマネジメント、社会経済のサステナビリティ、文化的サステナビリティ、環境のサステナビリティの4セクションで計47の指標から構成されている。地方自治体や観光地域づくり法人（DMO）がこの指標を活用して持続可能な観光地マネジメントを行うことが期待されている。

オーバーツーリズム

国際観光客の急増やLCCの台頭、都市に対する観光需要の高まりや民泊というサービスの提供などにより、2015年頃からバルセロナやベネツィアなどの欧州の都市において過度に観光客や観光開発が集中することによって地域住民の生活環境や歴史・文化資源、さらには観光客の観光体験に悪影響をもたらすようになった。こうした状態のことは「オーバーツーリズム」と呼ばれ、その問題の大きさがメディアで報じられたり、一部の地域では住民によるデモ活動にまで発展したりした。EUやUNWTOなど国際機関がその問題の解決策を検討したり、地域によっては宿泊施設の立地規制を試みたりするなど、試行的な取組が続いたものの決定的な方法はなく、観光需要や開発需要をマネジメントすることの困難さが露呈した。日本国内でも京都市や鎌倉市などではその問題が指摘され、観光客の時間的・空間的分散化やマナー啓発などの政策的対応が試みられた。また、観光庁は2018年6月に「持続可能な観光推進本部」を設置し、地方公共団体へのアンケート調査や先進事例の整理、今後の取組の方向性の検討を進めた。

観光需要の拡大による地域への負の影響については、必ずしも現代的な問題ではなく、日本においても1960年代の高度経済成長期には、大規模な観光開発が自然環境を破壊したり、交通渋滞を招いたりするとして、「観光公害」という語が用いられていた。

これに対して、「オーバーツーリズム」は、都市が観光対象となることによって都市住民の生活に影響を与えるほか、地価の上昇や地域外資本の参入と地域内資本の追い出しなど、都市に長期的な影響を与える点で問題が多く、単に観光客のマナー問題などでは済まないものである。

ただし、日本国内ではオーバーツーリズムという語の浸透により、それを懸念する声は高まったものの、実際にそうした問題が大きく生じた地域は一部に過ぎない。多くの地域では、観光客の誘客に向けて試行錯誤を続けている。また、急激な観光客数の増加だけではなく、観光客数の減少も地域に問題を与える。我が国の温泉地などでは、オーバーツーリズムとは逆に、観光需要の衰退により廃業化した施設が残存し、景観や治安上の懸念がある。

オーバーツーリズムも観光需要の衰退も地域に負の影響を与えるものである。長期的な視点で地域にとって望ましい観光を実現させる必要性を示すと同時に、人々がそれぞれの意思によって自由に移動することで生じる観光需要を扱う難しさも示すものである。

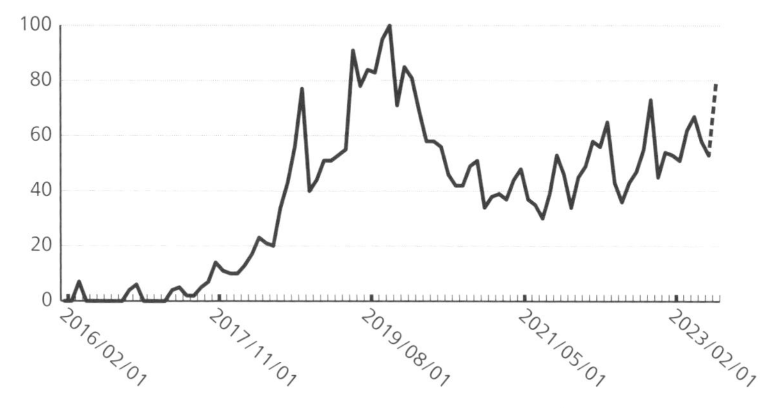

Google Trendsにおける"overtourism"の検索インタレストの推移（期間：2016年1月3日～2023年8月10日／対象：すべての国）。キーワードの人気度が最も高い時点を100とする相対的な動向を示す
（https://trends.google.co.jp/trends/explore?q=overtourism&date=2016-01-03%20 2023-08-10#TIMESERIES）

ユネスコの世界遺産に登録されているイタリアの観光地チンクエ・テッレにおける混雑の様子

観光地のライフサイクル

現状や過去の経緯分析を対象とする観光地理学分野で展開されてきた観光地の栄枯盛衰やその変遷を説明する概念。代表的なものに、観光地の価値の変遷をシンプルに時系列に説明するR. W. バトラーのライフサイクル曲線*1や、観光地の価値を2つの異なる指標（経済指標、環境指標）で評価し、その変遷を説明するR. I. ウルフのライフサイクル曲線*2などがある。

いずれも、観光地は注目を集めて「発展」すると、その後は主に環境面において課題や不利な状態を引き起こすことにより、その価値や経済的に有利な状況は「停滞」したり、「衰退」する可能性があることを説明するモデルである。また、この変化は繰り返し訪れることが示唆されており、停滞や衰退をしても、そのまま衰退が加速する場合もあれば、「再生」に向かう場合もあるとされている。また、観光地の停滞や衰退といった不利な状況は、地域の観光客許容臨界（キャリングキャパシティ）に近づくことであり、オーバーツーリズムにより引き起こされるとされてきたが、グローバリゼーションによる国際観光客の増加に伴い、必ずしも観光客数の減少のような経済的な衰退は招いていないという実態もある。一方で、すでに顕在化した地域課題が深刻化することで、環境面など地域の暮らしに支えられてきた歴史や文化といった観光地としての本質的な価値を衰退させる危険性はあるといえる。

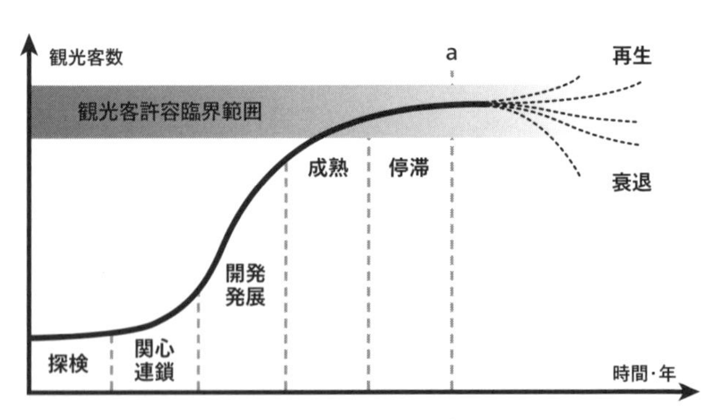

観光地理学者 R. W. バトラーのライフサイクル曲線 *1

*1 R.W.Butller（1998）The concept of tourism area cycle of evolution implications for management of resoucers, pp.5-12, Canadian Geographer Vol21, No.1
*2 R.I.Wolfe（1952）Wasaga Beach-the divorce from the geographic environment, The Canadian Geographer, pp.56-66, No.2

観光地域づくり法人（DMO）

「観光地域づくり法人」とは、DMO（Destination Management/Marketing Organization）の邦訳であり、観光庁は「観光地域づくりの舵取り役として、多様な関係者と協同しながら、明確なコンセプトに基づいた観光地域づくりを実現するための戦略を策定するとともに、戦略を着実に実施するための調整機能を備えた法人」と定義している。

欧米諸国のDMOでは、観光に関する様々なデータ分析や戦略策定、KPI（Key Performance Indicator）の設定など、科学的手法に基づいた観光振興を行なってきた。日本では、地方創生の柱の1つに観光が掲げられ、2015年から観光庁は「日本版DMO」の登録制度を創設した。以来、観光庁は「日本版DMO」を「登録DMO（観光地域づくり法人）」へと呼称を変え、その形成や確立の支援を行なっている。

従来、地域では観光協会が観光振興を担う組織であった。しかし、その多くは任意団体であり、法人格を持たない。また、観光協会は地域のプロモーション活動やイベント活動を主としたり、観光関連産業のみから構成され地域の様々な関係主体による合意形成の仕組みが確立していなかったりするなどの理由を抱えていた。

そこで、観光庁は法人格を有する観光地域づくり法人（DMO）を形成し、

- 多様な関係者の合意形成
- 各種データ等の継続的な収集・分析、データに基づく明確なコンセプトに基づいた戦略の策定、KPIの設定・PDCAサイクルの確立
- 観光資源の磨き上げや域内交通を含む交通アクセスの整備、多言語表記等の受入環境の整備等
- 関係者が実施する観光関連事業と戦略の整合性に関する調整・仕組みづくり、プロモーション

に取り組むことを推進しており、観光庁の示す要件を満たすことによって登録を受ければ、様々な支援が提供される枠組みになっている。

観光地域づくり法人（DMO）は、その法人が活動の対象とするエリアによって、「広域連携DMO（地方ブロックレベル）」、「地域連携DMO（複数の地方公共団体レベル）」、「地域DMO（基礎自治体レベル）」の3段階に分けられ、2022年5月現在、「広域連携DMO」10件、「地域連携DMO」101件、「地域DMO」130件が登録されている。従来から存在していた観光協会が組織体制を整えて観光地域づくり法人となるケースや、新たに組織を立ち上げるケースなど、地域によって状況は様々である。

なお、観光地域づくり法人（DMO）のみでは適切な観光振興は不十分であり、税や法制度、規制など、国や地方自治体（県・市町村）が果たすべき役割もある。そのため、観光地域づくり法人（DMO）のみならず、地方自治体や民間事業者、住民組織など複数の組織間のガバナンスが重要とも言える。

着地型旅行商品

観光客が居住する地域を発地、観光客が訪問する地域を着地と言い、観光客が訪問する地域側の事業者が主体となって提供する旅行商品を着地型旅行商品と言う。着地型旅行商品は、その地域に精通した事業者の視点から旅行商品を造成できるため、大手旅行会社などが造成する従来型の旅行商品に比べると、地域固有の自然や文化などを活かした旅行商品の提供が期待される。1990年代以降、観光需要が物見遊山や慰安型から「体験型」や「交流型」へと多様化していったことや、温泉地や神社仏閣などの著名な観光資源を有する地域のみならず、多くの地域で観光を用いた地域活性化の必要性が高まったこと、インターネットの普及に伴い着地側が主体となって市場に対して情報を発信する機会を得たことなどを背景に、着地型旅行商品が注目されるようになった。

このような志向の高まりから、地域の魅力を活かした旅行商品を地域内の旅行事業者が造成・販売できるよう、国土交通省は2007年5月に旅行業法を改正した。従来、旅行業法の定める旅行業者のうち、第3種旅行業者には募集型企画旅行*1の実施は認められていなかったが、当該旅行業者の営業所の存在する市町村あるいはそれに隣接する市町村を出発地、目的地、宿泊地、帰着地とする募集型企画旅行であれば、それを実施できるようになった*2。さらに、観光庁は着地型旅行商品の普及を図るべく、2013年には新たな旅行業種別として「地域限定旅行業」を創設した。第3種旅行業よりも営業保証金の供託額と基準資産額を引き下げることで、着地型旅行商品の造成に向けた障壁を下げようとしたものである。観光地域づくり法人（DMO）においても、着地型旅行商品の造成・販売は安定的な運営資金を確保する方法の1つとして期待されている。

着地型旅行商品の造成は、既存の地域資源の掘り起こしや再評価の機会を生む可能性がある。また、商品の提供においては、地域の住民や事業者が関わることなり、地域側が自ら地域を深く理解するきっかけを提供し、商品の提供側に他者と交流による何らかの刺激（喜びや生きがいなど）を提供するといった副次的効果も期待される。

ただ、（公財）日本交通公社の調査*3によると必ずしも着地型旅行商品の販売は採算性があるとは限らない。地域主体の情報発信の限界や販路拡大に対する困難さ、旅行商品自体が季節や天候などの影響を受けやすく、安定的ではないといった課題が指摘されている。

＊1　募集型企画旅行とは、旅行者の募集のためにあらかじめ、旅行の目的地及び日程、旅行者が提供を受けることができる運送又は宿泊のサービスの内容並びに旅行者が当社に支払うべき旅行代金の額を定めた旅行に関する計画を作成し、これにより実施する旅行のことで、旅行業法によって定められている。

＊2　その他、国土交通大臣の定める区域も可。

＊3　（公財）日本交通公社「観光プログラムの流通・販売に関するアンケート調査」（菅野正洋（2015）「観光推進組織による地域発観光プログラムの現状と課題」『観光文化224号』pp.2-9に詳しい）

エコツーリズム

エコツーリズムとは、地域の担い手が自然や歴史文化など地域固有の資源の魅力を観光客に伝えることにより、その価値や重要性が観光客のみならず地域内でも理解され、地域環境や資源の保全に繋がることを目指した一連の取組[*1]や、それを支える仕組みを指す。特に、地域環境を支える担い手や住民「自らの理解」に基づき、「自主的に提案される管理や活用の仕組み」により、環境保全と観光の両立を目指す点に特徴がある。

これは、エコツーリズムが途上国における開発による森林伐採などの自然環境破壊に対抗すべく、貴重な自然環境を観光資源とした経済振興策にシフトし、その保護をも目指す取組から発展してきた歴史があり、環境破壊やスラムなどの地域課題の解決に観光を活用する視点を重要視しているためである。

2008年には、政府や基礎自治体（市町村）の役割が定められた「エコツーリズム推進法」が施行され、地域が取り組む際のガイドや法的根拠が準備された。特に市町村では、関係行政、特定事業者、地域住民、特定非営利活動法人、識者、土地の所有者などを構成員とする「エコツーリズム推進協議会」[*2]を組織し、全体構想や対象範囲や方法、保護のために講じる措置などを検討し、主務大臣[*3]に認定されると、国による広報や技術的な支援なども受けられるようになった。

＊1　学術調査や学習会、ガイドや保全活動など
＊2　エコツーリズム推進法第四条
＊3　主務大臣：環境大臣、国土交通大臣、文部科学大臣および農林水産大臣のいずれかをさし、エコツーリズムの対象とする範囲により異なる。

MICE

Meeting、Incentive Travel、Convention、Exhibition／Eventに関する事業の総称で、各キーワードの頭文字をとってMICEマイスと読む。企業や団体などの会議や研修旅行、学会や国際的な機関が開催する国際会議やエクスカーション*、大規模な展示会やスポーツや万博を含む大規模なイベントの開催誘致により、参加者の消費活動による飲食や宿泊といった観光関連産業の浮上を目指した取組を指す。世界的には、MICE施設とカジノなどの娯楽施設、宿泊施設や商業施設を一体的に開発するIR（Integrated Resort）の開発が進む。誘致にあたっては、大規模なコンベンションセンターや娯楽施設、一度に多数の宿泊者を受け入れられる十分な客室数、交通インフラ等が必要であり、官民の連携が極めて重要である。

従来、こうした基盤施設が整う首都圏などの大都市での誘致が先行してきたが、国際的な会議やイベントの誘致を目指す場合は、国内外の都市とも競合する。そのため、先の条件に加えて観光地としての魅力や地域資源の稀有さなども誘致のアドバンテージとなる。さらに、稼働率の問題を抱えやすい大規模な施設がなくとも、古民家や美術館などを会場として活用する「ユニークベニュー」の考え方も広まっており、中小規模の地方都市でも誘致を試みる例が見られる。

＊　エクスカーション（excursion）とは、団体遊覧旅行や屋外調査を語源とし、会議などで訪れた地域における体験や、ガイドや専門家との議論や解説を通して、地域の自然や歴史、文化など、さまざまな学術的知識を深める体験型の見学旅行。

民泊

本来宿泊事業は、旅館業法で規定[*1]された事業者以外は営むことができなかったが、2018年に施行された「住宅宿泊事業法」により、先の事業者以外も、一定の制限はあるものの住宅宿泊事業者となり、一般住宅に宿泊させる事業を営むことが可能となった。この施設のことを「民泊」とよぶ。また宿泊施設は、第1種2種低層住居専用地域、第1種2種中高層住居専用地域では営業できなかったが、民泊は営業することができる。

一方で、住宅宿泊事業法は、訪日外国人観光客の急増などによる宿泊施設の不足といった課題改善だけではなく、違法な営業を適正に管理することにより、旅行者の安全や施設の周辺環境の悪化防止などを目的とした法律でもある。そのため、法に基づき認定される住宅宿泊事業者には、「騒音」「ごみの処理」「火災の防止」「苦情の記録と対応」といった基本的な対策義務が課されている。さらに都道府県や市町村の委任条例によって、地域の実情に合わせたより細やかな規制を設けることが可能になっている。具体例として、開業時の地域への「告知掲示・説明義務」や、「立地地域の制限」や立地による「営業時期や時間」などの義務や制限が設けられていることもある。

また、類似した施設に旅館業法にもとづく「簡易宿所」があるが、住宅宿泊事業法による民泊（施設）には年間180日以内という営業日数の制限がある[*2]点が異なる。また、簡易宿所では非常用照明や消防施設の措置等の宿泊者の安全確保のための義務があるが、民泊では面積によっては緩和措置があるなどの相違点もある。

総じて、民泊は開業のハードルが低いが、あくまでも居住の用に供されている住宅の一部での営業を対象とした施設であり、旅館業法にもとづき営業される施設とは一線を画すものである。しかし、開業しようとする施設の立地、想定される営業の形態、開業に必要な設備や改修費などから総合的にメリット・デメリットを検討し、事業者が業態を選択する実態もある。そのため、一般的には簡易宿所と民泊の差は曖昧で、場合によっては簡易宿所も「民泊」と呼ばれることもある。

一方で、「ゲストハウス」は、法に基づき選別される業態ではなく、旅館業法に基づく簡易宿所も住宅宿泊事業法により認定された民泊も含む広義の言葉である。中でも「まちやど」は、宿泊に必要な機能である客室、入浴施設やレストラン、カフェ、売店、フロントといった設備や施設を、特定の地域内において空き家を活用するなどして点在させて、住まうように宿泊できる体験の提供をめざした施設群を指す。

＊1　旅館業法第三条の二第一項

＊2　国家戦略特別地域であり、当該自治体が条例を定めている地域では、営業日数の制限が無い「特区民泊」を営業することができる。一方で、連泊や開業する住宅の面積（25㎡以上）や衛生設備の条件（洗面設備）が追加される。

ワーケーション

ワーケーション（Workcation）は、働く「Work」と、保養を目的とした比較的長期の旅行や休暇を指す「Vacation」を合体した造語である。日本人の働き方は中長期の宿泊を伴う観光行動を阻む要因の1つとされてきたが、新型コロナウイルスの影響で職場と離れた空間で働くテレワークやリモートワークの導入が進んだ。これに伴い、働き方改革や低迷する観光需要を促進する策としてワーケーションが注目を集めている。

本来は語源通り「リゾート地などに数週間や数ヶ月あるいはそれ以上の期間に渡って滞在しながら一定の業務を行うこと」を指すが、中長期では業務時間の管理が困難であること、導入できる企業や業種が限定的であるため、キャンプ場などで数日間～数時間の業務に取り組むことも広義の「ワーケーション」とする場合もある。

企業側は豊かな自然環境の中で業務にあたる従業員のストレス軽減や作業効率の向上などが見込まれ、観光地側は長期滞在による地域内での消費額の向上や安定した収入が期待される。実際に、ホテル・旅館などの客室の一部をワーケーション向けに改修したり、より長期の滞在を促すべく施設の共用部分を新たなビジネスを育むインキュベーション施設として活用したりする例も見られる。さらに、希望する滞在者に地域活動や生産活動の体験を斡旋する事例も増えている。

地方創生

大都市への集中か地方への分散か、現在まで様々な政策が組み立てられてきたが、大都市への一極集中がはかられ、コンパクトシティの考え方が主流になった2000年代以降に登場した言葉が地方創生である。「まち・ひと・しごと」という言葉の組み合わせに象徴されるように、総合的なアプローチが指向される。地方において「まち・ひと・しごと」を見渡しながら展開されてきた具体的な方法を中心に10のキーワードをまとめた。
地方創生は都市と地方の関係を調整する **国土の計画** と密接な関係にある言葉である。また「しごと」の面からは **ツーリズムと都市** や **マーケット** が、「ひと」の面からは **社会的包摂** の知識が参考になるだろう。あわせてお読みいただきたい。

Keyword

□ 地方創生
□ 地域拠点
□ 地域運営組織
□ 関係人口
□ 地域おこし協力隊
□ ふるさと納税
□ 中間支援
□ 農林業振興
□ 地域通貨
□ 社会的処方

地方創生

地方創生は、かねてから我が国で起きている都市部と地方部の格差を是正するための様々な取組を総称した呼称である。2014年に東京一極集中の是正をし、それぞれの地域社会を持続的に維持していくことを目的に「まち・ひと・しごと創生法」が公布され、これを機に地方創生が推進される。同法に基づき、「まち・ひと・しごと創生総合戦略」が国の重要施策の1つとして策定され、さらに各自治体においても長期総合計画とは別に「まち・ひと・しごと創生総合戦略」の策定が進められている。この戦略には、

①稼ぐ地域をつくるとともに、安心して働けるようにする
②地方とのつながりを築き、地方への新しいひとの流れをつくる
③結婚・出産・子育ての希望をかなえる
④ひとが集う、安心して暮らすことができる魅力的な地域をつくる

という４つの基本目標が定められている。地方創生の取組として、すでに広く知られているものとしては、例えば関係人口や地域おこし協力隊がある。関係人口は地方部の多くで起きている人口減少という命題に対して、定住せずとも地域に関われる方法であり、地域おこし協力隊のように仕事とともに移住者を呼び込む施策にもつながっている。他にも創業支援、農林水産業の6次産業、本社移転によるインセンティブなど、見た目にもわかりやすい新しい取組から、高齢者の見守りサービスや移動支援の充実など、生活を維持するための医療や福祉的な取組も大きな意味で地方創生として捉えられる。

地方創生は国を中心とした公共事業として始まったものの、これらを実現するためには、行政のみならず、事業者、市民、地域コミュニティなど様々なステークホルダーの連携・協働が必須である。その連携・協働を促進するためのプラットフォームづくりや、新たな活動を推進するために、地方部での地域拠点の整備や地域通貨による内需を高める仕組みづくりが注目されている。そうした新たな活動や時代のニーズに合わせた取組が進む一方で、自治会・町内会など、人口減少とともに弱体化しつつある地域コミュニティを支える組織や仕組みを整える施策も進んでいる。

地域拠点

地方創生を進める上でのポイントの1つが、集いの場、通いの場、地域の居場所など、コミュニティを支える地域拠点である。地域の中でどこに人が集い、どんな情報が集まり、どのように蓄積されるかが、その地域の魅力向上にとって重要である。例えば、空き家等を活用しリノベーションした民設民営のコミュニティスペースが地域拠点となるポジティブな事例もあれば、人口減少とともに、学校の統廃合や公民館の廃止等、これまで地域の拠点であった公共施設の縮小も起きている。加えて、駅前での広場の整備や、パークレットなど居場所としてのオープンスペースの設置にも注目が集まっている。これら公民館や公園、広場などこれまでは公共が設置管理運営していた公共施設や公共空間を民間団体で管理運営する動きも増えている。その具体的な手法は委託事業や指定管理事業など様々である。特に地方部においては、行政が民間運営に託そうとしても、運営主体不在という課題もある。今後は、これら公共施設の管理運営を地域コミュニティや地域運営組織が担う可能性もある。

例えば、海潮地区振興会（島根県雲南市）では、もともと行政が運営していた温泉施設を地域運営組織が指定管理者として引き継ぎ運営している。施設内にあった食堂は閉鎖し、最低限の機能を残すことで地域協議会でも運営できる施設としている。地域協議会が施設を運営することによって、地元住民が日常的に集う場となっている。このように日常的に利用できる地域拠点を整えることが地方創生の1つの鍵とも言える。

他にも、道の駅に地元産品の直売所をつくることで、農産品の生産者が出入りし、地域の情報が集まり、地域拠点となる場合もある。京都府最南端の村、南山城村では道の駅には、村のもん市場として、南山城村でつくられたものが並ぶ。この道の駅の特徴は特産品に限らず、日用品の販売をしていることである。中山間地の課題の1つとして、買い物難民がある。これらを解決するために道の駅南山城村では、村民百貨店として、食料品や日用品など暮らしに必要なものが並び、地元住民も普段遣いできる道の駅として運営されている。これによって、道の駅にまちの情報が蓄積され、地域拠点となっている。

地域運営組織

新たな自治の担い手としての地域運営組織

都市部、地方部問わず、ここ最近の地域活動では、近所付き合いの減少、地域の担い手不足など地域コミュニティの希薄化が社会課題として取り上げられている。例えば、地域活動の担い手の1つである自治会・町内会を見ると、都市部では賃貸住宅での居住者やひとり暮らし世帯の増加によって、その加入率が全国的に減少傾向にあり、中山間地域や過疎地では自治会・町内会加入率は高い傾向にあるものの、人口の減少によって、地域で活動できる人が少なくなっている。そのため、都市部、中山間地域ともに、地域の課題や困りごとに対応する主体が不在となり、地域での暮らしをどのように維持するかが大きな課題となっている。

そんな中、総務省は「地域の暮らしを守るため、地域で暮らす人々が中心となって形成され、地域内の様々な関係主体が参加する協議組織が定めた地域経営の指針に基づき、地域課題の解決に向けた取組を持続的に実践する組織」*として、地域運営組織の設置を推進している。地域運営組織は自治会・町内会とは異なる代替的な組織体として考えられているが、その実態は自治会・町内会の役員が中心となり新たな組織を立ち上げる場合が多く、その場合は自治会・町内会を少しだけ改変した程度の体制となる。2021年の調査報告によると、全国に6,064組織が設置されており、調査が開始された2016年度の3,071組織から、ほぼ倍増している。「第2期『まち・ひと・しごと創生総合戦略』のKPIでは、2024年度に地域運営組織を全国で7,000組織とすることとなっており、今後も増加の一途をたどると考えられる。

「守り」の自治会町内会と「攻め」の地域運営組織

地域運営組織は概ね小学校区を範囲として活動する任意の組織であり、「RMO-Region Management Organization-」と総称される。しかし、実際の組織の名称は地域や自治体ごとに異なっており、まちづくり協議会や地域づくり協議会を標榜する例がみられる。実態として、協議会という名称は地域運営組織が定義される以前から全国各地で使用されており、その組織が地域運営組織（RMO）と認識して設置されているかについては、注意が必要である。

また自治体ごとに地域運営組織を取り巻く施策は異なっており、その位置づけや役割についても慎重に捉える必要がある。総務省の定義では、地域運営組織の組織形態を協議と実行の2つの点から分類しており、協議と実行を1つの組織として行う場合を「一体型」、協議を〇〇協議会でおこない、実際の事業は地域のNPO法人や事業者、サークル団体や任意団体などその事業の実施を得意とする主体で実行する場合を「分離型」としている。

実際の地域運営組織の活動としては、自治会・町内会が地域の伝統行事や清掃活動など「地域の守り」の活動を中心とするのに対して、地域運営組織は地域拠点の立ち上げや運営、移動支援、高齢者の見守りなど地域の課題を積極的に解決する「攻め」の活動が期待されている。

しかし、地域運営組織の活動実態としては、主に祭り・運動会・音楽会などの地域行事の運営や高齢者の交流機会の提供、防災訓練・研修などこれまでの行事を拡大する場合が多く、買い物支援や移動支援などの地域の課題解決や、特産品の開発などの攻めの活動ができている組織は未だに少ないと言える。例えば、地域運営組織の先進地である島根県雲南市のある地域運営組織では、水道検針を協議会が担っている。これは、行政では対応しきれない行政サービスを地域コミュニティが担う取組であるとともに、地元住民が検針に訪れることで日常的な地域の見守り活動につながっている事例である。

地域運営組織が抱える課題

地域運営組織の運営における課題としては、リーダーや事務局などの人材不足や地域住民の理解や認知が課題とされている。

これらの課題は自治会・町内会でも同様のことがいえる。その理由としては、地域運営組織の母体が自治会・町内会の連合組織（連合自治会等）の場合が多く、自治会・町内会と二重構造となる場合があるからである。本来は地域運営組織が攻めの活動を行い、自治会・町内会が守りの活動を行う補完の関係性を持つことで、地域の自治力を高め、地域ごとの課題に適切に対応できる仕組みとなることが望ましい。

多くの自治体がまだ十分に実態を整理しきれていないなか、その仕組みづくりに取り組んだ自治体として、兵庫県佐用郡佐用町がある。2006年におおむね旧小学校区ごとに13の地域運営組織を設置した。しかし設立から10年以上が経ち、組織の形骸化や役員構成や事業の固定化、地域リーダーの後継者不足と人材育成の難しさ、多様な主体の参画の欠如など様々な課題が現れたことから、2019年より「みんなの地域づくり協議会　活力向上プロジェクト（通称みん活）」として、地域づくりアドバイザーが専門的な伴走支援をしながら、地域の特性や現状に応じて、組織体制や活動の見直し、多様な人がかかわる仕組みづくり、事務局体制の整備、自治会町内会との関係整理など地域運営組織のあり方を見直した。

今後、地方では人口減少が急激に進むことが予想できる。その際、公共サービスに依存せず、地域の自治力を高めることで、自らの生活を維持することが求められている。

＊　総務省「地域運営組織」
https://www.soumu.go.jp/main_sosiki/jichi_gyousei/c-gyousei/chiiki_unneisosiki.html

関係人口

総務省が運営する関係人口ポータルサイトによると、「『関係人口』とは、移住した『定住人口』でもなく、観光に来た『交流人口』でもない、地域と多様に関わる人々を指す言葉」とされている[*1]。人口減少が加速する地方の自治体で推進される移住施策は、しばしば「人口の取り合い」と揶揄される。その中で、定住せずともまちに関わるあり方として、提唱されたのが関係人口である[*2]。

関係人口は大きく2つに分類されており、平日は都市部で生活し、週末は地方に行って趣味や楽しみ、やりがいをもって地域活動に加わる「ファンベース」といった関わり方と、兼業や副業またはインターネットを活用して遠隔から課題解決の取組にかかわる「仕事ベース」の関わり方があるとされている。例えばふるさと納税をきっかけに、寄付者を対象とした交流会を開催して関係の密度を高めることなども関係人口の取組とされている。

関係人口の対象は就労者に限らず、例えば島根県海士町にある隠岐島前高校では、「島留学」と称して全国から高校生を呼び込み、在校中の滞在経験を機に、卒業後も島と関わりを持ってもらおうとしている。このように、地方部での担い手不足解消の一手として関係人口が期待されている。

＊1　関係人口ポータルサイト（総務省）https://www.soumu.go.jp/kankeijinkou/about/index.html
＊2　関係人口という言葉は、2016年頃から『東北食べる通信』編集長の高橋博之や雑誌「ソトコト」編集長の指出一正が用いはじめ、2017年に田中輝美が『関係人口をつくる』を出版されたことで広がったといえる。

地域おこし協力隊

地域おこし協力隊は、都市部に住む人が、都市地域から人口減少や高齢化等の進行が著しい地域に移住して、地域ブランドや地場産品の開発・販売・PR等の地域おこし支援や、農林水産業への従事、住民支援などの「地域協力活動」を行いながら、その地域への定住・定着を図る取組であり、2009年から始まった国の制度である。協力隊の募集と任命は各自治体であり、活動内容、条件、待遇は、自治体それぞれに設定できることも特徴である。任期は概ね1年以上、3年以内であり、任期が終了すると活動していた地域に残るか、または転出するかを判断することになる。活動内容が協力隊員に任されていることもあり、積極的に活動できれば、地方創生に寄与する可能性が高い。協力隊の制度が始まってからすでに10年以上が経過しており、協力隊員

は累計5,000人を超えている*。現在、協力隊の活動ノウハウなどの蓄積が求められており、ポータルサイトなどに様々な報告がアップされている。

例えば、兵庫県豊岡市の地域おこし協力隊OBである埼玉県出身の石丸佳佑さんは、地域おこし協力隊をきっかけに豊岡市に移住し、竹野地区をフィールドに地域での活動を開始した。地域おこし協力隊任期中には、地域の空き家見守り等に取り組み、最終的には長く空き家状態だった元店舗を譲り受け、「本と寝床、ひととまる」というゲストハウスを開業し、竹野地区に定住することとなった。ゲストハウスが開業したことで、竹野地区に来る人が増え、さらに複数の空き家活用が始まるなど、協力隊をきっかけにまちが変わりつつある。

しかしながら、協力隊任期期間中に地域で継続できる活動を見つけられた場合は、定住する場合もあるが、任期終了とともに都市部へ戻る場合も散見され、協力隊制度が目指した「地域への定住・定着」については、達成できているか疑問が残る。さらに、協力隊がうまく地域に溶け込めなかったり、協力隊が考えた地域活動やコミュニティビジネスの横取りや地域との調整不足により継続ができなくなるなど、任期終了後の持続性について課題があると言えよう。

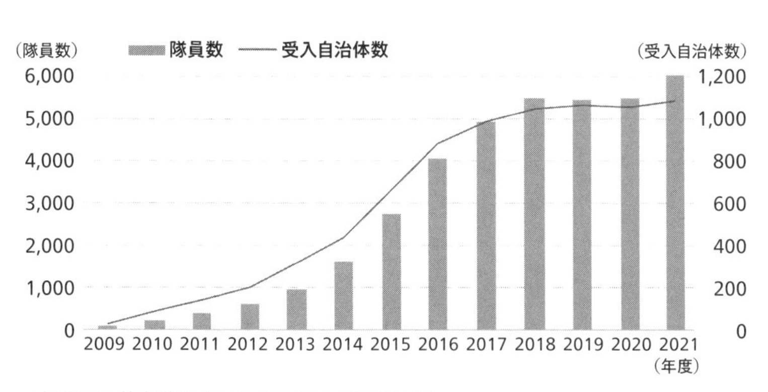

地域おこし協力隊の隊員数、受入自治体数の推移*

＊ 地域おこし協力隊ポータル https://www.chiikiokoshitai.jp/

ふるさと納税

ふるさと納税は2008年から開始された、地方と大都市の格差是正と人口減少における地方部の税収減対策と地方創生を目的とした寄附金税制の1つである。2021年の自治体受け入れ額実績は約8,302億円である。住民は、居住地にかかわらず、任意の自治体に用途を指定して寄附することができる。各自治体が設定した返礼品を受け取れることや、所得税の控除が受けられることなどがメリットとされている。都市部の自治体で税収が減少する点を課題として指摘する声もあるが、そもそも税収の格差縮減が目的の1つである点に注意が必要である。

各自治体は返礼品の内容を競っており、自治体によっては寄付者を多く集めることが目的化し、中には寄付額の8割を返礼品に当てるような自治体が現れたことから、2019年には寄附金額に対する返礼品の仕入れ値の上限を30%とする改正が行われた。返礼品については、ふるさと納税を機に新たな特産品の開発や発掘を進める自治体もある。また、返礼品は地元の農産品に限らず、空き家の管理や災害支援などを用途として募集する場合もある。さらに最近では、自治体に寄付することで法人にかかる税負担を軽減する企業版ふるさと納税（地方創生応援税制）制度も整備されている。

中間支援

人口が減少する地域において、活動と人をつなぎあわせるコーディネーター的なポジションが重要となっている。それらを担うのが中間支援である。中間支援はこれまでNPO界隈でも使われてきた言葉であるが、地方創生においては、地域づくりの支援、地域拠点の運営、特産品のプロデュースなど、そのコーディネートする範囲が広範かつ専門的になっている。

しかし、一般的には中間支援は採算性のある事業ではないため、中間支援のみで独立して経営することが難しい。そのため、例えば、市民活動支援センターや生涯学習センターなどの公共施設を運営することで団体としての経営を安定させ、団体の活動の1つとして中間支援に取り組むこともある。

兵庫県丹波市で中間支援を行う、特定非営利活動法人丹波ひとまち支援機構は、公設センターである丹波市市民活動支援センターを指定管理者として運営しながら、中間支援組織として活動している。スタッフの多くは兼業しながら業務にあたっている。ある職員はカフェスタッフを生業としながら、法人職員としても働いている。このように、地域で自らの活動を展開しつつ、もう一方で中間支援活動に参画することが、今後地方での中間支援のあり方として増加すると予想できる。

農林業振興

地方創生において、農林業振興の取組も欠かせない視点の1つである。農村の過疎や農業従事者の減少に対して、農林業を支える制度として、農林水産省は「多面的機能支払交付金」を用意している。これは、農業や農村が持つ多面的な機能の維持や、その機能発揮を図る地域共同活動を支援することで、地域資源(農地、水路、農道等)の適切な保全管理や質的向上を推進し、地域の生産を維持することを目的に設立された助成金制度である。これらの受託団体としては、農林水産省が立ち上げを推進しているのが農村型地域運営組織(農村RMO)である。これは総務省が定義したRMO*とは異なる組織とされている。

農林業振興のためには、地域内での生産を維持するとともに、販売先などの生産品の出口づくりも必要である。例えば元町マルシェ(兵庫県)は、中山間地で生産した農産品の都市部での販売を通じて、都市農村交流を促進しようとする民間事業である。兵庫県内各地で生産された農産品を毎朝集荷し、神戸市内に開設したアンテナショップで販売する仕組みで、都市部の食料品店では珍しい野菜や果物を少量多品種で生産し、独自の価値付けで販売することを後押ししている。農業協同組合等を通じた場合、生産者の顔が見えなくなることや出荷できるエリアが限定されることに対して、元町マルシェは独自の集荷販売ルートを持つことで、新しい市場をつくろうとしている。

* 総務省は「地域の暮らしを守るため、地域で暮らす人々が中心となって形成され、地域内の様々な関係主体が参加する協議組織が定めた地域経営の指針に基づき、地域課題の解決に向けた取組を持続的に実践する組織」としており、特定の分野や業種に絞った組織としていない。

地域通貨

地域通貨は、法定通貨とは異なり、特定のコミュニティや地域限定で利用できる通貨である。特に近年では、キャッシュレス決済やブロックチェーンといった技術革新による成功事例が散見される。

例えば岐阜県高山市では、飛騨信用組合が「さるぼぼコイン」を2017年から発行・運用している。高山市・飛騨市・白川村に限定した対象エリア内でのタクシー利用や買い物などで使え、QR・バーコード決済を主体とし、事業主に負担なく導入できる点も特徴である。信用組合が専門的なノウハウを持つ運営主体になることで地域内に普及した好例である。

今後は、移動や購買などの経済活動のみならず、地域でのボランティア活動や健康体操への参加を通して地域通貨を獲得できるようにするなど、地域活動への参画や住民の健康づくりのインセンティブとしての活用も期待されている。

地域活性化の文脈で地域通貨が注目される背景には、特定の地域内で生産と消費が繰り返されることで資本の価値が高まる、という考え方がある。これは、ある地域に投下された資本がその地域の所得を増大させた倍率を示す指標の名を取って「地域内乗数効果」と呼ばれ、地域内経済循環を実現するために重要だとされる。

社会的処方

地方創生の1つの軸として、急速な高齢化が進む地方部においては、福祉や医療面での取組が欠かせない。社会的処方は、通院し、薬やリハビリなどの医療処方をするのではなく、地域のお茶会やサークル活動などの市民活動を紹介（処方）することで、地域とのつながりをつくり、地域活動を通じて健康づくりを進めようとする考え方である。

厚生労働省は、これからの地域社会のあり方として「地域共生社会」を掲げ、「支え手側」と「受け手側」に分かれるのではなく、地域のあらゆる住民が役割を持ち、支え合いながら、自分らしく活躍できる地域コミュニティを育成し、公的な福祉サービスと連携して助け合いながら暮らせる地域像を描いている。例えば、地域で孤立しているAさんが近くで開催されているカラオケ大会に行くようになり、そこで出会った人とつながることで、社会との接点をもつようになり、健康になっていくといった様子である。

この実践のためには、AさんやAさんの家族の状況を把握し、地域の社会資源とつないでいくリンクワーカーという役割が重要である。リンクワーカーは必ずしも福祉専門職である必要はなく、例えば民生児童委員や自治会長などもリンクワーカーになる可能性があり、ある意味おせっかいできる市民が増えることが地域共生社会を推進すると考えられている。

その実践例としては、例えばコミュニティナースがある。コミュニティナースはCommunity Nurse Company株式会社 代表取締役の矢田明子さんが提唱する看護の概念である。明確な資格や業務があるわけではなく、地域の中に入り込みながら「人とつながり、まちを元気にする」というミッションを実践する活動である。看護師が病院や診療所に限らず地域にいることで、地域まるごと元気にしようという取組であり、全国的な拡がりを見せている。まさにリンクワーカーの先駆的事例である。

また、都市や建築の専門家に限らず、医療従事者がまちづくりに関わる事例も散見される。兵庫県豊岡市の医師である守本陽一さんは、自ら移動式屋台のカフェ「モバイル屋台de健康カフェin豊岡（YATAI CAFE）」として、屋台を引きながらまちなかを回る。所々で屋台を停めては、集まる人にコーヒーを振る舞いながら、地域の健康診断をおこなう。この活動は発展し、だいかい文庫という、一箱本棚制の私設図書室（総称は「みんとしょ」という）を運営している。ここでは、屋台の発展形として常設の暮らしの相談室機能を置き、どこに相談していいかわからない相談などを受け付けている。こうして、社会的処方のような医療や福祉の分野も地方創生の1つの手がかりとなっている。

YATAI CAFE
提供：一般社団法人ケアと暮らしの編集社

だいかい文庫の様子
提供：一般社団法人ケアと暮らしの編集社

国土の計画

国土の計画は、製造業を中心とした戦後の急速な経済成長の中で、産業と暮らしの関係、大都市と地方の関係、地方と地方の関係を調整する計画として発達してきた。現在も計画はつくられており、ここでは新旧の国土の計画を俯瞰するための９つのキーワードをまとめた。
私たちは、自分の住まいを自分のために使う。自分たちの都市を自分たちのために使うこともある。私たちの国土を私たちのために使うとはどういうことだろうか、そして、国土を使うことでどういう規模の課題を解決できるようになるだろうか。災害に対する **レジリエンス** を考える時には国土を使わないといけないし、**エネルギー**をどうつくり、集め、巡らせるかを考える時にも国土の視点は必須である。あわせてお読みいただきたい。

Keyword

- □ 全国総合開発計画
- □ 国土形成計画
- □ 河川総合開発
- □ 総合調整
- □ 官庁エコノミスト｜開発官僚
- □ 第二主計局
- □ 圏域論
- □ 国土ネットワーク
- □ ガイド・ポスト

全国総合開発計画

国民所得倍増計画と第一次全国総合開発計画

全国総合開発計画とは、かつて「国土の均衡ある発展」を目指して策定された全国の計画で、1962年から1998年まで5次にわたり策定された。

国土総合開発法（1950年）に基づく全国総合開発計画（全総）は、戦後日本の地域間格差の是正で、長年中心的な役割を果たした。

第一次の全総（1962年）は、池田内閣の国民所得倍増計画（1960年）が契機となって策定された。経済審議会産業立地小委員会は、国民所得倍増計画の目標を達成するため、四大工業地帯を連ねる地域を工業立地の中核とする「太平洋ベルト地帯構想」を提唱した。しかしこの構想は、ベルト地帯以外の地域からの反発を引き起こす。これにより、「後進性の強い地域（南九州、西九州、山陰、南四国等を含む）の開発優遇ならびに所得格差是正のため、速やかに国土総合開発計画を策定」する但し書きが国民所得倍増計画に付され、これにより全総が策定された。

第一次計画は、大規模な拠点を整備することで、新たな経済圏を形成しようとする「拠点開発方式」を採用した。この工業開発拠点を具体化するため、新産業都市建設促進法（1962年）に基づく新産業都市15地区と、工業整備特別地域促進法（1964年）に基づく工業整備特別地域6地区が指定された。これらの地区の選定にあたっては、激しい誘致合戦が繰り広げられた。

これらの工業拠点の開発にもかかわらず、人口・産業の大都市への集中は止まらなかった。

高度経済成長と新全国総合開発計画（新全総）

高度経済成長期の経済発展により、日本の経済力は著しく増大し、国際的な地位も高まった。1968年には、日本の国民総生産（GNP）はフランス・西ドイツを抜き、自由主義経済でアメリカに次ぐ第2位に成長した。

急速な経済成長は、これまでにない巨額の社会資本投資が可能という期待を高めた。丹下健三が「日本列島の将来像－東海道メガロポリスの形成―」（1964年）を発表するなど、「明治100年」にあたる1968年に向けて、今後100年の新しい国土の未来図を描こうとする動きが広まった。第2次計画となる新全国総合開発計画（新全総：1969年）は、このような社会情勢のもとで策定された。

新全総には、ブロック別の人口・生産所得のフレームと、20年間の社会資本投資規模の想定が記されている。この数値の検討にあたっては、様々な変数[*1]間の因果関係を、計量経済学の手法を用いて連立方程式で表現した「計量モデル」が用いられた。新全総の計量モデルは、交通・生産関連投資が外生変数となった合計57式からなるモデルで、公共投資の地域別配分よる効果をシミュレーションできる[*2]。

新全総は、新しい国土経営を実現する戦略手段として、

①日本列島全域に通信網･航空網･高速

鉄道・高速道路等を整備する新ネットワークの形成
②大規模な工業・農業・観光基地を開発する大規模産業開発プロジェクト
③自然・歴史的環境や都市・農山漁村の環境保全

の3種類の「新開発方式」を打ち出した。

多くの論者が、この新全総を、5つの全総計画の中で最も「国土計画らしい」計画であると評している。

高度経済成長の終焉と第三次全国総合開発計画（三全総）

社会情勢の変化により、経済発展を優先した行政への批判の声が大きくなる。産業公害の激化や地価高騰により、開発反対運動が全国に広がった。新全総や、田中角栄が発表した「日本列島改造論」（1972年）は、環境破壊や地価高騰の元凶のように見なされた。

1971年のニクソンショック、1972年の石油危機を契機に、高度経済成長期は終焉を迎える。石油危機に伴うインフレに対応するため、公共事業を含む総需要抑制策が行われる。

第三次全国総合開発計画（三全総：1977年）は、このような社会情勢の変化を受けて策定された。産業開発による雇用の創出を重視した全総・新全総に対し、三全総は生活機能の充実を重視した。自然・生活・生産環境の調和のとれた、人間居住の総合的環境を整備する「定住構想」が提唱され、教育・文化・医療等の施設整備が行われた。

全総・新全総が中央主導であったのに対し、地方が主体的に開発を行うことが望ましいとされた点も対照的である。

グローバル化の進展と第四次全国総合開発計画

1980年代になると、再び東京圏への人口流入が加速する。グローバル化が進展し、東京を金融などの高度サービス業や大企業の中枢管理機能が集積する「世界都市」に成長させることへの期待から、民間活力を活用しながら、都市開発の推進が行われる。

このような状況で策定された第四次全国総合開発計画（四全総：1987年）は、「東京一極集中」に対する「多極分散型国土」を目標とした。全国主要都市間で日帰り可能な1日交通圏の構築や、地方圏の国際交通機能を強化するための政策として「交流ネットワーク構想」を提唱し、14,000kmの高規格幹線道路網の整備などを打ち出した。

交流ネットワーク構想から生まれた「交流人口」という発想は、バブル期以降、人口を超えた過大な公共投資に口実を与えた*3。

＊1　人口や生産・所得、旅客・貨物の移動、民間設備投資や公共投資の額など。
＊2　経済企画庁総合開発局監修・下河辺淳編（1971）『資料　新全国総合開発計画』至誠堂、pp.379-406
＊3　川上征雄（2008）『国土計画の変遷　効率と衡平の計画思想』鹿島出版会、p.102

国土形成計画

国土形成計画とは、全総への批判の高まりを受けて、2005年の法改正で生まれた現行の国土計画である。

1990年代に入ると、内需拡大やバブル後の景気対策を目的に、巨額の公共投資が行われるようになり、日本の財政は急速に悪化する。国債の発行額が増加し、消費税の引き上げをはじめ、緊縮的な財政政策が行われる。

最後の全総となる21世紀の国土のグランドデザイン（21GD：1998年）は、上記の財政政策に配慮し、これまでの全総で記載されていた投資規模等の数値を記載しないこととした。ところが、数値を記載しないことで、逆に様々な開発プロジェクトが財政制約に関係なく計画に位置付けられ、21GDは計画としての歯止めを失うこととなる*。

21GDには、国土計画体系の抜本的な見直しを行うことが明記された。これを受けて、新しい国土計画制度が検討される。

新たな制度が作られるまでの間に、国土の計画をめぐる状況は変化する。2001年の中央省庁再編により、省庁間の総合調整は内閣が担うことになり、経済企画庁（全総・新全総）や国土庁（三全総以降）といった「調整官庁」は廃止される。国土計画を所管することとなった国土交通省は、2003年に社会資本整備重点計画法を制定する。分野別社会資本整備計画が統合され、5年間の投資額や事業量（アウトプット）に代わり、成果（アウトカム）で政策目標を定める社会資本整備重点計画（社重）が策定されるようになった。

新しい国土形成計画法（2005年）は、このような状況の下で制定された。国土形成計画は、第1に、従来の国土の「開発」を中心とする計画から、すでにあるものを活用しながら国土の利用・整備・保全を図る計画を目指した。第2に、国主導であった従来の計画に代わり、国と地方が協働して将来像を描くこととした。全国計画に加え、北海道と沖縄を除く8地域ブロックで、国の関係機関と地方自治体等からなる広域地方計画協議会が中心となって「広域地方計画」を策定することにした。

これまで3次の全国計画（2008・2015・2023年）が策定されたが、自治体・国民の関心は低い。社重も含め、現在の国土計画は、かつての全総ほど国民の関心を集める計画ではなくなっている。

新しい計画制度となって以降も、その内容は、交流・連携や拠点づくりの推進などの給付行政が中心である。財政制約や人口減少の現実を直視すれば、公共施設・社会基盤の維持や、空き家・空き地増加などの課題は、給付行政のみでは限界がある。規制等の手段とあわせて、国民が感じる不安に応える計画が求められる。

＊ 川上征雄（2008）『国土計画の変遷　効率と衡平の計画思想』鹿島出版会、p.107

河川総合開発

河川総合開発とは、戦後直後の日本で、治水と地域資源の最大限の活用による、河川流域全体の総合的開発を目指したもので、国土総合開発法が制定されるきっかけとなった。

敗戦直後の日本では、復員者・引揚者等を含め8,000万人と推計される人口を、植民地を失い縮小した国土でいかに収容するかが課題だった[*1]。しかもその国土は、戦中の社会基盤投資の不足や空襲の被害等によって、極めて荒廃していた。このようななか、GHQ天然資源局技術顧問であるアッカーマン博士の「国内資源の有効活用を図れば、日本の将来は明るい」との発言がきっかけに、河川総合開発が注目されるようになる。

当時推進されていた「傾斜生産方式」では、石炭・鉄鋼と並んで電力の確保が課題だった。復興による電力需要の増大による電力不足の深刻化を受け、京浜地帯への電力供給に有利な奥只見地域[*2]と、1947年にカスリーン台風、1948年にアイオン台風により甚大な被害を受けた北上川地域で、多目的ダム開発を中心とする河川総合開発が構想される。

全総の根拠法である国土総合開発法(1950年)は、この河川総合開発を目的に制定された。同法には

①全国総合開発計画
②都府県総合開発計画
③2以上の都府県にまたがる地方総合開発計画
④国が指定する特定地域の総合開発計画

の4計画が位置付けられた。この④特定地域の総合開発計画として、全国22地域で河川総合開発が行われる。

国土総合開発法は、当初「総合開発法」として検討されていた。しかし建設省系の人々の求めで、名称に「国土」が加わり、「都府県計画」と「地方計画」が加わった[*3]。その後法制局で「全国計画がないと法体系としておかしい」と指摘があり、①全国計画が加えられた[*4]。

都府県計画と地方計画は、一度も策定されることはなかった。また法設計上便宜的に設けられたとされる全国計画[*3]は、国民所得倍増計画(1960年)が作られるまで、策定されなかった。

＊1　酉水孜郎(1975)『国土計画の経過と課題』大明堂、p14
＊2　佐藤竺(1965)『日本の地域開発』未來社、pp. 48-49
＊3　平記念事業会編(1973)『東北開発の歴史と展望』中央公論事業出版、p.57
＊4　平記念事業会編(1973)『東北開発の歴史と展望』中央公論事業出版、p.110

総合調整

総合調整とは、部門別の計画・目標・事業などに一貫性を持たせ調和させることで、戦後の地域開発でその必要性が強く意識されていた。

例えば河川総合開発のモデルとなったのは、米国のルーズベルト大統領のニューディール政策の一環として、1933年から行われたテネシー川流域の開発である。そこでは、テネシー川流域開発公社（TVA）いう機関を設立することで、多目的ダムを中心に、洪水調整・水運・利水・発電・レクリエーションなどの様々な開発に成功した。

TVAが注目された背景には、当時の河川行政の担当者の、部局間の調整が必要との問題意識がある。戦前の河川行政は、治水・利水・発電などの目的に応じ、それぞれ内務省・農林省・逓信省・商工省などの官庁が管理を行っていた。ダムを例によると、初期のダムは洪水調整・利水などの単目的に特化した専用ダムが中心であったが、洪水の観点からは貯水できる余力を残しておくことが必要である一方、利水の面からは一定の貯水量を確保しておかなければならない。このような様々な利害を調整し、体系的に河川を管理することが課題であった。

上記の問題意識から、TVAを参考に、複数の目的を総合的に実現する「河水統制事業」が検討される。河水統制事業は実現しなかったが、戦後に特定地域の総合開発として河川総合開発が実施される。当時の「総合」という言葉が持つニュアンスについては、GHQに提出された国土総合開発法案の「総合」の英訳に、包括的な意味を表す"comprehensive"でなく、"multiple purpose"という訳が使われていたことによく表れている*。

産業立地政策でも部局間の調整が意識された。工業開発において、電力、工業用水、輸送施設（道路、港湾、鉄道）などの進捗度に不均衡が生じると、遅れた部分がボトルネック（隘路）となり、開発の効果が十分発揮できない。それらを調整するため、1956年に大蔵省、通産省、建設省、運輸省などの省庁で構成される工鉱業地帯整備協議会が組織される。また、各省庁の事業間の進捗を調整する国土総合開発調整費が予算計上される。

戦後の日本の国土の計画の総合調整は、経済企画庁（全総・新全総）や国土庁（三全総以降）といった「調整官庁」が担ってきた。

現在では調整官庁は廃止され、内閣が主に総合調整を行う。しかし内閣官房・内閣府の業務は肥大化し、内閣による総合調整は十分機能していない。真に必要な場面で内閣による調整・民主的統制を機能させるにも、国土の計画のように多岐にわたる調整が必要な分野を担う官僚組織が必要である。

＊　川上征雄（2008）『国土計画の変遷　効率と衡平の計画思想』鹿島出版会、pp.42-45

官庁エコノミスト｜開発官僚

官庁エコノミスト・開発官僚とは、戦後の経済政策・地域開発を支えた、専門性を持ち時に外部に積極的に情報を発信した官僚たちである。

新全総の計量モデルの原型となったのは、経済計画の計量モデルである。経済白書等の調査分析に携わる中で専門性を高めた大来佐武朗、後藤誉之助、金森久雄、宮崎勇などに代表される「官庁エコノミスト」たちが、大学等の研究者とも連携しながら、経済計画の計量モデルを開発する。

占領政策時の特殊官庁である経済安定本部（経本）を中心に検討していた戦後直後の経済計画は、戦前の物資動員的な計画であった。その後、経本は廃止され、後継機関である経済審議庁・経済企画庁（経企庁）で、計量経済的な手法による経済計画が検討される。有業率不変・GNP先決のもと、雇用調整に必要な公共事業費を算定したコルム式（経済自立5カ年計画）、成長率を先決し、エネルギー・輸送等の「隘路」を計算する想定成長率法（新長期経済計画）、政府消費などを外生化したマクロ計量モデル（中期経済計画）などを経て、新全総（1969年）の計量モデルが開発される。

国土政策側でも、計画策定技術の検討が進んだ。経済審議庁・経企庁では、喜多村治雄・下河辺淳といった開発官僚らが、「総合開発の構想（案）」（1954年）をはじめとする全国計画の案を検討してきた[*1]。この蓄積が、国民所得倍増計画への批判で急遽全国計画を作る必要に迫られたときに、短時間で拠点開発の構想を生み出すことにつながる[*2]。中でも下河辺は、21世紀の国土のグランドデザイン（21GD：1998年）に至るまでのすべての全総に、深く関わる。

高い専門性を持つ官僚の誕生には、経本の存在も貢献した。各府省から最優秀の人材が派遣された経本での行政運営は、国家の重要課題の企画立案を通じた交流の機会となった。

開発官僚や特に官庁エコノミストには、著作物を通じ積極的に行政の外部に発信することで、行政外からも認められる存在となった者も多い。かつての経企庁は、事業・行政行為への直接の関与が少なく、特定の業界との関係も弱いので、官業癒着のイメージを生む心配が少なかったのかもしれない。

現在の日本は、政権の方針と矛盾しないものでも、官僚が社会・経済に関する見解を述べることを許容しない雰囲気がある。将来の国土の構想には、役所内部での検討の積み上げや、市民・関係団体のニーズ把握といった通常の政策立案方法だけでは限界がある。多様な知的交流の経験を通した創発が有効で、行政外からも評価されるプランナーの育成を期待する。

＊1　国土計画協会編（1963）『日本の国土総合開発計画』東洋経済新報社、p.33
＊2　総合研究開発機構（1996）『戦後国土政策の検証　政策担当者からの証言を中心に』上巻喜多村証言、pp.21-24

第二主計局

第二主計局とは、下河辺淳が名付けた経企庁総合開発局、国土庁計画・調整局に対するメタファーで、かつての大蔵省が、複数年度にわたる大規模なプロジェクトを査定する役割を、全総に期待していたことを表現している。

道路・港湾といった社会基盤の形成には一定の期間を要するため、事業分野別の個別長期計画が作られる。1953年に電信電話拡充５箇年計画、1954年には道路整備5箇年計画が策定された。以降、鉄道・港湾・治水など、各分野の個別長期計画が策定される。

これにより、単年度の予算査定を通じて、部門間の投資額を調整することが難しくなる。大蔵省は、当時政府が策定していた中長期の経済計画で、部門間の配分を調整しようとする。国民所得倍増計画（1960年）では、計画期間中の部門別所要投資額が提示され、その数字を受けて第3次道路整備５箇年計画、港湾整備５箇年計画が策定され、港湾整備特別会計が新設された。

経済計画は、その時代の経済動向と投資総額との調整は考慮できたが、どのプロジェクトを採択するか（いわゆる「箇所付け」）を議論するには限界があった。その調整を行う「第二主計局」の役割が、全総に求められる*。所得倍増計画を受けて策定された一全総（1962年）には、地方別投資額の構成比が記された。新全総（1969年）では、20年間の投資規模と大規模プロジェクトの累積投資額が記された。このような経緯で、21世紀の国土のグランドデザイン（21GD：1998年）以外の全総に「計画フレーム」が記載されるようになった。

全総・新全総時を担当していた経済企画庁総合開発局の局長は、鹿野義男、宮崎仁といった、主計局を経験した大蔵官僚が務めている。戦後直後の日本では、インフレや失業対策を目的に、経本が公共事業の一括査定を行った時期がある。その経験を有する大蔵官僚の一部が、単年度査定の方法で公共事業予算を決定することに疑問を抱く。このような大蔵官僚の理解が無ければ、全総計画に公共事業費のフレームを書き込むことは難しかったかもしれない。

現在では、内閣総理大臣のリーダーシップを発揮するため、経済財政諮問会議が作成した「経済財政運営と改革の基本方針（いわゆる、骨太方針）」に基づき概算要求基準（シーリング）を設定する形で、各省の予算をコントロールしている。シーリングを受け施策・事業をどのように見直すかは、各省の裁量に委ねられる。また、同会議には計量モデルを用いた「中長期的の経済財政に関する試算」が参考資料として示されているが、歳出の増加が止まらない。

＊　総合研究開発機構（1996）『戦後国土政策の検証　政策担当者からの証言を中心に』上巻下河辺証言、pp.21-24

圏域論

圏域論とは、生活などの諸活動が、特定の地理的範囲で一定程度完結する、「アウタルキー（自給自足経済）」的な性格を持つ地域の実現を目指す考え方で、国土の計画の主要な概念の1つである。

圏域のうち、関東・東北といった「地域ブロック」の単位は、かなり初期の段階から意識されていた。戦時中の1943年に策定された「中央計画素案」は、全土を樺太、北海道、東北、関東、北陸、東海、近畿、中国、四国、九州の10地域に区分し、各ブロックに人口・産業の配置を行うことで、一定の自立的生産ができる地域をつくることを目指した。この地域ブロックという単位は、戦後の地方開発促進計画でも踏襲された。新全総（1969年）でも、全国土を7ブロックに分け開発整備を進める方針が打ち出されている。

地域ブロックに準じる圏域として、新全総（1969年）は、モータリゼーションの普及などの交通手段の発達によって広域化した「広域生活圏（400〜500）」を１次圏として国土を構成することを打ち出した。また三全総（1977年）の定住構想では、生活環境施設や生産施設が整備され、住民の意向が十分に反映される圏域として、全国におよそ200〜300の「定住圏」を形成するとした。下河辺は、定住圏の構想にあたって、かつての藩の時代が河川の流域圏を基本に社会が形成されており、それに立ち戻ろうとする「水系主義」を重視したと述べている*。

国土形成計画法制定（2005年）に向けて2004年に発表された「国土の総合的点検」では、2050年に向けた国土構造として、「二層の広域圏」という考え方を示している。１層目となる地域ブロックは、それぞれが自立し国際的な競争力を備える圏域を目指し、２層目の「生活圏域」は、人口規模で30万人以上、時間距離で1時間前後を基本に、百貨店・総合病院などの都市的サービスが提供可能な圏域を形成するとしている。2023年に発表された第3次国土形成計画（全国計画）では、デジタル田園都市国家構想（2021年）を受け、デジタルを活用して10万人前後の「地域生活圏」を実現することを提唱した。

これまで様々な圏域が提唱されたが、具体的な圏域の設定には類似点が多い。圏域の設定にあたっては、一定の社会的な一体性が必要となる。このような一体性は、これまでの人々の社会経済活動（地理的制約の影響を受ける）や、それらの活動を支える社会基盤整備等の蓄積の結果として形成される。この一体性の範囲を、とりわけ財政の制約があるなかで、大きく変更することは容易ではない。これが、様々な圏域の範囲の設定に、一定の類似性がみられる理由であろう。

＊ 下河辺淳（1994）『戦後国土計画への証言』日本経済評論社

国土ネットワーク

国土ネットワークとは、交通手段等の整備を通じて、地域間の交流・連携の拡大を企図する考え方で、圏域と並ぶ国土の計画の主要概念である。

「ネットワーク」や「軸」という概念は、交通手段等の整備により、人・モノ・情報の流れを変化させ、既存の社会的一体性の範囲に変化をもたらす意図を持つ点で、圏域とは対照的な考え方と言える。

次の100年に向けた新しい国土構造の実現を目指した新全総（1969年）では、中枢管理機能の集積を体系化するため、札幌、東京、福岡を結ぶルートを主軸に、高速交通や国際空港等の整備を通じて、全国土のネットワークを形成することを目指した。その構造としては、クリストファー・アレグザンダーが提唱する「セミ・ラチス構造*」が意識された。

四全総（1987年）では「交流ネットワーク構想」が提案された。東京を中心とする交通・通信ネットワークによる「ツリー・システム」を是正し、定住圏を連携するネットワークを整備することで、定住構想の理念を発展させることを目指した。

21世紀の国土のグランドデザイン（21GD：1998年）は、従来の計画と異なる「国土軸」という考え方を提唱した。東京を頂点とする太平洋ベルトに諸機能が集中する「一極一軸集中」の国土構造を是正するため、「北東国土軸」「日本海国土軸」「太平洋国土軸」「西日本国土軸」からなる「多軸型国土構造」への転換を図るとした。

21GDは「国土軸」を、生態系や海域・水系などの自然環境の一体性や、歴史的蓄積などに根ざした、「それぞれに特色のある地域の連なり」と説明している。交通ネットワークに限らない、自然・文化的要素等を含む連携の形成と解されるが、その意味するところが明確ではないとの批判もあった。計画中に「人と自然との安定的な関りを求める国土軸形成に資する…交通体系の形成」を目指すと記されていることもあり、結局は交通基盤整備と同じ意味だとの指摘もあった。

第2次国土形成計画（2015年）は「対流促進型国土」という考え方を示している。「ヒト、モノ、カネ、情報の活発な流れ」が地域に活力を促すとしているが、政策手段は明確にされず、曖昧さが残る。

第3次国土形成計画（2023年）は「全国的な回廊ネットワーク」を掲げているが、回廊という語句の過半は、三大都市圏をリニア中央新幹線・高規格道路でつなぐ「日本中央回廊」で使われている。従来のネットワーク論のような、国土の構造を変革する意図は薄い。

このようなネットワーク論の変化には、社会基盤整備が進むにつれ、新たな交通基盤等の整備によって、地域間の連携構造を変化させることが難しくなっていることが表れている。

* Alexandar, C. (1965) A City is Not a Tree, Architectual Forum, Vol 122, No 1, pp 58-62

ガイド・ポスト

ガイド・ポストとは、企業や国民等の行動を既定するのではなく、各主体が自らの行動を考える際の参考情報として、将来の好ましい発展の方向を示す、指針的性質を持つ計画を表現する言葉である*。

国土形成計画の全国計画は、指針性を重視した計画とされる。21世紀の国土のグランドデザイン（21GD：1998年）の「国土軸」のような考え方は、長期的な国土構造の方向としては理解できるが、現実の施策の優先度を考える指針とするには課題がある。国土形成計画に期待された指針性は、国や自治体の施策の明確な指針となり、実効性を発揮することであった。

しかし、人口減少局面に入ったことで、国土の計画の実効性の確保は難しくなった。財政の制約により、社会基盤整備を通じて国土構造を大きく変えることは難しい。民間の開発も減少が予想され、規制によるコントロールにも限界がある。

計画の前提となる将来の社会の動向や、政策が社会に与えるインパクトの予測が難しいことも、計画の実効性を難しくする。経済計画・全総計画で用いられた計量モデルの想定と、現実の結果は大きく異なった。過去に観測された因果関係やパラメーター等は変化する。また当然ながら、定量的な手法では「計算することができない将来」は予測できない。新全総の計量モデルは、石油ショックもその後の経済の変化も予測できなかった。

国土の計画は総合調整の役割をもつ。エビデンスが明確で、予測の確度が高い部分に注力すると、特定の部門に計画全体が引きずられてしまう。

計画への実効性の要請は、別の問題を生じる。トレンドに逆らわず、現在進んでいる施策・事業を追認する計画ほど、実効性は高くなる。逆に将来を大きく改善しようとする計画は、実効性が低い。国土の計画に実効性を求めすぎると、各分野の関連施策を広範に記述した、優先度が不明確な計画となる。

東京一極集中構造の是正をはじめ、日本には長期的に解決すべき国土の課題がある。実効性に課題があっても、将来のことも考えながら、現在の政策を考えなければならない。

これからの国土の計画には、ガイド・ポストとしての指針性が期待される。計画が示した国土の将来像に、行政内外の多くの人が共感し、その実現に向けて行動を変えれば、将来が変わる可能性が生まれる。このような指針性の獲得には、計画にある種の哲学的要素が求められる。下河辺淳のようなプランナーが、国土計画に大きな貢献を果たしてきた所以である。

もちろん、現実から乖離し、実効性をまったく感じない計画が共感を集めることはない。行政機関はもちろん、その他の多くの国民の十分な了解によって、国土の計画は指針性を発揮する。

＊　かつての経済計画では、成長率など計画が示す目標の性質を説明する言葉として、このガイド・ポストという表現が用いられた。

グリーン
インフラ

私たちは生存環境を確保するため、自然を切り開いて住まいや都市をつくってきた。自然をただ一方的に押さえつけるのではなく、生存環境の一部を構成するものとして自然がとらえられ、都市と自然の関係が模索されてきた。自然を生存環境の基盤として捉えるグリーンインフラはその最新形であり、ここでは関連する7つのキーワードをまとめた。

緑地と農 は都市の中にある身近なグリーンインフラであり、都市住民が親しみながら育てていくことができる。また都市、国土といったスケールでみた時に、グリーンインフラは **レジリエンス** を高める機能や、**エネルギー** を生み出したりその消費を逓減する機能も持つ。あわせてお読みいただきたい。

Keyword

- □ グリーンインフラ
- □ 流域治水
- □ 暑熱緩和
- □ フードシステム
- □ 緑の処方箋
- □ 生物多様性の保全
- □ 人と自然のかかわり合い

グリーンインフラ

自然の恵みを活かした社会課題の解決

都市の自然は、私たちの暮らしに様々な恵みをもたらしている。「グリーンインフラストラクチャー」(以下、グリーンインフラ)は、国・地域ごとに様々な定義があるが、共通する考え方は、様々な自然の恵みを賢く活用することで、社会課題を改善しようとする点である。

これまでインフラ整備の現場で多用されてきたコンクリートなどを用いた人工の構造物(グリーンインフラに対してグレーインフラと呼ばれる)は単一の機能において大きな効果を発揮するのに対し、グリーンインフラは、環境・社会・経済の側面で様々な機能を発揮し得る。その理由は、そもそも自然が様々な恵みをもたらすからであり、「生態系サービス」という概念に整理されている。例えば、都市の自然は、洪水や土壌侵食の制御、大気質や気候の調整(調整サービス)、水や燃料や食料等の供給(供給サービス)、レクリエーションや教育や観光での利用、健康・ウェルビーイングの増進、歴史的・文化的環境の形成(文化的サービス)、生き物の生息地・生息環境の提供(生育・生息地サービス)など、様々な形で私たちの暮らしを支えている。グリーンインフラは、多様な生態系サービスを上手く発揮することができる多機能なインフラを都市に整備するものである。

現在と過去のグリーンインフラ

グリーンインフラは、欧米において論じられはじめた概念である。アメリカでは、1990年代から主に雨水の貯留浸透を通じて洪水を制御することに焦点を当て、グリーンインフラの計画や実践が行われてきた。ヨーロッパでは、2000年代から本格的な取組が始まり、洪水の制御だけではなく、生態系保全や健康・福利の問題解決などを含め複合的に自然の恵みをとらえ、空間計画に組み込むことを基本としている。日本でグリーンインフラという言葉が使われるようになったのは、2015年の「国土形成計画」以降である。この計画では、「社会資本整備や土地利用等のハード・ソフト両面において、自然環境が有する多様な機能(生物の生息・生育の場の提供、良好な景観形成、気温上昇の抑制等)を活用し、持続可能で魅力ある国土づくりや地域づくりを進める取組」と定めており、ヨーロッパと同様に多様な自然の恵みを発揮させることを意図している。

グリーンインフラが世界中の都市政策で採用されはじめた背景には、深刻化する気候変動の影響があげられる。気候変動に伴う異常気象は既に顕在化しており、今後さらにリスクは高まると予測されている。さらに日本では、高度経済成長期に津々浦々に整備したコンクリート造のグレーインフラの老朽化が進んでおり、更新費用の増大が懸念されている。今後も高まるであろう気候リスクに対し、老朽化したグレーインフラのみで対処することは難しい。これからの時代は、グレーとグリーン、双方のインフラを組み合わせながら、総合的な対策をとっていくことが求められる。

グリーンインフラという概念が登場したのは近年のことであるが、都市政策の基盤にグリーンの視点を据え、社会課題の解決を図る考え方そのものは、必ずしも新しいものではない。例えば19世紀中葉には、産業革命により悪化した都市環境を浄化する「都市の肺」として都市公園が生まれ、世界に普及した。これはまさに、自然を社会課題の解決につなげた実例である。また、江戸時代に整備された日本各地の桜堤は、桜の根が堤防を固め、さらに桜を見に訪れた行楽客が桜堤を踏み固めることで、より強固な堤防を作ることを企図としたと考えられている。桜堤は、治水の問題を解決すると同時に、花見という日本特有の文化的活動の場となった。その他にも、防潮や防砂を企図して植林されたクロマツの海岸林は、白砂青松の景観として昔から人々に愛されてきた。自然は時に災いをもたらす。桜堤もクロマツの海岸林も、そうした災いを防ぐと同時に、文化として現代にも継承される人と自然との関わりの舞台となっている。これらはともに、江戸時代に発明された世界に誇れるグリーンインフラといえるだろう。

都市政策とグリーンインフラ

都市政策の現場では、緑地や水辺を扱う「緑の基本計画」において、グリーンインフラの視点が盛り込まれはじめている[図1]。また限られた自治体ではあるが、「生物多様性地域戦略」や「環境基本計画」のなかでもグリーンインフラが取り入れられることがある。ただし、国土交通省の調査によると、現状では特定の部署でのみグリーンインフラを扱っている場合が過半数を占めている。

グリーンインフラが本来有する多機能性に着目するならば、都市計画マスタープランをはじめとする種々の都市政策とも深く関わりあうことが望ましい。一部の領域で限定的にグリーンを扱うのではなく、領域横断的な体制を構築し、都市政策の根幹にグリーンの視点を位置づけることで、多様な自然の恵みを最大限発揮させることができる[図2]。近年、行政が策定する計画の数が増加しており、人手や予算への過大な負荷がかかっていることを受け、計画の統合に向けた議論が進みつつある。この文脈からも、グリーンインフラの計画を新たに検討するよりも、現在ある種々の都市政策の根幹にグリーンを据える計画論を構築することが重要だ。

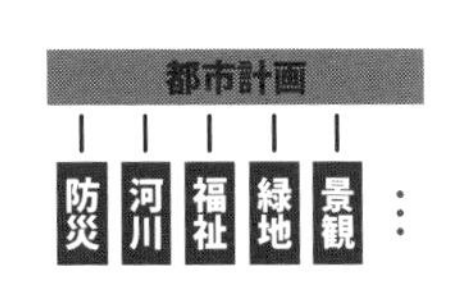

[図1] 都市計画の体系

[図2] グリーンインフラの体系

流域治水

流域治水とは、河川区域の中だけでなく、上流から下流までの流域全体において、関係する多様な主体が協働して取り組む総合的な治水対策である。

近年、局地的大雨や集中豪雨が頻発し、都市における水害リスクが高まっている。コンクリートやアスファルトなどの不浸透面が多くを占める都市は、ひとたび時間50mmを超えるような強い雨が降ると、雨水が一気に下水道や河川に流れ込む。それらの容量を超えた雨水は、内水氾濫や外水氾濫といった水害を引き起こす。今後、全国的に強い雨の発生頻度が増加すると試算されており、従来型の河川・下水道整備による水害対策だけでは十分な対策が難しい。

こうした中で新たに始まった取組が「流域治水」である。2021年には流域治水関連法が施行された。この法において、都市の自然は、雨水を貯留浸透させ、水害を軽減するグリーンインフラとして機能することが期待されており、都市部の緑地の保全が重要な対策としてあげられた。

また、緑地の保全だけでなく、緑地の創出による、雨水の貯留浸透対策も進められている。ただし、行財政が逼迫する中で、新たに土地を公共が取得し、まとまった緑地を創出することは容易ではない。そこで、比較的安価な対策として、道路際への生物低湿地（バイオスウェル）の整備、公共施設や住宅への雨庭（レインガーデン）の設置、緑化駐車場の整備など、小規模かつ分散型の方法が多く採用されている。生物低湿地、雨庭、緑化駐車場は、いずれも洪水制御のために米国で普及し、日本でも取り入れられるようになったものである。一方で、日本庭園などに設けられた観賞用の池も雨水を貯める効果があり、寺社などでよく目にする鎖樋（くさりとい）から玉砂利へ雨を落とす仕組みも、雨水を地中へ浸透させる力がある。これらは、古くから伝わる日本版の雨庭のデザインと呼べるだろう。新しいものも古いものも上手く組み合わせながら、流域全体で治水対策をとることが必要とされる。

暑熱緩和

暑い夏の日に、樹林の中を通ると、涼しさを感じる。樹木による日射の遮断や、植物の蒸散作用及び地表面からの蒸発により、周囲よりも気温上昇が緩和されるためである。都市の自然は、人が感じる暑熱環境を緩和する機能をもつ。自然による暑熱緩和の機能は、緑の「冷却効果」(Cooling effect)とも呼ばれる。

日本の年平均気温は、気象庁によると、100年あたり1.5℃上昇している(統計期間は1931年から2017年)。大都市圏の気温上昇幅は、都市の気温が周囲より高くなるヒートアイランドの影響でさらに大きくなり、東京では100年あたり3.2℃、大阪では2.7℃、名古屋では2.9℃にのぼる。このような都市の高温化は、熱中症や睡眠障害など私たちの暮らしにも影響をもたらしている。さらに今後も、気候変動により都市の高温化は進むとされ、健康被害の課題はますます重要になるだろう。

そうした中でも、緑地の暑熱緩和の機能によって、緑地の内部は周囲よりも気温が低い「クールスポット」となっている。例えば、明治神宮や新宿御苑などの大規模な緑地は、歴史的・文化的環境の形成に資するだけではなく、周辺市街地よりも夏期日中の最高気温を3℃～6℃低下させるグリーンインフラとして機能することが報告されている[*1、2]。また、夜間は緑地からの放射冷却(地表から赤外線として熱が放出されて冷えること)によって周辺市街地より気温が下がり、その冷気が周辺ににじみ出すことが知られている。さらに、河川や線状に連なった緑地では、風によって冷涼な空気が運搬される風の道が形成される。

ヒートアイランドや気候変動による都市の高温化を背景に、都市の自然が有する暑熱緩和の機能を都市づくりに活用する取組が進められている。例えば、大規模な緑地の周辺では、緑地内の冷気を周辺市街地へ誘導できるよう、敷地を超えて連続した緑地をうみだす都市のデザインが構想されている。また、まとまった緑地のない場所においても、屋上緑化や壁面緑化などの建物の特殊緑化を推進することで、局所的に暑さを和らげる取組が進められている。東京都や京都府や兵庫県のように、ヒートアイランド対策として、一定規模以上の開発に対して屋上緑化や壁面緑化を義務付けている自治体も存在する。その他、既存の街路樹の剪定方法を工夫することで、歩道に緑陰のつながりを形成し、夏場でも歩きやすい環境をつくることも効果的である。

＊1　成田健一他(2004)「新宿御苑におけるクールアイランドと冷気のにじみ出し現象」『地理学評論』77巻6号、pp. 403-420
＊2　浜田崇他(1994)「都市内緑地のクールアイランド現象」『地理学評論 Ser. A』67巻8号、pp. 518-529

フードシステム

フードシステムとは、食品の生産、加工、流通、販売、消費だけでなく、廃棄までを含めた総合的な概念である。食料自給率が40%に満たない日本は、グローバルなフードシステムに依存している。しかし、昨今の世界的な政治・経済の不安定さや、気候変動による将来的な農業生産への影響を鑑みれば、グローバルなシステムのみに依存しすぎることは、フードセキュリティ上問題がある。そのため、ローカルなフードシステムを出来るだけ強化し、複層的なシステムを構築することで、どちらかのシステムに一時的な問題が生じても補い合える仕組みを作っておくことが重要である。

日本の都市の郊外部では、農地と宅地が混在する市街地が形成されている。日本ではありふれた景観だが、西欧では都市と農村の土地利用を峻別してきたため、そのような市街地はほとんどみられない。こうした農住混在市街地では、消費者の近傍に農地がある立地特性を活かし、庭先の直売所やファーマーズマーケットなどで消費者への直接販売を行う都市農家が増えている。そのため、混在市街地の中に暮らす都市住民は、家のすぐそばで新鮮な作物が育てられる様子を見ながら生活し、また実際にそれを旬な状態で直接購入することができる。加えて、市民農園等の貸し農園で自ら栽培することもできる。

また、都市農地は、近年都市の有機性廃棄物のリサイクルの観点からも世界的に注目されている。家庭等からでる食料残渣（Food waste）、庭木等からでる落ち葉や剪定枝などの緑の廃棄物（Green waste）を堆肥化し、都市農地で活用することで、都市内での資源の循環性を高めることができる。さらに、雨水の貯留浸透や緑の冷却効果、健康やウェルビーイングの増進、及び火災時の延焼遮断や災害時の避難場所の提供などの防災・減災など、多様な機能を発揮する。2017年の都市緑地法の改正までは、法律上、農地は緑地の定義に含まれていなかった。しかし、都市の農地は日本ならではの重要なグリーンインフラの1つであり、都市のフードシステムの回復力を高めるとともに、同時に都市の緑地として様々な機能を発揮している。

緑の処方箋

「緑の処方箋」(Green prescriptions)とは、緑地でのレクリエーションを医療行為の一部と捉える考え方であり、欧米を中心に広まっている。一般的には、健康リスク全般の予防・改善のために、緑の中での活動が処方されている。例えば英国では「植林活動に参加する」「公園でスポーツする」といったプログラムがある。また、米国の一部の医療機関では、うつ病などの特定の疾患に緑の処方箋を出す取組が実施されている。

緑の処方箋が広まった背景には、都市での自然体験が人々の健康・ウェルビーイングに良い影響をもたらすことを示す科学的知見が蓄積されてきた点があげられる。部屋の窓から木々を眺めたり、緑地や水辺で運動や休息の時間を過ごしたり、土いじりや野鳥観察することは、ストレスの緩和、睡眠の質の改善、幸福感の向上、血圧の低下、認知発達、免疫機能の改善といった健康・ウェルビーイングに関する様々な効果をもたらす。

高齢化率の高い日本では、医療や福祉関連の支出増大や地域活動の担い手の減少などを背景に、高齢者を中心に誰もが活動的に暮らせる社会の実現が重要な課題となっている。そのため、身体活動を促したり、心休まる時間を過ごしたりできる空間が欠かせない。ただし、緑が健康・ウェルビーイングにもたらす効果は、ある個人が自発的に行っている場合に限られるという指摘もあり、緑の処方箋を患者に強制することは望ましくない。生活者が自発的に訪れたくなるグリーンインフラを確保するために、近隣にある緑地のバリエーションを増やすといった取組みが、効果的な緑の処方箋といえよう。

緑の処方箋という言葉は近年になってから普及したものであるが、森林浴や園芸療法といった考え方は以前より存在する。日本の場合、市街地に農地が残存する景観構造のおかげで、都市住民が区画を借りて自由に耕作する市民農園や、農家から直接農作業を教わる農業体験農園などが数多く存在する。こうした農園の利用者は、健康・ウェルビーイングの状態が良好であることが研究でも実証されている[*1、2]。今後は、都市の自然を保全するだけでなく、可能な範囲でその市民利用を促すことで、健康・ウェルビーイングの効果を発揮させることが重要である。

＊1 Iida, A., Yamazaki, T., Hino, K. et al. (2023), Urban agriculture in walkable neighborhoods bore fruit for health and food system resilience during the COVID-19 pandemic. npj Urban Sustain 3, 4., https://doi.org/10.1038/s42949-023-00083-3

＊2 Kimihiro Hino, Takahiro Yamazaki, Akiko Iida, Kentaro Harada, Makoto Yokohari (2023), Productive urban landscapes contribute to physical activity promotion among Tokyo residents, Landscape and Urban Planning, Volume 230, https://doi.org/10.1016/j.landurbplan.2022.104634.

生物多様性の保全

都市の拡大や高密度化に伴う自然の破壊、分断、質の低下は、適応力の高い一部の種の増加とそれ以外の多数の種の減少を招き、生態系のバランスを崩してきた。そのため、生物多様性の保全に取り組むことで、生態系サービスを適切に発揮させつつ、都市住民が身近な自然と触れ合えるグリーンインフラを創出することが重要である。例えば、生態系にとって欠かせない生息・生育空間を連結させるエコロジカル・ネットワークの形成は、その有効な手段として知られている。

都市における生物多様性の保全は、2010年に愛知県で開催された「COP10（生物多様性条約第10回締約国会議）」以降、国際的に重要施策として位置づけられるようになった。その背景として、そもそも大都市は、環境条件の恵まれた場所に形成されやすいため、生物多様性のホットスポットと重なりやすい点が挙げられる。加えて、人類の半数以上が都市に暮らす時代に、身近な環境で生物多様性を保全することは、人々の生態系への関心を高め、ひいては保全意欲の向上や環境を守る行動を促すという効果も期待できる。日本においてはCOP10以降に取組が広がり、自治体による「生物多様性地域戦略」の策定が進められた。

都市の生物多様性の特徴として、人間が暮らしのために構築した環境に生物たちが適応・進化している点をあげることができる。例えば、周囲より温暖で乾燥した気候条件を好む植物や、人工的な環境と都市の自然環境の両方をしたたかに利用しながら巧みに暮らす動物たちがいる。都市の生態系は都市環境の変化や人間の暮らし方の変化に敏感に反応している。都市が生物多様性の観点で不毛な場所とみなすのではなく、むしろ、短い期間で生物の適応・進化が繰り返され、今なお変化し続けている新たな多様性の宝庫と捉える視点が重要である。

特に近年の日本では、自然破壊を伴うような都市化の進行は少なくなった。その一方で、都市外縁の農地や樹林地の管理放棄や、都市郊外の空き地・空き家の増加が、新たな都市の生物多様性上の問題となっている。人に危害を与え得る野生生物が、人目につきにくい管理放棄された空間をつたい、都市の内側まで入り込むようになってきている。今後もこうした状況が進めば、都市での安心した暮らしが脅かされかねない。こうした新たな問題に対しては、従来型のエコロジカル・ネットワークだけでは解決できない可能性がある。今後、グリーンインフラの観点からどのように解決するか、その方法を早急に見出していく必要がある。

人と自然のかかわり合い

都市化によって自然そのものが減少し、忙しい都市生活のなかで「人と自然のかかわり合い」(Human-nature relationship)が減少している。それにより、自然の恵みを享受する機会が消失するだけでなく、自然を保全する意識が衰退するといわれている。さらにこの意識は、親から子へと世代を超えて伝わることが知られており、この負のスパイラルは「経験の消失」(Extinction of experience)と呼ばれる。気候変動対策の加速といった地球全体の重要課題を解決するうえでは、世代を超えて自然とのかかわり合いを継承する正のスパイラル「経験の再生産」(Reproduction of experience)に変えていく方法としてグリーンインフラを位置づけることが重要である[*1]。

人と自然のかかわり合いは、自宅の庭やベランダ、近所の街路や公園、週末に出かける森や川や海、さらには旅先で訪れる雄大な自然など、多様な場所で経験しうる。経験の再生産を促すために都市の中でできることは、グリーンインフラを整備していく際、あるいは既存の緑地をグリーンインフラとして保全する際、そこに市民がより深くかかわり合うことができる仕組みを設けることが有効である。例えば、市民主体での自然再生や維持管理、市民農園などでの野菜栽培などは、直接的に市民が自然とかかわる機会を提供する。また、保全・創出した自然の生物多様性を高めることは、そこを利用する市民が多様な生き物と触れ合う機会を提供する。

自然がもたらす様々な恵みを活かしグリーンインフラを社会に実装するうえで、生態系サービスを細分化して捉え、その一つ一つの機能を詳しく調べることは重要である。現在、グリーンインフラの機能別に貨幣価値へと換算することや、グレーとグリーンのインフラの効果を比較することも行われている。しかしながら、貨幣価値で換算できない自然の恵みも存在する。そもそも人は、細分化された機能別に自然とかかわり合うわけではない。人が自然とかかわり合うことは、もっと総合的かつ根源的なものである[*2]。グリーンインフラの社会実装では、雨水の貯留浸透や暑熱緩和などの個々の機能の発揮を目指すだけでなく、都市での生活や生業の一部として自然との総合的なかかわり合いを生み出し、それを次世代に継承することが目標となる。

＊1　飯田晶子他（2020）『都市生態系の歴史と未来』朝倉書店
＊2　品田穣（1974）『都市の自然史　人間と自然のかかわり合い』中公新書

緑地と農

地形に起伏があり、高度な農耕社会を経てから都市化された日本の都市の内部には、中小規模の緑地や農地が多く散在している。人口が減少すると都市空間が使われなくなるので、中小規模の緑地はさらに顕在化してくるだろう。暮らしや仕事の近くにあるこれらの緑地や農地をどう使っていくことができるだろうか。ここでは８つのキーワードで緑地と農について考えていく。
緑地と農は手頃な大きさであり、私たちが抱える様々な問題の解決手段として使うことができる。**マーケット**と組み合わせれば地産地消の仕組みを作り上げることができるし、**超高齢社会**における福祉と農業の連携という可能性もあるだろう。**子どもとともに育つまち**にとっても、緑地と農は魅力的な資源である。あわせてお読みいただきたい。

Keyword

□ 都市農地
□ 市民農園
□ 農住都市
□ 田園住居地域
□ エディブル・ランドスケープ
□ パークマネジメント
□ Park-PFI
□ パークレット

都市農地

沿革と定義

2015年に都市農業振興基本法が制定、2016年に都市農業振興基本計画が閣議決定され、農地は都市にあるべきものと位置づけられるようになった。人口減少や高齢化から開発圧力が低下する一方、食料供給、交流創出、保健・福祉、環境保全、教育、防災、歴史保全、景観形成などの都市農業・農地の多面的機能が認められるようになったことから、都市において農地を開発用地としてみなすのではなく、良好な都市環境の形成に活かすことになった。こうした位置づけの変化は多くの法制度改正に繋がった。たとえば、田園住居地域という、農地を保全して良好な住環境を実現する用途地域が2018年に創設された。

一般的に都市農地は市街地内あるいはその周辺にある農地を指すが、2018年制定の都市農地貸借法（都市農地の貸借の円滑化に関する法律）によれば、生産緑地法に基づく生産緑地地区に指定された農地を指す。

保全と利活用のための制度改正

生産緑地制度は、市街化区域内の農地で、一定面積以上の農地を都市計画に定め、計画的な保全を図る制度である。当面の保全を図りつつ、将来的には公共施設等の敷地として使うという位置づけもあったことから、通常500㎡以上の農地が対象であるが、2017年の生産緑地法改正により、市区町村が条例を定めれば面積要件を300㎡まで引き下げられるようになり、より小規模の農地の保全が可能となった。さらに、細切れになっている農地も、まとめて生産緑地地区指定を受け、保全できることになった。

上記の生産緑地法改正で、より柔軟な農地の使い方も可能となった。改正前は、農地に設置可能な施設は、生産や集荷、収納、貯蔵、休憩用のものに限られていたが、改正後には製造・加工施設や販売所、収穫物を主材料とするレストランなどが含まれるようになった。これにより、都市の需要に応え、営農継続に向けた収益性を高める取組が可能になった。

生産緑地制度は特例による固定資産税や相続税等に関した優遇が大きい三大都市圏特定市[*1]で主に活用されてきたが、近年は地方都市でも導入の動きがある。三大都市圏特定市以外では、生産緑地地区指定を受けずとも、市街化区域内の農地の固定資産税に関して宅地並評価されても課税は農地に準じ、相続税の納税猶予も適用されていたため、制度を導入する市町村は少なかった。しかし近年では、三大都市圏特定市以外での市街化区域内農地の課税額が上がってきたことで、新たに制度を導入する自治体が現れている。

また、生産緑地で税制特例を受けるには所有者本人による終身営農が必要であったが、先述の都市農地貸借法の制定により、生産緑地の貸借がしやすくなった。以前は、生産緑地を貸すと、返却には知事の許可が必要で、相続税納税猶予も打ち切りになっていたが、同法により契約期間経過後には農地が返ることが保証され、相続税納税猶予制度も受けることが可能になった。生産緑地を市民農園（農作物栽培用の区画貸し農園）として、都市住民のレクリエーションに供することも容易になった。以上により、生産緑地の所有者自身が営農せずとも、他に意欲のある者が生産緑地を借用・利用できることになり、農地保全がしやすくなった。

2022年問題への対応と今後の課題

「2022年問題」と呼ばれた、多くの農地で生産緑地地区指定が一斉に解除される懸念も、2017年生産緑地法改正で回避された。生産緑地地区指定された農地は、指定から30年経過後に市区町村に買い取ってもらうよう申出をできることになっている。現行の税制特例措置が生産緑地地区になされるようになったのは1992年からであり、その年に指定を受けた農地が多いことから、2022年に指定後30年を迎える事例が多かった。そのため、不動産市場に大量の土地が流れ込み、地価が暴落するのではと危惧されていたのである。これに対し、2017年生産緑地法改正で、生産緑地地区指定を実質10年延長できる特定生産緑地制度が創設された。2022年12月末時点で、生産緑地地区指定後30年を迎えた農地の89.3%が特定生産緑地に指定されたため[*2]、当面の間は、生産緑地地区指定が一斉に解除されることはなくなった。ただし、10年ごとに生産緑地の買取申出可能時期はやってくる。

さまざまな法制度は整ったが、各自治体で実際に都市農地をどのように扱っていくのかは今後の課題である。2017年都市緑地法の改正で、農地は「緑地」の定義に含まれることが明記され、緑の基本計画や特別緑地保全地区制度等の対象になった。めざす都市像の実現に向け、どの農地をいかに保全・活用していくか、農政、都市計画、緑政という分野を横断した総合的な戦略が求められる。

＊1　三大都市圏特定市とは、①東京都特別区、②首都圏、近畿圏または中部圏内にある政令指定都市、③②以外の市で三大都市圏の既成市街地、近郊整備地帯等の区域内にあるもののことをいう。

＊2　国土交通省「特定生産緑地の指定状況【面積・割合】（2022年12月末現在）」https://www.mlit.go.jp/toshi/park/toshi__productivegreen_data.html

市民農園

市民農園とは、農地を小面積の区画に区切り、非農家へと貸し出すレクリエーション施設のことである。非農家の人々が野菜や花の栽培や収穫を楽しめ、農地の所有者も土地を所有しつつ自ら営農せずに済むメリットがある。大別して、自宅から日帰りで通うことを想定した日帰り型市民農園と、宿泊施設を備えた滞在型市民農園がある。日本の市民農園はドイツのクラインガルテンを参考に誕生したとされるが、クラインガルテンは300㎡程度の区画に小屋を有し、野菜栽培のほか芝生や遊具等もあること、また農地ではない都市緑地の1つとして扱われている点が異なる。さらに日本において滞在型市民農園でクラインガルテンと称するものには、農村振興や都市農村交流の文脈で都市部から遠い場所に設置されているものが多く、都市部にある本来のクラインガルテンとは位置づけが異なる。

市民農園の開設者は主に地方公共団体、農協、農家、企業・NPO等だが、近年は地方公共団体が減少し、農家と企業・NPOが増えている[*1]。また開設数は1992年以降、概ね増加していたが、2015年以降停滞あるいは微増傾向にある。

本来、農地は所有者である農家が耕作するものなので、その他の者が使う市民農園の開設には適切な方法をとる必要があり、主に①特定農地貸付法や都市農地貸借法による場合、②農園利用方式の場合がある。①は、施設整備を伴わず、10a未満の区画を、相当数の者を対象に、非営利目的の栽培のため、5年を越えない期間について貸し付けるという条件に従う必要がある。営利目的の解説でも構わない。生産緑地地区指定を受けた農地であれば、都市農地貸借法の規定に則ると手続きが円滑で、相続税納税猶予などの特例も維持されるなどのメリットもある。②は、農業を営む園主の元で利用者が農作業を行う方式で、貸借は発生しない。①②いずれもトイレ等の付帯施設[*2]の整備が必要であれば、市民農園整備促進法の規定に則ると農地法で定められた農地転用手続きが不要になり、また市街化調整区域であっても都市計画法上の特例措置により開発審査会の議が不要となる。

なお市民農園でも、農家や企業・NPOスタッフ等による農作業指導が入るものは体験農園と呼ばれる。利用料は一般的な市民農園より高額だが、講習や助言を受けられるため農作業経験に乏しくても利用しやすく、農機具も借りられるなどの利便性がある。こうした異なる形態の農園の存在により、多様な農への関わりが可能となっている。

＊1　2021年度時点の開設者の内訳は、地方公共団体が49%、農業協同組合が11%、農家が30%、企業・NPO等が10%となっている。出典：農林水産省「市民農園の状況」https://www.maff.go.jp/j/nousin/kouryu/tosi_nougyo/s_joukyou.html

＊2　ほかに、農機具収納施設、休憩施設など（市民農園施設と呼ばれる）。

農住都市

農住都市構想は、農林中央金庫理事などを務めた一楽照雄によって提唱された、都市近郊農村における農家・農協主導のまちづくり構想である。1969年に建設省の住宅宅地審議会に提案されたのは、①農家が共同して土地区画整理を実施し、農地保全と宅地転換部分を計画的に区分すること、②宅地は基盤整備し、賃貸住宅の建設や住宅地の分譲によって都市住民の住まいを直接提供する一方、農地では消費者直結型の都市的な農業経営を行い、農住調和の環境をつくること、③農家・農協主導のまちづくりで、農家は都市化に対応できる長期的な生活設計を確立するとともに、都市住民との連携による住環境管理や消費活動などを通じて新しいコミュニティづくりをめざすことであった*。

1980年には農住組合制度がつくられることで、実際にこうしたまちづくりが進められることになった。農地所有者各人が土地を有効活用すると無秩序な開発になる恐れがあったため、農地所有者が協同して面整備から管理まで一体的に実施することが目指された*。

農住都市は人口増加社会において農住の調和を目指し、計画的に農地を宅地化していく構想であった。現在の人口減少社会においては、農地の宅地転換ではなく農地保全を重視しているという差に留意したい。その手法など過去の取組に学ぶことは有用である。

* 都市農地活用支援センター「農住組合制度と社会状況の変化」
http://www.tosinouti.or.jp/nouju-kumiai/noujuu/seido_henka.pdf

田園住居地域

田園住居地域は2018年に導入された住居系用途地域であり、「農業の利便の増進を図りつつ、これと調和した低層住宅に係る良好な住居の環境を保護するため定める地域」（都市計画法第9条）である。この用途地域により、住宅と農地の混在・調和をあるべき市街地像とし、開発・建築規制を通じてその市街地像の実現が図られる。関連して、同様の開発・建築規制を行える地区計画農地保全条例制度も2020年に創設されている。

田園住居地域では農地の開発行為等に市町村長の許可が必要であり、農業の利便の増進および良好な住居の環境の保護を図る上で支障があるような一定規模（300㎡）以上の開発行為等は原則不許可とされている。ただし開発が制限される代わりに、生産緑地地区指定を受けていない農地には相続税・贈与税・不動産取得税の納税猶予が適用されたり、300㎡を超える部分で固定資産税等の課税評価額が軽減されたりと、農地保全に向けた税制特例が適用される。

宅地については、建築可能なものは第二種低層住居専用地域とほぼ同じであるが、農業用施設（直売所、農家レストラン、自家販売用の加工所など）も建築可能になっていることが特徴である。建ぺい率等の形態規制については、第一種・第二種低層住居専用地域と同様である。

エディブル・ランドスケープ

エディブル・ランドスケープ(edible landscape)とは、米国で家庭園芸や住宅地形成において使われてきた、「食べられる植物によって植栽が施された環境」のことである[*1]。つまり、まちなかに野菜や果樹、ハーブ等を植えてつくられるランドスケープのことである。単に食べられる植物を植えるだけでなく、鑑賞性や美的感覚が重視されることもある。このランドスケープが都市スケールになるとエディブル・シティと呼ばれる。また、類似の言葉にフードスケープ(foodscape)があるが、その明確な定義は定まっていない。

フードシステムや環境問題への意識から、2000年代からエディブル・ランドスケープへの注目が高まり、欧州では英国のトッドモーデン市やドイツのアンダーナッハ市といった有名な事例が生まれた。同様の取組を行う人々や自治体のネットワークも広がっている[*2]。食料の多くを輸入に頼っていたシンガポールでも、自給率向上を目指してエディブル・ランドスケープを取り入れる機運が高まっている。取組の効果としては、環境教育や食料生産だけでなく、コミュニティ醸成や、失業者の雇用創出など、社会課題の解決も挙げられる。

＊1　木下勇(2000)「エディブル・ランドスケープの形成への住民の意識に関するケーススタディ」『ランドスケープ研究』63(5)、pp.687-690

＊2　Edible Cities Network “Edible Cities Network - Cities” https://www.edicitnet.com/cities/

御崎公園(兵庫県神戸市):神戸市は農園の設置や果樹等の植栽により公園にエディブル・ランドスケープを生み出す実証実験を行っており、御崎公園には貸農園前にブルーベリーが植栽されている(2023年8月時点)

パークマネジメント

公園の一定程度の量的な整備が終わり、人口減少・高齢化社会到来によるニーズ変化や自治体財源不足、施設老朽化から、パークマネジメントが求められるようになっている。パークマネジメントの定義は一意的ではないが、総体として見れば、行政、住民、企業等が連携して、経営戦略も持ちながら公園を管理運営していくことを指す。東京都のパークマネジメントマスタープランによれば、従来の行政主導の事業手法とは異なり、利用者の視点を取り入れること、わかりやすい目標設定と多角的な視点による事業を展開すること、結果の評価による継続的な改善をすることが必要とされる*。量より質も重要視されるようになり、「公園を使いこなす」という表現も盛んに使われるようになった。公園利用の企画や各主体の連携の仲介、ボランティアのマネジメント等を担う、パークコーディネーターという役割も生まれている。

パークマネジメントにあたっては、公園の特性を活かし、最適な手法を見出す必要がある。利用者ニーズを捉え、財源を補完する観点から、公民連携手法には特に注目が集まっており、施設整備等を民間事業者が担うPFI事業や、施設整備を伴わない管理運営を民間事業者等が担う指定管理者制度などの従来のもののほか、2017年には収益施設と公共部分の整備等を民間事業者が一体的に担う公募設置管理制度（Park-PFI）が加わった。行政は各公園にどの手法が合うかを考え、いかに民間事業者にパークマネジメントへ関わってもらうかを決め、適切な事業者を選定する。そして、選定された事業者等はノウハウや技術を活かしてその公園の管理運営にあたる。企業が大きく関わった事例として、大阪城公園（大阪府大阪市）や南池袋公園（東京都豊島区）があり、NPOが活躍している例には長池公園（東京都八王子市）がある。また、市民も積極的に公園を活用するとともに、自分たちの使いたい公園を実現するために管理に関わる。市民参加型パークマネジメントの代表事例には兵庫県立有馬富士公園（兵庫県三田市）がある。

2017年の都市緑地法改正では、市区町村が策定する緑の基本計画の記載事項が拡充され、都市公園について整備に関する方針だけではなく、管理運営の方針も定めることとされた。すなわち、パークマネジメントに関する記載をすることになった。これから目指すべき都市像の実現に向けて、パークマネジメントに期待される役割は大きい。

＊　東京都「パークマネジメントマスタープラン」https://www.kensetsu.metro.tokyo.lg.jp/content/000007670.pdf

Park-PFI

Park-PFIは公募設置管理制度の通称で、2017年の都市公園法改正で創設された、都市公園の管理運営における公民連携手法の1つである。都市公園において飲食店や売店等の利用者の利便向上に資する公園施設（公募対象公園施設）の整備または管理を行う事業者を、公募により選定し、選定された事業者は整備した施設から得られる収益を園路などの公共部分の公園施設に還元する。全国初の事例である勝山公園（福岡県北九州市）ではカフェが公募対象施設としてつくられた。他の事例で実際につくられた公募対象公園施設は温泉やグランピング、バーベキュー施設など多岐にわたる。なお、Park-PFIは都市公園法にもとづく設置管理許可制度を発展させた制度であり、PFI法（民間資金等の活用による公共施設等の整備等の促進に関する法律）にもとづくPFI事業とは異なる。

Park-PFIの狙いは3つある。

①都市公園のストック効果を高めること、すなわち今あるものを活かして公園を活性化あるいは再編するということ

②民間との連携を加速させ、民間のビジネスチャンスを拡大しつつ公園の魅力を向上させること

③都市公園を一層柔軟に使いこなすこと

である*。

事業者へのインセンティブは、都市公園法の特例措置により、都市公園の利点を活かしながら収益事業を行えることである。具体的な特例の内容としては、設置管理許可期間が通常では最長10年のところ、最長20年となることや、通常2%の建ぺい率を超えることができること、占有物件の種類が増えること（駐輪場や看板等が設置可能）である。一方、自治体にとっては公園整備の費用を削減できるメリットがある。

本制度の課題には、都市公園間の格差発生や、収益重視の公園づくりの是非が挙げられる。前者については、民間事業者が上限20年の間で収益を得られる見込みのある立地や規模の公園ではPark-PFIが実施されやすいが、その他の比較的小規模な都市公園や、人口の少ない地域にある、あるいはアクセスの劣る都市公園は対象となりにくいということが問題視されている。後者の収益重視の是非については、営利主義により、すべての人に開かれた多機能の空間ではなく、特定の客層のための商業空間になることが危惧されている。自治体は、民間の力を借りて各公園をどのようにしていきたいのか、明確な見通しを描き提示する必要がある。

* 国土交通省「公募設置管理制度（Park-PFI）について」
https://www.mlit.go.jp/sogoseisaku/kanminrenkei/content/001329492.pdf

パークレット

パークレットは公園（Park）と小さい（-let）という語から成り、本来駐車（parking）に使われる車道の一部に設置される、人が憩える仮設構造物を指す。発祥は、2005年のサンフランシスコ市で起きた「Park（ing）」という、タクティカル・アーバニズムの一種と位置づけられる非公式の運動である。この運動では、車道にあるパーキングメーター付きの駐車スペース（Parking space）を借りて、一時的に芝生を張り鉢植えの木を置いた。これにより、車から人に空間を取り戻し、居心地の良い公共空間を生み出せる。その後、サンフランシスコ市は「車道から公園へ」（Pavement to Parks）プログラムとして、正式に道路を暫定利用しパークレット設置の申請ができる仕組みを設けた。同様の運動は北米の他都市や、他国にも広がった。日本では神戸市の三宮中央通りがパークレットを設置した最初の事例であるが、自治体が公式に行った社会実験として始まった。

パークレットはウォーカブルな都市の要素として活用が期待される空間である。歩道からアクセスできるようデザインされており、椅子やテーブル、プランターなどが設置されている。個々の規模や詳細デザインは異なっており、個性がある。人々はそこで飲食や会話、休憩といった多様な活動ができることから、道路空間の使い方が豊かになり、賑わいが創出される。

パークレット（米国・サンフランシスコ市）：本来の駐車スペースに暫定的に歩行者のための空間がつくられている

レジリエンス

地震災害や風水害に対して、かつては災害を予測し、壊れない建物をつくるといった、いわば「被害に遭わない」ことが重視されていたが、被害に遭うことを前提に、そこからいかに速く復元できるかに重きをおく「レジリエンス」が重視されるようになった。災害大国で都市に関わる仕事をするときの基礎として知っておきたい8つのキーワードをまとめた。
レジリエンスの考え方は **国土の計画** にも組み込まれているが、国土スケールに委ねるのではなく、身近な **都市再生** や **都市のリノベーション** にあわせて、都市のレジリエンスをどう向上させていけるのか、しっかりおさえておきたい。 **緑地と農** の関係をつくることや、 **マーケット** で流通の仕組みを整えることも、身近な暮らしのレジリエンスを向上させるだろう。あわせてお読みいただきたい。

Keyword

- □ レジリエンス
- □ 災害対応モデル
- □ 復興デザイン思想
- □ 国土強靭化
- □ 事前復興
- □ 時限的市街地
- □ 自力再建
- □ 記憶の継承

レジリエンス

多様な視座で語られる注目のキーワード

レジリエンスは国内外で大きな注目を集める用語だが、学問領域ごとに異なる意味で用いられる。日本語訳としては「回復力」「復元力」「弾力性」が主にあてられる。ここでは社会学・生態学的観点から「安定状態の全体性を維持する力とそれを理解するための枠組み」という意味で捉える。

国内では3.11以降に「ナショナル・レジリエンス（防災・減災）懇談会」の検討が国家的な政策として推進され、国外では2010年以降にUNISDR（国連国際防災戦略事務局）によるレジリエントシティ化キャンペーンが開始された。レジリエントシティの概念は、2012年ハリケーン・サンディにより被災したニューヨーク市と周辺地域の再生コンペにおいて導入され、選定された事業が実現されつつある。国内の都市づくりにおいても、このようなレジリエントな空間整備事業の展開が期待されている。ここでは、建築・都市計画学の隣接分野におけるレジリエンスに関する国際的な議論で登場する3つの視点を紹介しよう。

現象を理解する枠組みとして捉える視点

まず（都市）社会学の見地から、構築された現象やそれを理解するための枠組みとしてレジリエンスを捉える見方がある。9.11以降、都市のレジリエンスを語る際の〝災害〟は、自然災害のみならず、テロや暴動など人為的要因によるものも意識的に想定されるようになった。都市災害の多様化に伴い、被害を受けた建物やインフラの物理的な再建だけではなく、社会的・政治的・文化的な再構築のための協調的な取組を重要視している。複雑な回復過程をありのままに理解する際のレンズを提供するとともに、都市に携わるプランナーやデザイナーが未来に活かせる教訓を、レジリエンスの12の原理としてまとめる動きもある*1。

健全性を維持する能力として捉える視点

次に、健全性を維持する能力としてレジリエンスを捉える（環境）生態学的な見方がある。都市やまちが抱える問題を捉え直す枠組みとして位置付ける点では、1つ目の視点と共通する。この視点の特徴は、システムや人、コミュニティが事態の変化に適応しながら目的を達成できる能力を向上することに力点を置く点である。極度の状況変化に適応できない完璧な仕組みではなく、一定の失敗を許容できる不完全な仕組みがレジリエントなのである。またレジリエンスには、統合された全体を意識しつつ部分を強化する全体論的アプローチが求められ、変化に適応する循環サイクルへの意識が重要であるとされる*2。

動的変化に対処する能力値として捉える視点

最後に、動的変化に対処する能力値としてレジリエンスを捉える（都市）エ学的な見方がある。この特徴は、レジリエンスを向上させるための要件を整理し、その本質的な能力を測定指標も含めて具体化していることである。想定内・外の事象に対してダイナミックに対応する点は2つ目の視点と類似しているが、動的変化を予測し能力値を高めることで事前に対処する点が特徴的である。レジリエンス工学として分野が確立されており、頑強性（Robustness）、冗長性（Redundancy）、資源豊富性（Resourcefulness）、即応性（Rapidity）が備えるべき要件とされている。これらが備わっていれば、対処する能力（responding ability）、注意する能力（monitoring ability）、予見する能力（anticipating ability）、学習する能力（learning ability）の発揮が可能になる。この理論を援用することで、想定を超える不測の事態へ対処しつつ今後起こりうる変化を過去の学習に照らしながら予見できるようになる[*3]。

レジリエントシティ政策の再考に向けて

以上3つの見方はレジリエンスを肯定的に捉えており、良いものとして扱っている。他方、災害に直面している都市には、常に複数のレジリエンスが存在している。そのため、必ずしも全てのレジリエンスが、様々な人や活動の回復の要因とならない可能性もある。あるレジリエンスが、悪影響を及ぼす場合もあるし、複数のレジリエンス間での対立が事態を悪化させることも起こりうるのだ。例えば、1985年メキシコ・シティ地震による首都の変容過程では、被災者個人の生活再建と政治的・経済的・社会的中心としての首都機能の回復の対立が報告されている[*4]。良いものと悪いもののどちらにも成り得る中立的な捉え方は抽象的であるものの、レジリエンスの複数性を認めつつ、工学的見方に偏った日本のレジリエントシティ政策を再考するためにまたとない思考機会を私たちに与えてくれる。

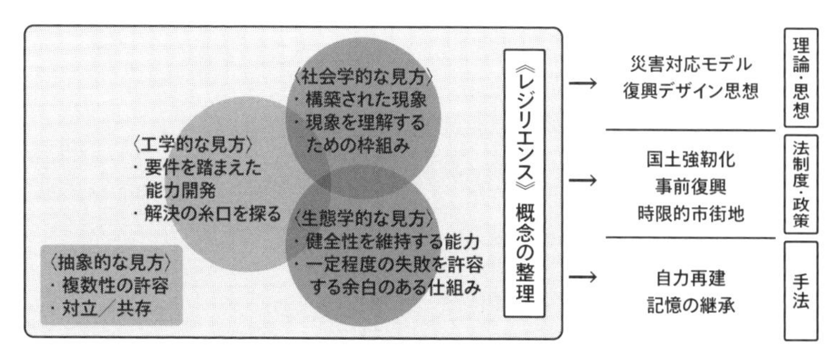

*1 ローレンス・J・ベイル、トーマス・J・カンパネラ著、山崎義人他訳（2014）『リジリエント・シティ　現代都市はいかに災害から回復するか?』クリエイツかもがわ、pp.196-211

*2 アンドリュー・ゾッリ、アン・マリー・ヒーリー著、須川綾子訳（2013）『レジリエンス　復活力—あらゆるシステムの破綻と回復を分けるものは何か』ダイヤモンド社、pp.3-32

*3 Erik Hollnagel, David D. Woods, John Wreathall, Jean pari'es著、北村正晴、小松原明哲訳（2014）『実践レジリエンスエンジニアリング　社会・技術システムおよび重安全システムへの実装の手引き』日科技連出版社、pp.276-277

*4 ディアネ・E・デイビス著（2014）「8章 余波：1985年メキシコ・シティ地震と首都の変容」、ローレンス・J・ベイル、トーマス・J・カンパネラ著、山崎義人他訳『レジリエント・シティ　現代都市はいかに災害から回復するか?』クリエイツかもがわ、pp.162-163

災害対応モデル

災害の発生を予測し対応を考える災害科学研究は、第二次世界大戦以後に米国で発展し、災害対応モデルが提唱されてきた。災害対応モデルに関する最初の総合的な研究は、1970年代後半にハースらにより提唱された復興活動(recovery activity)モデルと日本でもたびたび用いられる災害マネジメントサイクル(disaster management cycle)モデルが代表的である。後者は、被害抑止(Mitigation)、発災前準備(Preparedness)、災害対応(Response)、復旧・復興(Recovery)に区分し、時計回りに順に対応する「循環モデル」として認知されている。4つの過程を設定する災害マネジメントサイクルモデルは、その汎用性の高さからさまざまな場面で用いられ、日本の防災・減災政策にも影響を及ぼしている。

近年の議論では、4つの過程が時系列的に順に進む循環モデルではなく、各過程が並走すると捉えられるようになり、現場に即した災害対応モデル構築が試行されている。その内の1つが、関係主体の役割に着目した「能力モデル」である。このモデルでは、予防(Prevention)、保護(Protection)、減災(Mitigation)、対応(Response)、復旧・復興(Recovery)の5つの領域が同一平面上に重なり合っており、各領域における獲得すべき能力を定めている。例えば、対応領域では「災害発生後、人命・財産・環境などを守り、人間の基本的なニーズを満たすために発揮される能力」の獲得、復旧・復興領域では「インフラシステムの再建、被災者のための暫定的・長期的な住居の提供、健康・社会・コミュニティサービスの回復、経済開発の促進、自然・文化的資源の回復」などに関わる能力の獲得を目指している。各領域における活動を並走させ、相互に連携し合いながら災害対応を推進されることが想定されている*。

以上に記した災害対応モデルは、「循環モデル」から様々な災害に対して能動的に環境を整える「能力モデル」へと質的な転換を遂げている。循環モデルは、都市回復の過程を説明するために価値のある貢献をしているものの、簡略化されることでそのダイナミズムは失われてしまう。都市の回復過程に共通性を見出すのではなく、そのパターンの多様性を生み出した要因を追求することが求められているのだ。5つの領域ごとに必要とされる能力を開発する「能力モデル」は、レジリエンスの観点からもその有用性を垣間見ることができる。

* 小野田泰明、佃悠、鈴木さち(2021)『復興を実装する』鹿島出版会、pp.22-24

復興デザイン思想

2010年代に米国において復興デザイン思想が転換されたように、日本でも3.11以降に復興デザイン思想のパラダイム・シフトの必要性が高まっている。右肩上がりの時代に都市や社会の成長の契機として取り組まれた復興デザイン思想を成熟社会に適応させて再定義すること、元通りの姿・形を取り戻す「復原」を理念として想定することの可能性、などについて議論されている。また、東日本大震災の津波被災地である気仙沼市舞根では、震災後に形成された湿地と豊かな生態系がNPOにより保全され、中越地震被災地の山古志村や紀伊半島大水害被災地の十津川村では、地域型住宅の開発・建設による集落景観の保全が行われている。このように国内でもいくつか先進事例が存在するが、米国のように復興デザイン思想が転換されたとは言い難い。

「リビルド・バイ・デザイン（Rebuild By Design: RBD）」は、2012年ハリケーン・サンディにより被災したニューヨーク市および周辺地域を対象として提唱された、復興デザイン思想である。気候変動への適応を軸とした不確実性の高い将来像を既存の概念に捉われずに提示し、地域の実情に適合した革新的な都市デザインを創造するこの思想は、大統領府直属の住宅都市開発局HUD（Department of Housing and Urban Development）により提唱された。NGO・NPOとの協働により実施されたRBDコンペでは、地域の脆弱性と社会課題の創造的解決に加えてイノベーティブなアイディアを反映した統合的なデザイン提案を要求している。BIG* によるマンハッタン島南部の水辺を対象としたプロジェクトは、採択された7つのプロジェクトの1つであり、気候変動への適応と地域コミュニティのアメニティ向上に資する都市デザインとして提示されたものである。コンペ開催から実施段階に至るまでに蓄積された方法論とネットワークは、RBDと同じ名称の任意のプラットフォーム組織へ引き継がれている。

上述したコンペを財政支援したNGO「ロックフェラー財団」は、2013年に「100のレジリエント・シティ（100 Resilient Cities: 100RC）」プロジェクトを立ち上げている。世界中から100都市を募集し、レジリエント戦略の策定支援を行うものであり、日本では富山市と京都市が選定されている。選定された都市は、専門職員の雇用財政支援やプロジェクトに参画する企業・団体からコンサルティングを無償で受けられる。例えば、サンフランシスコでは、暴風雨や海面上昇によって洪水リスクの高まるベイエリアを対象として、レジリエント戦略を2015年に策定している。海岸線の湿地や生息地の回復、水質浄化や汚染防止に関するデザインアイディアが盛り込まれ、次世代に自然共生型の構築環境を継承するための積極的投資がなされている。

* ビャルケ・インゲルスにより2005年に設立された建築設計事務所。BIGは、Bjarke Ingels Groupの略であり、コペンハーゲンとニューヨークを拠点に設計活動を行っている。

国土強靭化

国土強靭化とは、都市をレジリエント化する国際的な潮流を受けて、日本で取り組まれている防災減災政策の名称である。この政策は、生命と財産を最大限守りつつ、地域社会の致命的外傷を回避し、災害から迅速に回復する、「強さ」と「しなやかさ」を備えた国土の構築に資する国土強靭化基本法(2013年12月制定)を根拠としている。この基本法により、内閣に「国土強靭化推進本部」が設置され、2014年6月には府省庁横断的な脆弱性評価に基づく「国土強靭化基本計画」を策定し、12の個別施策分野と3つの横断的分野ごとに5カ年の推進方針が示されている。国レベルで各年度に取り組まれる具体的な個別施策は、推進本部によりアクションプランとして決定され、基本計画を着実に推進するための計画策定・実施・評価を循環させている。地域では、地方公共団体が災害リスク等の現状分析とそれを踏まえた施策の優先順位づけを定めた「国土強靭化地域計画」を策定し、災害対策拠点の耐震化、防災拠点の移転・整備、津波からの避難路・避難階段・避難タワーの整備など、公共施設を中心とした整備事業が実現されている。企業や団体等の民間セクターは事業継続計画BCP(Business Continuity Plan)の策定を求められているものの、その策定率は企業規模や分野、地域によってばらついている。

また、気候変動の影響による風水害の頻発化を踏まえ、2020年より河川流域全体の関係者間の協働により治水対策を行う「流域治水」が推進されている。さらに、同年末には、東京都内で著しく水害リスクの高い隅田川と荒川流域をモデル地区とした、「高台まちづくり」のイメージ検討が開始されている。つまり、国レベルで始動した国土強靭化は、新しい治水や避難の取組へと展開しており、その影響は広がりつつある。

国土強靭化は、国の強いリーダーシップにより推進されているが、財政上自治体の裁量度合いが大きく、防災・減災事業の適切な展開がなされているケースもみられており、全体としての政策評価は慎重を要する。例えば、南海トラフ地震による津波被害想定地域の自治体の中には、全市民の避難経路を把握しつつ、最適な立地に津波タワーや避難階段を整備するなど総合的に地域防災力を向上させた先進事例もみられている。いずれにせよ、同政策はレジリエンス工学の視点が多分に反映されている。2023年には基本法制定から10年が経過することから、これまであまり注目されてこなかったレジリエンスの社会学・生態学的知見を反映させることが期待されている。

事前復興

事前復興は、阪神・淡路大震災を踏まえた防災基本計画の緊急改定（1995年）により明確化された都市防災・減災に資する計画概念であり、発災前の復興訓練による準備と発災後の対応を切れ目なく推進することを目指している。事前復興まちづくりの具体的な取組では、被害想定に基づいた復興まちづくりの将来像と方針を構想し、住民参加ワークショップを通じた時限的市街地のデザインと復興を推進する地域主体の形成ならびに役割分担の明確化を実施している。循環モデルと能力モデルという2つの災害対応モデルを計画概念化したこの取組の実現手法は、事前復興計画、地域協働復興、避難路協定、逃げ地図、自力再建など多岐にわたる*。

事前復興の計画を策定する試みは、米国と日本で特に顕著である。米国では、連邦危機管理庁FEMA（Federal Emergency Management Agency）のマニュアルに則った事前復興計画PDRP（Pre-Disaster Recovery Planning）が策定されている。台風被害の深刻なフロリダ州では、脆弱性評価や実施手順等の分野ごとに発災前にとるべき対応と被災後の対応を明記し、被害規模に応じて取組を決定している。日本では、首都直下地震が想定される東京都と南海トラフ巨大地震の津波被災想定地域に立地する基礎自治体において、事前復興の取組が積極的に行われてきた。東京都都市復興マニュアル（1996年）では、ビジョンとして「地域協働復興」が掲げられ、東京区部の木造密集市街地において震災復興まちづくり訓練が実施されている。地域における復興まちづくり方針の共有のほか、避難や情報発信を担う主体の役割の明確化を図るものだ。また、老朽建物の共同化事業は、合意形成や採算性の観点で困難を伴うものの、狭隘・クランク道路の解消や緊急時の避難路協定の締結、防災空地の整備が、複数の区部で実施されている。

南海トラフ地震による津波被害想定の深刻な高知県、徳島県、和歌山県、静岡県では、事前復興の先進的な試みが具現化されつつある。例えば内閣府想定で最も高い34mの津波高が想定される高知県黒潮町は、犠牲者ゼロを目指して全町民参加型の取組を進めている。世帯別の津波避難カルテを作成するとともに、日建設計ボランティア部と大学研究者らが共同開発した「逃げ地図（避難地形時間地図）」を導入しリスクコミュニケーションの促進に取り組んでいる。さらに全町民の避難経路等の情報をもとに、公共施設の移転や避難路・避難階段の整備、津波避難タワーの新設を実現している。また徳島県美波町は、地元大学や建築士会の支援を受けて、普段使いのできる避難施設「こうのすまい」を建設したほか、震災前過疎という社会課題に対応した事前復興まちづくり計画を策定している。

* 市古太郎（2019）「事前復興まちづくり 東京木密地域での全面展開から見えてきたこと」『造景2019』建築資料研究社、pp.88-93

時限的市街地

時限的市街地とは、地域関係者が被災地にとどまって復興まちづくりに取り組むための暫定的な生活を支える場のことである。阪神淡路大震災での教訓を踏まえて提案された東京都都市復興マニュアル（1996年）では、仮設市街地と呼ばれている。これは、被災住民自身が被災地内あるいは近傍に留まりながら、被災地の協働復興を目指していくための手段であり、応急仮設住宅に加えて店舗や作業所、小規模な医療施設、図書館などを建設し、生活再建のための準備拠点として使用される。2013年に大規模災害等借地借家特別措置法の制定により、被災した土地に時限で借地権を設定できる「被災地短期借地権」制度が創設され、被災地において暫定的な土地利用ニーズに応える時限的市街地の提案は、現実的な取組となっている。

震災復興まちづくり訓練を10年以上実施している豊島区では、一連の活動内で時限的市街地のデザイン検討が行われている。密集事業で整備された公園や小学校跡地を仮の敷地として設定し、住棟や公共空間、必要な生活関連施設の配置等をスタディしている。日本では時限的市街地の実践例が限られているため、復興準備のためのワークショップ形式の検討に加えて、質の高い多種多様な応急建築物が供給されているイタリアなど諸外国の事例から学ぶことも重要である。

自力再建

自力再建とは、被災者の住宅再建を促進する大規模な公的支援を受けずに、被災時と同じ場所で住宅を修復・改築することや隣接地に新築住宅を建設することを示す。事前復興の取組では、住宅のみならず商店街の早期再開や公園内での福祉拠点の建設も議論されていることから、自力再建の概念をより拡張して捉えることが求められる。また、東日本大震災では、津波被災により移転を伴う住宅再建を余儀なくされた被災者の数が膨大であり、大規模な都市基盤整備事業に時間を要した。そのため、行政による復興事業に参加せずに、被災者らが単独または集団で居住地移転を伴う住宅再建を選択した自力再建者が多く見られている。復興事業区域外であるため、自力再建者の特定は困難を極めるものの、被災者らが自らレジリエンス力を発揮していることから、その選択を可能にした要因を考察することが求められている。今後、ますます少子高齢化が進行する日本では、災害復興に投入できる人的・資金的リソースが限られてくることが予想される。そのため、自力再建が原則となる復興事業区域外での住宅再建は、増加する傾向にあり、過去の災害における自主住宅移転再建者の傾向を地域構造と合わせて検討することが必要とされている。

記憶の継承

災害の記憶の継承には、震災遺構の保存や復興祈念公園の整備、伝承館の新設など“場所”と“事”を介した方法に加えて、被災から復興までの物語を語る「語り部」に代表される“人”を介した方法も存在する。後者の方法は、当事者の生の語りから複雑な復旧・復興過程をありのまま理解できるため、レジリエンスを構築された現象とその枠組みと位置付ける社会学分野において重要視されている。語り部は、任意団体のボランティアであることが多く、災害の記憶を語り継ぐ活動に対する支援の拡充が求められる。また、個人の記憶と地域の集合的記憶を継承するためには、語り部ガイドだけではなく、集落内の展覧会等の場所を活用することの有効性も示されている。例えば、大船渡市綾里地区では、集落の被災や復興の歴史を調査してきた研究チームらにより「津波と綾里博物館展」が2015年と2016年に開催され、地区内外の人々との共有を試みられている。さらに、2004年新潟県中越地震で被災した長岡市では、被災地域全体を情報の保管庫とし、拠点を巡ることで被災の記憶と復興の軌跡に触れられる「中越メモリアル回廊」が取り組まれている。日本の地方公共団体では、保存期間の過ぎた計画図書等の公文書を処分する傾向が見られる。災害の記憶の継承のためには、一次資料が記録され、アーカイブされていることも事実確認のために必要になることから、記録の目的と方法と合わせて継承の方法を検討することが求められる。

高田松原津波復興祈念公園

津波と綾里博物館展の様子

交通
まちづくり

私たちが必要なものを必要なときに調達できることが、都市の持つ大きな価値の１つである。そのために必要なものを運ぶ、あるいは私たち自身を運ぶために交通が発達してきた。都市に鉄道、バス、タクシー、自家用車、自転車……などが導入され、それらをさばく交通の仕組みが日々進化してきた。ここでは最新の取組を知ることができる12のキーワードをまとめた。
交通の技術の進化は、将来の都市のあり方を決定していく。**来るべき都市**の姿とあわせて交通の将来を考えてみてもよいだろう。一方で、困っている人の暮らしをどう交通で支えるかも重要である。**超高齢社会**における交通のあり方を考えてみてもよいだろう。あわせてお読みいただきたい。

Keyword

- □ 交通まちづくり
- □ ニューアーバニズム｜TOD
- □ 地域公共交通計画
- □ バリアフリー法
- □ モビリティ・マネジメント
- □ ほこみち（歩行者利便増進道路）
- □ バスタプロジェクト
- □ MaaS
- □ シェアモビリティ
- □ LRT
- □ BRT
- □ 自動運転

交通まちづくり

交通まちづくりとは、「望ましい生活像の実現を通して暮らしやすいまちを構築する価値創造型のまちづくりに貢献する」公共交通の戦略を示す*。公共交通は「くらしの足」を支える貴重な役割を担っており、まちでの楽しく暮らしやすいライフスタイルの実現に関わる。地域公共交通を維持し、多様な交通の結節利便性、円滑性を向上させつつ、必要に応じて改善を図ることは、交通まちづくりを推進する上で重要課題といえる。

しかし近年、地域公共交通において、利用者の減少、交通事業者の経営危機など、「くらしの足」に大きな影響を及ぼす多くの課題が発生している。共生社会の実現に向け、誰もがスムーズに使える交通システムの整備も求められている。

そこで地域公共交通の再生やユニバーサルな移動環境の創出に向けた諸制度が構築されており、地域公共交通計画やバリアフリー法などに反映されている。また、ニューアーバニズム、TOD、ウォーカブルシティのような都市構造や街路デザインを考える上でも交通は不可欠な視点である。モビリティ・マネジメントなどの実践的取組も活発化しており、自家用車に依存せず、地域公共交通をはじめとした様々な交通モードを上手く組み合わせたライフスタイルの推進が重要視されている。

＊ 原田昇ほか（2015）『交通まちづくり　地方都市からの挑戦』鹿島出版会

ニューアーバニズム｜TOD

ニューアーバニズム（New Urbanism）とは、1980年代後半から1990年代にかけて、主に北米で誕生した、歩きやすさや公共交通の利用しやすさ、接続性、多様な住宅や用途の混在などの原則に基づく考え方である。1980年代後半のアメリカは、車依存型社会となり、郊外化に伴う都心部の活力低下、交通渋滞、大気汚染などの都市問題、社会問題が深刻化した。そうした中、歩行中心の生活やヒューマンスケール、伝統的コミュニティなどの価値を見直そうとする動きが起こる。1991年にピーター・カルソープ（Peter Calthorpe）ら6人の建築家が提唱した「アワニー原則」がきっかけとなり、ニューアーバニズムとして広がった。

ニューアーバニズムの特徴として、自動車依存を抑え歩行者優先の都市構造、環境にやさしい公共交通の導入、職住近接、多様な用途の複合、ヒューマンスケール、多様な住宅タイプの供給が挙げられ、これらのコンセプトに基づき住宅地開発や都市再開発プロジェクトが実施される*。

実践例としては、アメリカの諸都市の郊外地などにおいて、ニューアーバニズムの考えを導入した都市開発が挙げられる。

さらに、公共交通の利用を前提に組み立てられた都市構造としてTOD（Transit Oriented Development）があり、「公共交通指向型都市開発」を意味する。具体的には、公共交通拠点の周辺に都市機能を集積し、高密度の都市開発を行うことで、拠点と都心を相互に連結する考え方である。これにより、自動車に過度に依存せず、拠点連携型のコンパクトなまちづくりの実現が期待される。1993年にピーター・カルソープ（Peter Calthorpe）により提唱された概念である*。

日本国内のTODは、鉄道会社が主体となり、駅前開発や沿線開発として進められた事例が多くみられる。一例として、東急田園都市などが挙げられる。海外でも、アメリカをはじめ世界各国で事例がみられる。

＊ 饗庭伸・鈴木伸治編著（2018）『初めて学ぶ都市計画（第二版）』市ヶ谷出版

地域公共交通計画

地域公共交通計画は、地域公共交通の活性化及び再生に関する法律（2020年11月施行）の改正法により、地方公共団体に作成を努力義務化された計画で、「地域にとって望ましい地域旅客運送サービスの姿」を明らかにする「地域公共交通のマスタープラン」としての役割を果たす*。

作成にあたっては、地方公共団体が主体となるが、交通事業者や住民などと協議しながら進めていくこととなる。また、市町村の単独作成もあれば、複数市町村による共同作成や、都道府県と区域内の市町村による共同作成も想定されている（山形県地域公共交通計画（2021年3月施行）など）。

地域公共交通計画においては、バスやタクシーといった既存の公共交通サービスのみならず、自家用有償旅客運送やスクールバス、福祉輸送、病院・商業施設・宿泊施設・企業などの既存の民間事業者による送迎サービス、物流サービスなども最大限活用することで、地域の輸送資源の総動員を図ることが求められている。また、公共交通の利用者数や満足度、収支率や財政負担などの定量的な目標設定を行い、毎年度で評価することで、計画に基づく施策・事業の見直しを図ることが求められている。

こうしたことから従来の計画（地域公共交通網形成計画や地域公共交通総合連携計画）と地域公共交通計画の違いとして、対象や内容、位置づけ、実効性確保といった面で拡充させ、地域公共交通に関する各種の取組をさらに促進していくことが目指されている。また、地域公共交通計画があることで関係者間の引継が行われることで、政策の継続性の確保が期待され、PDCAによる定期的なチェックが行われるなどモニタリング機能が働くこととなる。

地域公共交通計画では、特に重点的に取り組んでいく事業として、地域公共交通利便増進事業や貨客運送効率化事業などを「地域公共交通特定事業」として定めることとなる。地域公共交通計画の作成により、「地域公共交通特定事業」を活用するための実施計画の作成が可能となる。

地域公共交通計画では、AI・ICTなど先端的技術や、MaaSなど新モビリティサービスの積極的な活用により、利用者の利便性向上を図ることが期待されている。また、訪日外国人観光客の移動ニーズに対応するため、案内標識の多言語化、駅構内や車内における公衆無線LAN環境の整備、キャッシュレス決済の導入なども重要視されている。

＊ 国土交通省「地域公共交通計画等の作成と運用の手引き　第2版（2021年3月）」
https://www.mlit.go.jp/sogoseisaku/transport/content/001475484.pdf

バリアフリー法

バリアフリー法とは

正式名称は「高齢者、障害者等の移動等の円滑化の促進に関する法律」。高齢者、障害者等の自立した生活を確保し社会参加を促進するため、移動や施設利用における利便性、安全性の向上を図ることを目的に2006年に施行された法律である（2018年、2020年改正）。

1994年施行の「高齢者、身体障害者等が円滑に利用できる特定建築物の促進に関する法律」（ハートビル法）と、2000年施行の「高齢者、身体障害者等の公共交通機関を利用した移動の円滑化の促進に関する法律」（交通バリアフリー法）を一体化し制定された。対象となる公共交通機関（旅客施設・車両）、道路、路外駐車場、都市公園、建築物は、国土交通省令によって定められる一定のバリアフリー基準（移動等円滑化基準）に適合しなければならない。同法に関連して対象施設別に「移動等円滑化整備ガイドライン」が策定されており、移動等円滑化基準に加えて、事業者等が多様な利用ニーズに対応するために求められる標準的レベルと望ましいレベルの整備目安が示されている。

五輪招致で高まった バリアフリー化の機運

2013年の東京2020オリンピック・パラリンピック競技大会の開催決定は、共生社会の実現に向けたバリアフリー化の機運が急速に高まる契機となった。パラリンピックを迎えるにあたり、世界に誇れる水準での様々な公共施設、交通インフラ整備、心のバリアフリーの推進を目指す「ユニバーサルデザイン2020行動計画」が2017年に閣議決定され、この要請によりバリアフリー法ならびに移動等円滑化基準、整備ガイドラインが大きく改正された。交通分野では、駅のホームドア設置、プラットホームと車両の段差・隙間の目安提示、新幹線車内の車椅子スペースの拡大、成田・羽田両空港の世界トップレベル水準でのユニバーサルデザイン化の達成、ユニバーサルデザインタクシーの普及など、多方面で成果が現れている。

2013年の「障害を理由とする差別の解消の推進に関する法律（障害者差別解消法）」の制定、2014年の障害者権利条約への批准を受け、事業者等の「障害の社会モデル」の理解と施設整備や接遇への実践が求められるようになった。障害は個人の心身機能の障害と社会的障壁の相互作用によって創り出されるもので、社会的障壁の除去は社会の責務である、という「障害の社会モデル」はバリアフリー法をはじめ様々な法令や計画に反映されている。交通分野では2018年に人的対応によるソフト面のバリアフリーの実践方法をとりまとめた「公共交通事業者に向けた接遇ガイドライン」が国土交通省により策定され、従事者を対象とした実践的な研修が展開されている。研修は障害当事者が講師となり直接的にコミュニケーションを取る力を養い、ニーズや適した対応について気付きが与えられる場となっている。2020年のバリアフリー法改正では、公共交通移動等円滑化基準に「役務の提供の方法に関する基準」が追加され、ハード設備の機能が十分に発揮されるためのソフト基準が規定された。例えばバス車両にハード基準として備えられている車椅子利用者のためのスロープ板について、適切な使用により円滑な乗降ができるよう役務の提供を行うことがソフト基準として示されている。

バリアフリー基本構想の推進へ

移動等円滑化基準への適合によって旅客施設や建築物など個別施設のバリアフリー化は図られるが、対象地域の実情に即した面的かつ一体的な移動の円滑化を計画的に推進する枠組みが重要であり、バリアフリー法で「バリアフリー基本構想制度」が定められている。市町村により基本構想に基づく重点整備地区が設定され、特定事業が定められると、関係する事業者や施設管理者には事業計画を作成し実施する義務が課せられる。これにより新設・改築の施設のみが対象となる移動等円滑化基準への適合義務のない、既存施設のバリアフリー化を推進することができる。基本構想の策定にあたっては、検討段階から障害当事者・住民が参加した協議会が設置され、生活において困りごと・ニーズを抱える利用者の視点を踏まえた計画が可能となり、地域固有の特性に適した施策方針の具体化が期待できる。事業の進捗管理においても協議会による評価が行われ、基本構想の改定も含め量的にも質的にも段階的なバリアフリー化の進展が可能である。協議を重ねながら調整、合意形成を繰り返し、関係者の相互理解を深めつつ地域全体の移動の安全・円滑性を高める手法は「スパイラルアップ」型の施策展開としばしば呼ばれる。

2021年の法改正においては、市町村の基本構想策定をさらに推進するためにマスタープラン制度が導入された。具体的な事業化の動きがなくとも地域におけるバリアフリー化の方向性を共有する「移動等円滑化促進方針」を定めるものである。行政がバリアフリー化の方針を示すことで、事業者等の認識共有が図られ将来の基本構想策定の準備段階として位置づけられる。

共生社会の実現に向け意識醸成が進むに従い、今後も都市生活者の多様性を受け入れられるインクルーシブな社会の進展に向け、バリアフリー法の枠組みの進化と関連施策の高度化がさらに求められてくることだろう。

モビリティ・マネジメント

モビリティ・マネジメント（以下、MM）とは、渋滞や環境、あるいは個人の健康等の問題に配慮して、自動車に過度に依存する状態から、公共交通や自転車、徒歩などを「かしこく」活用するライフスタイルへと自発的に転換することを促す、コミュニケーション施策を中心とした取組である。モビリティ・マネジメントは、1990年代後半から日本国内で提唱されてきた概念といわれており、今日に至るまで、自発的な行動変容に導くための様々な実践例が蓄積されている[*1]。

実践の現場も、個人が自発的に行うものや、職場が一体的に行うものなど様々である。例えば富山市ではMMを重要施策として実践しており、公共交通利用の呼び掛けを通して市民の健康を増進し、富山のまちなかをさらに賑やかにすることを目指す「とやまレールライフ・プロジェクト」が進められている。具体的には、通勤の際、車中心であったスタイルから、公共交通や徒歩を組み合わせたスタイルに転換したり[*2]、イベント会場への移動に公共交通を活用したりする例がみられる。後者の例として、富山市内の屋外広場、総曲輪グランドプラザで毎月開催される「カジュアルワイン会」では、参加者がワインを楽しんだ後、バスや路面電車などで帰路についている。

富山市総曲輪グランドプラザで毎月第２木曜日に開催されるNPO 法人「GP ネットワーク」主催のカジュアルワイン会

バスぷら博士
（写真提供：大野悠貴）

また学校においても、児童生徒を対象としたMMの取組が多岐にわたり実践されている。例えば弘前市に本社のある弘南バス株式会社は、人々の暮らしにバスを「プラスα＝ちょい足し」する提案をしていく「バスぷらすプロジェクト」を実施している。その中で、コミュニケーターである「バスぷら博士」（大野悠貴さん）が、子どもや保護者を対象としたMM教育を展開しており、学校や幼稚園・保育園などにおいて、教員と協働してバスを教材とした授業を開発・実践している。

＊1　日本モビリティ・マネジメント会議ホームページ「MMとは」https://www.jcomm.or.jp/mm/
＊2　富山市ホームページ「とやまレールライフ・プロジェクト」
https://www.city.toyama.lg.jp/kurashi/road/1010282/1010284/1006281.html

ほこみち（歩行者利便増進道路）

まちの賑わい創出のために道路空間を活用することを目的とした指定制度である。2020年の道路法改正において、ほこみちとして指定した道路では「歩行者の滞留・賑わい空間」を定めることが可能となった。

本施策の目的をより効率的に達成するために、「占用特例制度」「公募占用制度」が創設された。従来の道路占用制度では、道路以外の区域に占用物を置く余地がなくやむをえない場合にのみ占用が許可される「無余地性の基準」が原則適用であった。しかし占用特例制度では無余地性の基準にとらわれず、必要な機能を道路に配置することができることとなった。

公募占用制度は、民間事業者の投資意欲を促進するため、占用者を公募により選定する場合に、道路占用の許可期間を通常の5年から最長20年まで可能とするものである。これにより民の知恵を活かした自由度の高い空間づくりが可能となり、テラス付きの飲食店など初期投資の高い施設も参入しやすくなった。占用料の減免措置もあり1割負担に減額される。

ほこみちに先立って、2020年6月から新型コロナウイルス感染症に係る支援のため、沿道飲食店がテーブルやいすなどの設置により路上を利用する際の許可基準を緩和する「コロナ占用特例」の特例措置が実施された。約170の自治体で約420件の許可事例が生まれ、当初の期間終了である2020年11月が3度延長され2022年9月までとなるなど、施策継続の要望が高く、ほこみちはその受け皿としての役割も有している。

また同時期に改正された都市再生特別措置法における「滞在快適性向上区域（まちなかウォーカブル区域）」の制度と併用することにより、官民連携による一体的な公共空間の創出や、都市再生推進法人を活用した手続の支援、駐車場出入口の設置制限による歩行者の安全性・快適性確保といった大きな相乗効果が得られることが期待できる。

バスタプロジェクト

バス利用の利便性向上を目的としつつ、地域の活性化、生産性の向上、災害対応の強化等も企図する道路事業としての総合的な公共交通の拠点整備の取組である。

バスタプロジェクトの先駆けは、道路事業と民間ターミナルの官民連携事業として整備された「バスタ新宿」(2016年供用開始)である。駅周辺に分散していた高速バスの乗降場や、客待ち車列が慢性的に生じていたタクシー乗り場を集約し、線路上部の人工地盤を活用した道路事業として整備された。駅改札口も併設され、休憩施設、トイレ、バリアフリー等の様々な課題に対する改善を重ね、交通モード間の乗換利便性の高い交通拠点としての機能を発揮している。

2020年の道路法改正により「特定車両停留施設」が道路施設として位置づけられ、バスやタクシーなどの事業者のみが停留できるターミナル施設の整備が可能となった。コンセッション(公共施設等運営権)方式の事業スキームにより、バスタの維持管理費用を、利用料金のみならず商業施設の運営収入から賄うことができ、民間ノウハウを活かした効率的な整備・運営が期待できる。2023年4月までに品川駅、神戸三宮駅、新潟駅、追浜駅、近鉄四日市駅、呉駅、札幌駅のバスタが事業化され、次いで大宮駅、松山駅についても検討会が立ち上がり、協議が進められている。

バスタは「マルチモードバスタ」「ハイウェイバスタ」「地域の小さなバスタ」に類型化される。マルチモードバスタは、既存の鉄道駅を中心とした集約型の公共交通ターミナルとしてバスと鉄道・タクシーなどの多様なモード間の接続を実現するために戦略的に整備される。ハイウェイバスタは、高速道路のサービスエリア・パーキングエリアやバス停、インターチェンジ直結型で高速バスと結節する乗換拠点として整備される。地域の小さなバスタは、道の駅のような地域の拠点施設との一体化や、路線バスのバス停のリノベーションによって乗用車、自転車、徒歩といった交通モード間の連携を図るものである。

国土交通省はバスタプロジェクトの取組推進のために2021年に「交通拠点の機能強化に関する計画ガイドライン」をとりまとめており、道路ネットワークにおける交通拠点の意義や機能などのほか、検討すべき事項、留意点が解説されている。

道路網のリンクとしての整備拡充が中心であった道路事業に、交通拠点としてのノードのマネジメントの視点が新たに要求され、自動運転、シェアモビリティ、MaaSといった昨今のモビリティを取り巻く劇的な環境変化に対応できるプロジェクト展開が今後よりいっそう求められることとなる。

MaaS

Mobility as a Serviceの略称で、地域住民や旅行者一人ひとりのトリップ（ある目的を持った起点から終点までの一連の移動）単位での移動ニーズに対応して、複数の公共交通やそれ以外の移動サービスを最適に組み合わせて、検索・予約・決済等を一括で行うサービス。国土交通省は2019年にMaaS関連施策の推進を念頭にモビリティサービス推進課を立ち上げ「日本版MaaS」として先述の定義を示したうえで、全国各地における実証実験の支援により様々な形態の施策展開を促進している。

人々の交通行動が単一の交通モードごとに管理される従来型のデータマネジメントから発展し、トリップ目的ベースで複数モードを跨いで移動の状況をデータ化し、観光や医療等といった移動以外のサービスにも紐づけることによって、日常生活のニーズに即したサービスを一元的に効率良く提供することが可能となる。またこれら交通行動のフィードバックによってサービスのさらなる質の向上にも寄与する可能性を秘めている。

交通事業をはじめとする複数の事業者が関与するMaaSでは、各参画主体が持つ情報を共通のデータフォーマットで整備し、業種や立場を超えてシステム上で連携される必要がある。データ連携にあたっては、事業者におけるデータ化と項目等の共通化、データの正確性の確保、データの公平な連携といった留意点が挙げられ、国土交通省は2020年に「MaaS関連データの連携に関するガイドライン」を策定し、サービスに参画する主体間の連携促進を図っている。

日本の都市部では交通事業者間の競合関係の存在や収益化の見極めの難しさから、特定の限られた交通事業者がMaaSを提供する場合に、通常の乗換案内と比べて非効率な組み合わせの経路情報が案内されたり、都心のMaaSサービスとして求められる多様性、利便性が担保できなかったりする懸念など、発展途上の日本版MaaSには様々な視点で課題が指摘されている。

MaaSは移動の利便性向上や地域の課題解決に資する有効な手段として期待できる手段であるが、最も重要な観点は地域の仕組みづくりであり、MaaSを活用した交通まちづくりの施策展開を見据え、地域計画・交通計画の在り方の議論を前提に具体の検討がなされることが重要である。

シェアモビリティ

シェアモビリティとは、交通具を個人所有せず1台を複数の利用者で共用するモビリティシステムを指す。

カーシェアリングは、自動車保有による費用負担や諸手続の手間が軽減されるほか、レンタカーと比べてきめ細やかな料金体系が設定され短時間利用に対応できるため、日常の移動手段として手軽に利用できる魅力を備えている。日本における乗用車の保有台数は2006年頃から増加が鈍化し近年は横ばい傾向が続くが[*1]、カーシェアリングの車両台数は2022年には51,745台、会員数263万人と、10年間で台数が8.0倍、会員数が15.7倍と利用が急激に増加している[*2]。

シェアサイクルは2021年3月末時点で国内324都市に導入されており[*3]、日本は世界的にみても上位の導入事例数である。東京都心部では行政界を跨いだ広域相互利用が2016年に開始され、2023年には計15区まで対象エリアが広がり[*4]サービスのウェブサイトも統合された。全国的に普及が進む一方で、自転車の再配置・維持管理コストなどによる採算性の課題や、公共性の高いモビリティとしての地域の交通計画における施策の位置づけも議論の余地が残されている。ほかにも電動キックボードなどの多種多様な次世代モビリティがシェアリングサービスの発展とともに台頭する日は近い。

＊1　一般財団法人自動車検査登録情報協会ウェブサイト「自動車保有台数の推移」
https://www.airia.or.jp/publish/file/r5c6pv0000013czd-att/hoyuudaisuusuii05.pdf（最終閲覧日：2023年8月18日）

＊2　公益財団法人交通エコロジー・モビリティ財団ウェブサイト「わが国のカーシェアリング車両台数と会員数の推移」
http://www.ecomo.or.jp/environment/carshare/carshare_graph2022.3.html（最終閲覧日：2023年8月18日）

＊3　国土交通省道路局：第5回シェアサイクルの在り方検討委員会資料
https://www.mlit.go.jp/road/ir/ir-council/sharecycle/giji05.html（最終閲覧日：2023年8月18日）

＊4　東京都環境局：報道発表資料（2023）「自転車シェアリング「広域相互利用」への世田谷区の参加について」

LRT

LRT（Light Rail Transit）とは、軌道上を走行する軽量の輸送システムであり、定時性や速達性、バスと比較し高い輸送力に優れている点が特徴である。さらには専用軌道を走行することから、道路渋滞の恐れが自家用車と比較しても少ない。

LRTは、カナダのエドモントンをはじめ、アメリカ、フランス、ドイツ、イギリスなど、欧米諸国をはじめ世界各国で導入されている。日本国内でも、富山市や熊本市などで導入事例がみられる。富山市では、「お団子と串」の都市構造によるコンパクトなまちづくりの実現を目標に、公共交通の活性化に関する取組が進められており、その一環として、日本初の本格的LRTとなる「富山ライトレール」が導入・運行されている。富山ライトレールの整備にあたっては、専用のICカード乗車券を導入し、車両の低床化やバリアフリー化を図るなど、利用者にとっての利便性を向上している点も特徴である。その他、近年であれば、宇都宮市で「芳賀・宇都宮LRT」が2023年8月に開業予定である。

BRT

BRT（Bus Rapid Transit）は、バス高速輸送システムと称される。専用道を走行するため、自家用車と比較し定時性や速達性に優れている点が特徴であり、安定した運行が可能となる。BRTは、先進導入事例とされているクリチバやボゴダをはじめ、世界各国で導入されている。日本国内でもBRTの導入事例がみられており、日立市や岐阜市、新潟市などが挙げられる。

そうした中、東日本大震災で甚大な被害を受けた津波被災地で導入された、気仙沼線BRT・大船渡線BRTの事例がある。長らく不通区間となっていたJR気仙沼線柳津駅〜気仙沼駅、大船渡線気仙沼駅〜盛駅では、鉄道の復旧までの代替交通機関としてBRTが導入され、気仙沼線BRTが2012年12月22日より、大船渡線BRTが2013年3月2日より運行開始された*（写真）。さらに近年は、2018年7月豪雨により被災し通行止めとなった広島呉道路の一部区間で導入され、道路混雑の回避が図られた「災害時BRT」の事例もみられる。

大船渡線BRT。車内では、市民や地元の高校生、県内外からの来訪者らが乗車する様子が確認されている

* その後、JR東日本や沿線自治体との協議により、鉄道復旧ではなくBRTによる本格復旧が最終決定されている。

自動運転

自動運転とは、車両の操縦をヒトの操作によらず自律的な機械制御により行うシステムを指す。

システムが一部の操作を支援する段階から、完全にシステム制御のみで走行する状態まで、運転者の運転への関与度合いの観点から運転自動化レベルが定義される。「レベル1」ではシステムが縦または横方向の車両運動を限定領域において制御するが、最も高い「レベル5」では条件なく全ての運転操作が自動化された状態での走行となる。自動運転の普及によって、交通事故の削減、公共交通・物流の運転者不足解消、高齢者の移動サービス展開など様々な課題解決が期待される。

国土交通省道路局は「2040年、道路の景色が変わる」の中で、自動運転道路ネットワーク、自動運転バス・タクシーの利用拠点などの自動運転に関連する道路政策のビジョンを示している。同省都市局は2017年に「都市交通における自動運転技術の活用方策に関する検討会」を設置し、都市構造・都市交通、交通施設の望ましい姿について検討している。物流、移動サービス、駐車場といった自動運転車のみが通行する「限定空間」と、一般車両が混在する「混在空間」とでは、技術の社会実装の進度や視点が異なるため、それらの接続機能のあり方を含め、都市整備の側面でなすべき対応策について議論が続けられている。

エネルギー

人間活動が高度に集積した都市を動かすためのエネルギーをどのように調達するのか、そして地球環境が破綻しないために、巨大なエネルギー消費地である都市をどう制御するのか。日進月歩で進化するエネルギーの調達と制御の技術を都市の空間に埋め込んでいくことになる。ここではその際に知っておくべき10のキーワードをまとめた。
新しいエネルギーのインフラが大規模な **都市再生** のプロジェクトにあわせて整備されることは多くある。自律的なエネルギーのインフラは都市の **レジリエンス** を担保することにもつながる。あわせてお読みいただきたい。

Keyword

- □ 地域脱炭素ロードマップ
- □ 脱炭素先行地域｜脱炭素ドミノ
- □ ゼロカーボンシティ宣言
- □ 地域新電力｜自治体新電力
- □ 地域主導型再生可能エネルギー
- □ 再生可能エネルギー条例
- □ ポジティブゾーニング
- □ PPA
- □ セクターカップリング
- □ ソーラーシェアリング

地域脱炭素ロードマップ

気候変動の影響はかつてない速度で現れており、我々の生活に大きな影響を与えることが危惧されている。このような中、世界は脱炭素社会に向けて大きく舵を切り始めている。2015年にパリで開催されたCOP21（気候変動枠組条約第21回締約国会議）では、国際的な共通の目標として、世界の平均気温上昇を産業革命以前に比べて2℃より十分低く保ち1.5℃に抑える努力をすること、そのために、21世紀後半までに、カーボンニュートラルを実現すること（温室効果ガス排出量を、森林などによる吸収量の範囲を超えないようにすること）が掲げられた。

これを受けて、我が国でも菅前首相が、2020年10月の所信表明演説において「2050年までに温室効果ガス排出を全体としてゼロにする」ことを宣言した。その中では、国と地方で検討を行う新たな場の創設が掲げられ、2021年6月にとりまとめられたのが「地域脱炭素ロードマップ」*1である。

地域脱炭素ロードマップでは副題として「地方からはじまる、次の時代への移行戦略」が掲げられており、脱炭素において地域重視の方向性が強く打ち出されている。その背景には、一般的に人口密度の小さい地方の方が再生可能エネルギーのポテンシャルが大きいこと、その一方で、固定価格買取制度の導入以後、太陽光発電等の再生可能エネルギーの大規模開発が行われたことに地方の反発が大きいこと、気候変動およびそれに伴う異常気象において、各地域で大きな影響が見られ始めていることなどが挙げられる。

加えて、人口減少や少子高齢化、さらには新型コロナウィルス感染症の蔓延等によって急速に活力を失いつつある地方に対して、国際的な脱炭素の流れを活性化の起爆剤として活用したい思惑もある。環境省の推計によると、全国の9割の自治体で、エネルギー関連の支払額がエネルギー関連の収入を上回る状態*2となっており、エネルギーによって地域から富が流出していると報告されている。こうした資金の地域内還流を進めることで、地域活性化や地域課題（防災、交通、健康等）の解決につなげることが期待されている。

欧米をはじめとする諸外国では、新型コロナウィルス感染症からの経済復興の手段として、これまでと同じ社会経済構造に戻すのではなく、より持続可能な社会への移行を目指すグリーンリカバリーの方向性が強く打ち出されており、地域脱炭素ロードマップは日本版の、とりわけ地域版のグリーンリカバリー戦略ともいえる。

＊1　国・地方脱炭素実現会議（2021年6月）「地域脱炭素ロードマップ」
＊2　環境省（2019）「令和元年版　環境・循環型社会・生物多様性白書」

脱炭素先行地域｜脱炭素ドミノ

地域脱炭素ロードマップでは、その目玉政策の1つとして2050年をまたずに、先行的に脱炭素に取り組む地域を「脱炭素先行地域」として2030年までに100地域以上創出する政策を掲げた。脱炭素先行地域では、2025年までに地域特性に応じた取組の実施に道筋をつけるとともに、2030年までに実行することが求められており、こうした先行地域から、他の地域へと取組が広がっていく流れを「脱炭素ドミノ」と表現しており、脱炭素ドミノを誘発する最初のモデルケースの形成が脱炭素先行地域という位置づけである。

脱炭素先行地域では、家庭やオフィスといった暮らしの電力消費に伴うCO_2排出については実質ゼロを実現することを求めており、住宅の断熱化や再生可能エネルギーの導入、電気自動車の充放電インフラ整備、建物間でのエネルギー融通などまちづくりのデザインが果たす役割も大きい。現在開発を進めるプロジェクトは、2050年にも利用されていることに鑑みると、全てのまちづくりにおいて脱炭素化に向けた都市デザインを組み込んでいくことが重要であろう。

なお、2022年度の脱炭素先行地域を実現するための予算として、200億円という大規模な予算が計上されていることもあり、第1回の応募には79件、102の自治体からの申請があった*。このうち26件が脱炭素先行地域として選定されたが、採択された案件の半数にあたる13件が、地域新電力（後述）との共同提案となっており、その他の民間企業との連携も含めると23件に上るなど、自治体が他の事業者と協働して取り組む案件が多く採択されている傾向が見て取れる。

脱炭素先行地域への資金は地方自治体への交付金として支給されることが特徴であり、通常の補助金のように民間企業等の主体が単独で申請することができないことも、民間事業者と自治体の共同提案が多い要因の1つであると考えられるが、脱炭素先行地域の選定に限らず、環境エネルギー分野、とりわけ再生可能エネルギー分野においては、プレーヤーとしての地方自治体の重要性が高まってきており、関連する技術を持つ民間企業と連携して取組を行う事例が増加してきており、脱炭素社会の実現に向けては望ましい方向性であると考えられる。

＊ NHK（2022年2月23日）「脱炭素に取り組む“先行地域”全国から79件の応募」

ゼロカーボンシティ宣言

環境省では「2050年にCO_2（二酸化炭素）を実質ゼロにすることを目指す旨を首長自らが又は地方自治体として公表された地方自治体」をゼロカーボンシティと位置づけ、地方自治体が様々な形で表明した脱炭素社会に挑戦する意思表示を集約し、同省のホームページ上で公開している[*1]。

国が旗を振って進める脱炭素先行地域は、各自治体が具体的な事業を提案し、その事業に対する評価によって選定されて、交付金が支給されるのに対し、ゼロカーボンシティ宣言は自治体が自主的にゼロカーボンを目指すことを宣言するものであり、あくまで自治体としての政治的な意思表示に過ぎない。

2023年6月30日現在、973自治体（46都道府県、522市、22特別区、305町、48村）がゼロカーボンシティとして登録されており、該当する自治体の人口は1億2,581万人に上っている。

また、横浜市が中心となって、ゼロカーボンシティを宣言した市区町村による、「ゼロカーボン市区町村協議会」が設立（2021年2月）されており、政府に対して人材や情報面での支援やより高い温室効果ガス削減目標や再生可能エネルギー目標の設定など様々な提言活動を行うなど、地方自治体の視点から脱炭素化や再生可能エネルギーの普及拡大を中央政府に政策導入を要求するボトムアップの動きも出てきている[*2]。

このように、地域が脱炭素への意向に向けた挑戦を宣言する流れは、国内のみならず世界各地で行われている。例えば、国連気候変動枠組条約（UNFCCC）は、「Race to Zero」[*3]キャンペーンを開始しており、「2030年までに排出量を半減、遅くとも2050年までに実質排出量ゼロを実現」することを宣言する事業者、都市、地域、投資家等を募っているが、日本国内からも76の地方自治体が参画している（2023年7月13日現在）。

他方で、ゼロカーボンシティ宣言をしたものの、具体的な実現戦略はこれからといった地方自治体も多く、それをいかに実現していくかが焦点となっている。

＊1　環境省「地方公共団体における2050年二酸化炭素排出実質ゼロ表明の状況」https://www.env.go.jp/policy/zerocarbon.html（最終閲覧日：2022年4月1日）

＊2　日本経済新聞（2021年2月5日）「全国130自治体で「ゼロカーボン協議会」、会長に横浜市」

＊3　The Race to Zero（最終閲覧日：2022年4月18日）https://racetozero.unfccc.int/what-is-the-race-to-zero/

地域新電力｜自治体新電力

2016年4月に始まった電力の小売全面自由化で、従来の地域独占体制が崩れ、消費者が家庭やオフィス等の電力の契約先を選択できるようになった。自由化前から小売り電気事業を行っていた一般電気事業者10社（東京電力等）に対し、同以後に新規参入した小売り電気事業者は新電力（PPS）と呼ばれる。

こうした新電力のうち、地方自治体や地域の企業・市民等が深く関与し、地域に根差した電力供給事業を行ったり、その収益を地域の公益サービスに活用したりする事業体が「地域新電力」だ。このうち自治体が出資するものを「自治体新電力[*1]」として区別する場合もある。設立目的は様々だが、再生可能エネルギーの開発など地域の脱炭素化への取組や、エネルギーの地産地消や公共施設の電気代削減など地域内の経済循環を事業目的として掲げる事業者が多い。

地域のエネルギー事業で収益をあげ、地域の課題解決につなげるビジネスモデルは、ドイツやオーストリアにおける都市公社のモデル「シュタットベルケ」の影響が大きい。シュタットベルケは、小売電気事業にとどまらず、熱供給、ガス、水道、公共交通、通信等の様々な公益事業を統合的に実施して地域資源を有効活用し、事業リスクを分散させることで、単独では不採算な公共交通などの地域事業を支えつつ長年にわたり発展してきた。日本でも2017年頃から新しいまちづくりのモデルとして注目されてきたが、100年の歴史と政治的影響力を持つシュタットベルケと、国内の地域新電力には依然大きな差がある。

環境基本計画（2018年4月閣議決定）では、地域資源を活用した持続可能な地域づくりの一方策として地域新電力等の推進の方向性が打ち出されており[*2]、期待される政策的役割が一層高まっている[*3]。国内の地域新電力の場合、地理的に範囲を限定して電力やサービスの供給を行うことから競合が起こりにくいため、知識・ノウハウ・情報の共有や政策提言を行う組織が数多く形成されている。

＊1 経済産業省の資料によると、自治体からの出資が確認できた新電力事業者（自治体新電力）は75事業者（2021年5月17日時点）にのぼるとしている（第37回電力・ガス基本政策小委（2021年7月12日）「電力・ガス小売全面自由化の進捗状況について」）。第5次環境基本計画（2018年4月17日閣議決定）https://www.env.go.jp/policy/kihon_keikaku/plan/plan_5.html

＊2 経済産業省・資源エネルギー庁では電力ひっ迫時に地域新電力事業者向けの勉強会を開催するなどしている（資源エネルギー庁「2021年度夏季及び冬季の電力需給見通しを踏まえた小売電気事業者・地域新電力向け勉強会」https://www.enecho.meti.go.jp/category/electricity_and_gas/electric/shiryo_joho/2021062325.html）。

＊3 一般社団法人ローカルグッド創成支援機構、一般社団法人日本シュタットベルケネットワークなどが知られる。

地域主導型再生可能エネルギー

再生可能エネルギーの普及を促進する目的で2012年に開始された固定価格買取制度（FIT制度）によって、国内の再生可能エネルギーの導入は急激に増加した。一方で、こうした再生可能エネルギーの大部分は地域外の資本によって開発されたものがほとんどであり、地域経済の活性化につながっていないとの指摘がある[*1]。

これらに対して、固定価格買取制度の直後から地域の主体が積極的に参画し、可能な限り地域資本を活かしながら再生可能エネルギーを開発することによってより持続可能な形での再生可能エネルギーの開発を目指す動きが現れ始めた。また、資金の一部を一般の市民から出資してもらう市民出資型・クラウドファンディング型の導入事例もこのころに数多く生まれている。

このように地域主体による再生可能エネルギー開発は、世界的にもその重要性が指摘されており、World Wind Energy Association（世界風力エネルギー協会）は2011年に以下の3つの要件のうち、2つ以上を満たすものをコミュニティパワーとして定義している。

- 地域のステークホルダーがプロジェクトの大部分を所有していること
- 地域に根差した組織によって意思決定がなされること
- 社会的、経済的便益の大部分が地域に配分されること

こうした動きを受け、国内でも環境省・農水省・総務省などで、地域が主導する再生可能エネルギーを支援する動きが多く生まれた。さらに、2014年5月には、地域主導型再生可能エネルギーの事業に取り組む組織やキーパーソンのネットワークとして「全国ご当地エネルギー協会」が設立されている[*2]。

なお、地域主導型再生可能エネルギーと類似の用語が政府文書も含めて随所に使われている。例えば、先述の地域脱炭素ロードマップでは、重点対策の1つとして「地域共生・地域裨益型」という用語が用いられている。また、資源エネルギー庁では地域共生型の再生可能エネルギーの導入に取り組む事業を表彰している（地域共生型再生可能エネルギー事業顕彰）。こうした用語の違い等についての明確な説明は行われておらず、基本的な概念は同じであると考えられる。

＊1　櫻井あかね（2015）「再生可能エネルギーの固定価格買取制度導入後の日本における地域エネルギー利用の課題－大規模風力発電所とメガソーラーの「所有性」に着目して－」『龍谷政策学論集』第4巻第2号、龍谷大学政策学会、pp.171-184

＊2　全国ご当地エネルギー協会 https://communitypower.jp/

再生可能エネルギー条例

固定価格買取制度（FIT制度）の導入以降、大きな資本を持つ企業等による再生可能エネルギーの乱開発を防止する一方で、地域主導型の再生可能エネルギーを促進する目的で、地方自治体において数多くの再生可能エネルギー条例が生み出されている。

こうした流れを受けて、2016年のFIT制度改正では、固定価格買取制度の認定基準に地域の条例を含む関連法令順守規定が追加されており、条例違反等に対しては再エネ特措法に基づく指導が可能となっている。

その結果、再生可能エネルギー発電設備の設置に関する条例の制定は急速に増加している。エネルギー資源庁の調査によると、2016年度の26件から2020年度には134件へと急増していることが示されている[*1]。こうした再エネ条例の多くが再エネ導入の抑制区域や禁止区域を設定する抑制的な条例が増加していると指摘されている。

例えば岡山県美作市では、「美作市特定太陽光発電事業に係る地域社会に対する影響評価条例（2021年11月22日施行）」を定め、樹木の伐採・土地の造成を行う1MW以上の設備等の事業を特定太陽光発電事業と位置づけ、こうした事業に着手する場合の手続きとして必要書類を市長に届け出ることを義務付けており、市長はこの書類を評価した上で、必要な措置を講じるよう助言・勧告を行うことができるようになっている[*2]。これに加え、美作市では2021年12月21日には事業用の太陽光発電パネルの総面積を課税標準とし、面積1㎡につき50円の税を課税する条例「美作市事業用パネル税条例」を議決している。この条例については、太陽光発電協会、太陽光発電事業者連盟などの業界団体が相次いで反対意見を表明するなど大きな話題となった。今後、総務大臣の同意手続きに向けて協議が行われる予定となっている。

こうした抑制的な条例に対して、むしろ地域住民等による再生可能エネルギー開発を積極的に後押ししようとする条例もある。

例えば長野県飯田市の「飯田市再生可能エネルギーの導入による持続可能な地域づくりに関する条例」では、飯田市民が保有する権利として「地域環境権」を定義している。さらに三者的・専門的な観点から事業審査を担う審査会を形成するとともに、審査会の助言を受けた市長が、条例にふさわしい公益的事業を認定する制度を併せて導入している。

＊1　資源エネルギー庁（2021）「2030年における再生可能エネルギーについて」
＊2　美作市特定太陽光発電事業に係る地域社会に対する影響評価条例（平成30年9月26日　条例第24号　令和3年11月22日施行）

ポジティブゾーニング

再生可能エネルギーのうち、風力発電に関するゾーニングについては「環境保全と風力発電の導入促進を両立するため、関係者間で協議しながら、環境保全、事業性、社会的調整に係る情報の重ね合わせを行い総合的に評価した上で、以下の区域を設定し活用する取組」*と定義されている。具体的には、環境保全を優先することが望ましい「保全エリア」と立地に当たって調整が必要な「調整エリア」、再生可能エネルギーの導入を促進しうるエリア「促進エリア」等に分類するものであり、特に生態系等への影響が懸念される風力発電を対象に、方法論等も含めて重点的に検討されてきた。

改正温暖化対策法（地球温暖化対策の推進に関する法律、2021年6月公布、2022年4月施行）では、地域と共生しながら再生可能エネルギーを導入する政策の1つとして再生可能エネルギーの促進地域の設定を促しており、「ポジティブゾーニング」とも呼ばれる。

＊ 環境省（2018）「風力発電に係る地方公共団体によるゾーニングマニュアル」

PPA

PPAとはPower Purchase Agreementの略であり、米国等で発達した再生可能エネルギーの電力売買契約方式の1つである。日本の固定価格買取制度では、発電事業者は発電量に応じて一定の単価で送配電事業者が買い取り、その費用については電気を消費する需要家全体（不特定）で負担するのに対し、PPAでは発電事業者と特定の需要家が電力の価格や期間を交渉して調達するのが特徴である。このうち、特に一般企業が小売電気事業者や発電事業者と再生可能エネルギーの発電設備の電力を固定価格で購入するものを「コーポレートPPA」と呼ぶ場合もある。特にコーポレートPPAは、再生可能エネルギーの導入率を高めたいが、設備の導入費用を抑えたい需要家のニーズと、比較的長期間、安定的な価格で販売でき、事業収益性を担保できる発電事業者のメリットが合致し、固定価格買取制度の買取価格の低下に併せてわが国でも注目が集まっている。

なお、PPAには、需要施設の敷地内に再生可能エネルギーを導入するオンサイトPPAと、需要家施設と発電設備が離れており、送配電ネットワークを介して電力供給が行われるオフサイトPPAがある。

セクターカップリング

電気はその特性上、電気の消費量と発電量を送配電ネットワーク全体で一致させる必要がある。このため、電力需給管理としては発電事業者による出力調整や揚水発電所等を運用しながら、主に供給側の技術で対応してきた。

太陽光発電や風力発電といった再生可能エネルギーは日射量や風速といった自然条

件によって発電出力が変動するため、変動性再生可能エネルギーと呼ばれている。このような変動性再生可能エネルギーの割合が増加すると、従来型の方法で電力の需給管理を行うことは難しくなってくることが想定される。

こうした問題に対応するため、様々な施設や機器等のエネルギー使用状況を見える化し、発電設備や蓄電設備、需要側機器に信号を送ることで制御することで、最適なエネルギー利用を目指して管理しようとするのがエネルギーマネジメントである。昨今のIoT技術の進展によって、様々な規模のエネルギーマネジメントシステムが開発されており、住宅向けのHEMS（Home Energy Management System）、ビル向けのBEMS（Building Energy Management System）、工場向けのFEMS（Factory Energy Management System）などに加え、地域全体のエネルギーを管理するCEMS（Community Energy Management System）もある。

地域全体のエネルギー需給を管理する場合、家庭部門や交通部門、産業部門といった様々な部門のエネルギー消費を統合的に管理する必要があり、部門間の壁が取り払われることになる。このように、エネルギー需要部門のうち、家庭部門や交通部門、産業部門といった様々な部門のエネルギー消費をカップリング（融合）させることで、需要側の電力消費の時間的な柔軟性を高め、再生可能エネルギーの導入を後押ししようとする考え方をセクターカップリングという。

例えば電気自動車、電気給湯機、蓄電池、水素製造といった需要側機器は、エネルギーを貯蔵する機能を持っているため、電力の需給調整に活用することが可能となる。具体的なセクターカップリングの例としては、家庭部門の太陽光発電の余剰電力で充電した電気自動車（交通部門）で移動する、再生可能エネルギーが送配電ネットワーク全体で余剰となる時間帯に製造した熱や水素を工場等の産業部門で消費するなどがあり、こうしたセクターカップリングを実現していくためには、電気自動車の充放電設備を計画的に配備したり、熱導管・水素導管などのインフラを整備していく必要があるため、まちづくりの計画段階から、様々な工夫を凝らすことが求められる。

ソーラーシェアリング

ソーラーシェアリングは営農型太陽光発電ともよばれ、農地に太陽光発電を設置することで、土地を農作物の生産と発電の2つの目的で共有（シェアリング）する取組である。国全体として自給率が低い食料とエネルギーを同時に生産できる仕組みであり、SDGsや脱炭素化、エネルギー価格の高騰などの影響もあって、近年ますます注目を集めている。

ソーラーシェアリングの実施にあたっては、農地法に基づく一時転用許可が必要であり、設置する太陽光発電設備の下では営農を継続することが条件となっている。

ソーラーシェアリングを設置するための農地転用許可件数は、2020年度までの累積で3,474件となっているが、農家の経営環境の改善にもつながることや社会的な関心も高まっていることなどから、「エネルギー基本計画」*1、「食料・農業・農村基本計画」*2や「みどりの食料システム戦略」*3にも明確に位置付けられている。

＊1 「エネルギー基本計画」（2021年10月22日閣議決定）
＊2 「食料・農業・農村基本計画」（2020年3月31日閣議決定）
＊3 農林水産省（2021年）「みどりの食料システム戦略」 https://www.maff.go.jp/j/kanbo/kankyo/seisaku/midori/

データとシミュレーション

データを集めるためのセンサーなどの機材、データを分析するコンピューターの発達、そして政府系データの公開の広がりを受けて、私たちは簡単に大量のデータを使って、都市の現状を知り、未来をシミュレーションすることができるようになった。日進月歩で新しいデータ、新しい技術が公開されており、それらをどのように使いこなしていけるかが問われている。ここでは基礎から応用まで、9つのキーワードをまとめた。
データとシミュレーションはあらゆる都市の課題の解決に役立てることができる。そして肝心なことはデータに基づいた議論、計画の立案、意思決定を私たちの都市にかかわるコミュニケーションの中に埋め込んでいくことである。**ワークショップ** にどう組み込み、どう **ガバナンス** の仕組みの中に定着させることができるだろうか。あわせてお読みいただきたい。

Keyword

- □ シミュレーション
- □ AI画像識別
- □ Web GIS
- □ オープンデータ
- □ GTFS
- □ API
- □ BIM｜CIM
- □ 人流データ
- □ マイクロジオデータ（MGD）

シミュレーション

シミュレーションとは

シミュレーションとは、実用日本語表現辞典によると「現実に実験を行うことが難しい物事について、想定する場面を再現したモデルを用いて分析すること」*とある。今日では膨大なデータと計算技術の発展によって様々な分析や計画支援がシミュレーションを通して行われている。また、この“想定する場面”は都市全体や国全体まで広がり、現実空間をリアルタイムに反映した、デジタルツインの構築や活用が始まっている。ここでは、シミュレーションが都市や地域の計画にどのように貢献してきたか、どのような活用が期待されてきたかといった経緯を紹介することで、シミュレーションの発展からデジタルツインの活用に向けた今後の可能性を素描したい。

情報技術を活用した計画支援や計画評価は全体を概観することの大切さと一部分を精緻に把握することの大切さの綱引きによって発展してきた。理想はこの両者を同時に満たすものであり、一部分の変化、つまり1つの政策やひとりの行動変容が全体に、あるいは部分的にどのように影響を与えるかを仮想的に実験することで政策や計画の良し悪しを見極めようということである。

都市・地域計画における活用の歴史

シミュレーションがその言葉とともに都市計画に利用され始めたのは1960年代ごろで、都市における複雑さの克服に重点が置かれた。具体的には乱数表による不定性の表現と、電子計算機による計算時間の短縮である。これは、できる限り現実を反映し、大域的な傾向を把握することが主眼とされた。例えば、1台1台の自動車が確率的な振る舞いをして全体の現象として現れる渋滞について、渋滞解消の視点から車線や交差点の設計などに用いられた。しかし、こうした発展も当然、現実空間を精緻に反映させることは適わず、部分的に単純化したモデルが利用されていく。1970年代に単純化したモデルが利用され始めるとシミュレーションを用いずとも、解析的に部分的な本質を見極めようという理論モデルが台頭することとなった。線分都市をはじめとした仮想都市を対象とした都市経済モデルなどがこれにあたる。一方で、このころからも都市全体を情報化しようという試みから地理情報システムが開発され、道路管理や固定資産、建築確認などの都市計画業務についての意思決定支援に利用された。これらはデジタル地図の上で多目的な業務支援ができることを強みとしており、1980年代まで開発が行われていたが、デジタル地図の作成や情報の更新に多大な労力がかかることで、普及には至らなかった。その後、汎用的過ぎて地図の作成や更新の際に扱いにくいという欠点から、特定の目的に限った システムが開発された。上下水道やガス、電気などのインフラ管理という目的に絞り、情報更新のシステムも同時に開発されたことでFacility

Management and Automated Mapping（FM/AM）として普及した。こうして実都市がある程度反映されたデジタル地図を用いた業務管理支援システムが実現し、これは冒頭で述べた全体と部分の折衷といえる。

こうしてみると、シミュレーションは技術革新で発展してきたともいえる。その後、計算機がさらに発達し、今我々が使う地理情報システム、Geographic Information System（GIS）が普及するに至った。現在ではリアルなデジタル地図の上で、位置情報を含んだあらゆる分析、管理が行えるようになっている。近年では、平面だけでなく高さ方向も含めた3次元の都市を再現したデータも普及が始まっている。現実空間のある一時点を再現する技術は、スケールフリーな状態で全体を統合するにはまだ時間がかかるとはいえ、概ね実現の道筋が見えてきた。

シミュレーションからデジタルツインへ

こうした中、全体を把握するシミュレーションの先に何が待っているのか。それは情報更新の技術開発、つまりリアルタイムでの情報の反映と状態の把握であり、これはデジタルツインと呼ばれている。シミュレーションはある政策や社会変容の影響による、やや遠い未来を予想することで政策評価や社会変容に対する行動を判断するといった側面があるが、デジタルツインはリアルタイムでの判断を評価することに軸足がある。さらに、その判断をデジタル上で制御することで現実空間への反映もまた、リアルタイムに行われるという点がツイン（双子）と呼ばれる所以である。

都市や地域の計画支援として現実空間をまねることを目的として発展を続けてきたシミュレーションは、1次元の仮想都市や2次元のデジタル地図、3次元の地形や建物を含めた3D地図に発展し、デジタルツインと名前を変えつつ4次元まで発展を続けてきたといえる。シミュレーションとデジタルツインの成長は、これまでの発展経緯と同様に、しかし時間という新たな軸を加え、どれだけ詳細なデータが生成できるか、という部分の発展と、どれだけ統合できるかといった全体の発展の間を揺れ動きながら今後も進化を続けるのではないだろうか。

＊ 実用日本語表現辞典（weblio辞書）https://www.weblio.jp/content/%E3%82%B7%E3%83%9F%E3%83%A5%E3%83%AC%E3%83%BC%E3%82%B7%E3%83%A7%E3%83%B3（最終閲覧日：2022年5月17日）

AI画像識別

近年、スマートスピーカーや掃除ロボットをはじめ、AI(artificial intelligence)は我々の日常生活でも利用され始めている。AI開発の歴史についてはここでは割愛し、都市や地域について応用されているAIを用いた画像識別という分野について紹介することとする。

最も多くの分野で活用されているAIの1つに画像識別技術がある。これは画像や動画から対象となるものを識別するもので、AIが得意とする膨大なデータから規則性を学習して、決められた要素を取り出す、パターン認識と呼ばれる技術を活用したものである。景観写真から植栽や空といった要素を抽出し、緑視率や天空率の計算を行ったり、建物ファサードから街並みを評価することに用いられている。また、1928年から行っている国土交通省が管轄している全国の道路交通量調査について、2021年から人手による観測を廃止し、交通監視カメラの映像をAIによって解析する手法に切り替えている[*1]。こうした景観写真やカメラ映像から要素を識別、抽出するAIは多くのオープンソースやソフトウェア[*2]が公開されており、AI活用で、より詳細な要素からの影響を読み取ったり、より広域での調査が可能になった。

同様に航空写真や衛星画像の公開も進み、AIの活用が広がっている。従来から、こうした画像を基に作成される土地利用図は、国土地理院で作成されているが、地物抽出の精度を管理する観点から、現在も判読や図化については人手による労働集約型の工程とされている。AIによる自動化によってこうした労働集約型の作業が効率化することが期待されるが、パターンを学習させる画像の選定などによっては、ある特定の地物が抽出されないことや、ある条件下の地物が著しく精度が低くなるなど、抽出基準がブラックボックス化されていることで、精度の管理が難しい点に発展の余地が残る。

一部の公的な調査などでは精度や実用化に際しては課題が残るものの、見方を変えるとこうした画像識別技術の革命的な点として、オープンデータ化の可能性がある。撮影された写真や動画を一般に公開するには肖像権などの個人情報を含むため困難であるが、上述した画像識別を行ったうえで、街路や施設内の歩行者量、滞留、アクティビティの種類や量、店舗の利用人数といった地域分析において有用なデータを、個人情報を避けた形で公開できる可能性がある。こうしたデータが蓄積されることで種々の計画者や実務者、研究者が都市・地域での研究、事業、政策がより一層進むことが期待される。

＊1 時事通信社(2021年9月13日)「道路交通量の調査員廃止へ　カメラとAIで常時観測—国交省検討」https://www.jiji.com/jc/article?k=2021091300669&g=eco(最終閲覧日:2022年5月4日)

＊2 例えば、オブジェクト検出YOLO,https://www.renom.jp/ja/notebooks/tutorial/image_processing/yolo/notebook.htmlや、画像セグメンテーションニューラルネットワークSegNet,https://qiita.com/cyberailab/items/d11862852eccc17585e8などがある。

Web GIS

Web GISとは、主にブラウザを利用したインターネット上で利用できる地理情報システムのことである。データの編集や加工には制限があるものの、データを可視化して把握することに利用されている。多くのオープンデータサイトなどで、ダウンロード前に確認したり、GISの初学者に向けてデータの有用性を紹介するために用いられている例が多い。ここでは、近年のWeb GISサイトについて紹介していく。

プラトー（PLATEAU）という名前をご存じだろうか。これは、国土交通省が主導する3D都市モデルの整備・活用・オープンデータ化プロジェクトの名称である[*1]。データ提供に関しては、社会基盤情報流通推進協議会を運営母体として、2016年に設立したG空間情報センターが行っている。ここで提供される3D都市モデルは、地球上のどの位置にどのような形態、体積で存在しているか、といった情報を持っている。こうした位置情報を持ったデータは地理空間情報と呼ばれている。地理空間情報はデータの整備にコストがかかることと、データを編集するには専用のアプリケーションが必要であったため、オープンデータ化は国土交通省など[*2]、提供主体や提供データが限定されていた。近年になって、フリーソフトのGISやブラウザ上で可視化や主題図が作成可能なシステムが公開され始めた。プラトーでもブラウザ上で3Dでの建物ボリューム、避難施設、ランドマーク、鉄道駅などの情報を重ね合わせて閲覧することができるPLATEAU VIEWが提供されている。

こうしたWeb GISは、内閣府の地方創生推進室による地域経済分析システム（RESAS）や、統計局によるjSTAT MAP、福岡県、国立研究開発法人建築研究所、日本都市計画学会などが提供している都市構造可視化計画など、様々なツールが開発、提供されている。これらは、複雑な分析は行いにくい反面、特定のアプリケーションを持っていなくても、手軽に主題図の作成や可視化が可能となっている。また、多くの場合、データ提供も併せて行っており、独自の集計や加工など複雑な分析の際にもダウンロードが可能であることから、3Dモデルをはじめ、多くの地理空間情報のオープン化や普及を促している。

プラトーで提供される3Dモデルは、まだ限定的な地域での提供であり、活用に関しても3Dモデルを自由に扱うには地理情報システムの技術や動作環境にハードルがあり、一部の研究者や企業、団体に限られている。しかし、こうしたデータのオープン化が進み、都市における様々なリアルタイムデータの取得が可能になることで、今後の都市・地域計画者の大きな武器となり得る。

*1 現在（2022年5月）までで、3D都市モデルの構築対象都市として、北海道札幌市から沖縄県那覇市までの56都市が挙げられている。

*2 国土交通省による国土数値情報（https://nlftp.mlit.go.jp/ksj/）や国土地理院による基盤地図情報（https://www.gsi.go.jp/kiban/）などがある。

オープンデータ

オープンデータとは

オープンデータとは、「国、地方公共団体及び事業者が保有する官民データのうち、国民誰もがインターネット等を通じて容易に利用(加工、編集、再配布等)できるよう、次のいずれの項目にも該当する形で公開されたデータをオープンデータと定義する。①オープンデータを営利目的、非営利目的を問わず二次利用可能なルールが適用されたもの、②機械判読に適したもの、③無償で利用できるもの」としている[*1]。これは、2017年に策定されたオープンデータ基本指針による定義である。

日本におけるオープンデータの現状

日本におけるオープンデータへの注目は、2011年の東日本大震災において、震災関連情報の提供、例えば電力や道路の通行情報などのインフラ、ライフラインの状況把握が必要に迫られたことで、公共のみならず事業者が保有するデータの公開・活用の意識が高まったことに端を発する。こうしたデータ活用やデータ公開の必要性を認識したことで、2016年に官民データ活用推進基本法、2017年にオープンデータ基本指針が策定されるなど法整備も進んできた。

指針の中で定義される3つの項目では、オープンデータの大きな意義として、限られた研究者や計画者が利用するのではなく、住民が地域の諸課題を解決することに向けた活用や、企業に対して新サービスや新ビジネスの創出を促すこと、といった誰もが利用できることによるイノベーションの創出を目指していることが反映されている。

2014年にはオープンデータカタログサイトDATA.GO.JAPANが稼働し、府省庁などが保有する公共データセットの公開と[*2]、自治体で整備が進められているオープンデータサイトへのリンクが掲載されている。これまで内部で保有していた公共データの公開が推進され、さまざまなデータの利活用が可能となってきた。一方で、情報が溢れ必要なデータが埋もれてしまうといったことも懸念される。例えば、データや報告書などをPDFファイルで公開しているだけでは、データを読み取ることが困難となり、必要な情報を見落としたり、利用が限定されてしまう可能性がある。

オープンデータ形式の分類

オープンデータを進めるにあたり、より活用しやすい形式で公開する必要があり、活用のしやすさについて、ティム・バーナーズ=リーによって星1から星5までの5段階の分類がなされている。最も初歩的な1つ星は、主に画像などの機械判読困難なフォーマット(PDFやJPEGなど)であり、データ所有者が公開する労力も最も低い形式となる。2つ星は、機械判読可能なフォーマットで、エクセル(XLS)やワード(DOC)とされ、特定のソフトウェアを持っていれば独自に編集することが可能である。3

つ星では、オープンデータとしての共通フォーマットで、CSVやXMLなどで、エクセルやワードに限らず、さまざまな表計算ソフトやブラウザなどで編集可能な形式であることから、ソフトウェアへの依存性が低くなる。4つ星になると、ウェブ標準フォーマットの文書ファイルであるRDFが該当する。これは、3つ星のXMLなどを用いて、データの記述方法を、「日本の」、「人口は」、「120000000」のように、主語と述語と目的語の3つで構成されるように構造化したファイルである。5つ星は、RDFの各要素にURI（情報が一意に識別される個別のURL）が設定されているデータであり、ウェブ上にある数多のコンテンツと同様のアクセス性を持ちつつ、構造化されていることが特徴である。例えば、前述の「日本」を主語とするデータはすべて同じURLで構築されなければならないが、これによって、「日本」を主語とした他のデータとリンクが可能になる。星5のようなデータをLOD（Linked Open Data）と呼ぶ。日本の事例としては、2008年から政府統計について一元的に公開を行ってきた政府統計の総合窓口（e-Stat）では、2014年にAPI機能の実装、2016年にLOD形式での提供を始めている。これにより、e-Statの関連するデータを紐づけながら検索、利用することができるようになっている。

オープンデータの今後

現在公開されている種々のオープンデータのLOD化が進めば、データ所有者の異同にかかわらず、得たい情報を得たい形に変換して抽出したり、異なるデータを同じフォーマットに変換して抽出することも可能となる。しかし、既存データをLOD化するには、個別にURIを定義、設定する必要があるため、データ保有者、データ公開者側に多大な労力がかかる。実際にLODで公開されているオープンデータは、オープンデータ先進国の欧米であっても実験的に行っている事例が多くを占める。

オープンデータの発展は近年進んできたが、発展途上にあるといえる。こうしたことから、星1のようなデータにおいては、星5に向けたデータ形式の変換を視野に入れつつも、どのようなデータがどのように活用できるかといった事例蓄積や、必要なデータを取捨選択、変換加工できる人材やシステムが必要となろう。こうした活用のアイデアや実績を積みつつ、既存の有用な公開データをより使いやすい形に整備することが求められる。

＊1 高度情報通信ネットワーク社会推進戦略本部「オープンデータ基本指針」https://cio.go.jp/sites/default/files/uploads/documents/kihonsisin.pdf（最終閲覧日：2022年5月17日）

＊2 2022年5月4日現在では、24291件のデータセットが確認でき、府省庁ごとに検索したり、データグループ（行財政、企業・家計・経済、住宅・土地・建設）など全17グループに分類された分野での検索も可能である。

GTFS

General Transit Feed Specification（GTFS）は世界標準の公共交通データフォーマットのことを指し、大きく静的データ（GTFS-static）と動的データ（GTFS-realtime）の2つに分類される。静的データは駅やバス停の名前や位置情報、運賃、ルートやダイヤ情報などの情報が含まれる。一方、動的データは当日の運行状況や乗車人数などのリアルタイムで変化する情報が含まれる。データフォーマットの名前を聞いたことがない読者もいるかもしれないが、こうした情報は我々の極めて身近で利用されている。それは、経路検索サービスである。鉄道に関しては多くの方が経路検索サービスを日常的に問題なく利用されていると想像するが、地方でのバス路線については経路検索ができなかった経験はないだろうか。こうしたことから、日本では2017年にGTFS-JPとして、主にバス路線についてのデータ整備やデータ公開の促進が始まり、近年急速に整備が進んでいる。

こうした整備が進むことで、他事業者、多段階の乗り換えを含めた経路探索が可能になることで、混雑を避けたルート選択や、馴染みのない土地での交通利便性が向上することが望めるとともに、こうした複雑かつ多段階の地域内交通計画をより精緻に行うことが可能となる。

API

Application Programming Interface（API）は、ソフトウェアやアプリケーション、ウェブサービスの一部を第三者が作成したほかのソフトウェアなどと連携して利用できることを意図した仕組みの総称である。我々が、宿泊施設や飲食店を探す情報サイトで地図を確認できることも、地図を公開するウェブサービスがAPIを公開しており、これを利用することで情報サイトと地図サービスが連携を行っているからである。自治体や国が公開するオープンデータに関してもAPIによって利用できる形で公開している例もある。

都市や地域分析においてAPIを使う例は、大量のデータを抽出したい、自動的にデータを取得したい、といった際に利用されることが多い。例えばSNSでの人々の投稿を抽出することによって都市や地域の印象や構造、イメージを分析したり、地図サービスサイトを用いて住所やランドマークから緯度経度といった位置情報を取得することが行われている。また、公開データなどについては、より見やすい形でグラフ化、地図化することでウェブ上に公開したり、ソフトウェアを開発して児童や学生への教材として用いる例も増えてきている。このようにウェブサービスやオープンデータに関してもAPIを公開することで活用の幅を広げることが可能である。

BIM｜CIM

従来、建築物の設計や施工は図面を基に行われてきたが、設計段階からコンピュータにより形状や面積、材料や部材の仕様など建築物を構成する属性情報を付加した3次元モデルを用いる技術をBIM（Building Information Modeling）と呼び、2014年度に国土交通省でBIMガイドラインが策定され、官庁営繕事業に適用された。一方で、社会のあらゆる生産性を向上させることを目的に2016年にi-Constructionの推進を掲げ、土木分野におけるBIMであるCIM（Construction Information Modeling）を進めてきた。また、これまで進められていた設計や施工といった生産性の向上のみならず、管理や修繕を含むシステムを実現するため、BIM/CIM（Building/ Construction Information Modeling, Management）で表現されるように、マネジメントという概念に置き換わった。国土交通省によるとBIM/CIMの導入の目的は、①情報の有効活用、②設計の最適化、③施工の効率化・高度化、④維持管理の効率化・高度化となっており、④が含まれていることが注目すべき点である。

こうして紙の図面からデータを共有する仕組みへと置き換わってきているが、2011年にイギリスでは、データ共有のレベル分けを行っている。レベル0が紙または電子ペーパーによる2次元図面の共有、レベル1が標準化されたデータ構造を有すファイルと非統合型の財務やコスト管理のパッケージが扱える状態としている。レベル2になると、レベル1の標準化されたファイルに加えローカルデータベースによる統合が行える状態である。レベル3については、webベースの完全にオープンなデータとプロセスの統合とされている。

こうしてみると、オープンデータの目標であるウェブ上の多様な情報と紐づいた状態のデータ形式であるLOD（Linked Open Data）とBIM/CIMによる情報共有の目標はおおよそ、同じ着地点を目指しているようである。BIM/CIMによる生産性の向上、及び維持管理の効率化・高度化の推進には、共有する様々な主体が共通の環境で共通のデータを認識し、さらには加工、管理する必要がある。現在では、BIM/CIMに用いる様々なソフトウェアが登場しているが、ソフトウェアによって異なった特徴を有している。これらのデータをストレスなく統合する環境ができて、ようやくレベル2を達成できる。レベル3に到達するには、建築や建設の生産、管理に関わる多くの主体との連携、さらには国を跨いだデータの定義やシステムの統合が必要となる。そうしたとき、建築・建設の生産管理はどのように変わっているのだろうか。

人流データ

人流データとは、国土交通省によると「人がいつどこに何人いるのか把握できるデータ」*とされており、建築や都市に関する研究に人流データという言葉が使われたのは2010年ごろのようである。人の分布は国勢調査をはじめとした居住地ベースのものが主流であるが、これは夜間人口と呼ばれ、昼間活動している時間帯の人口分布と異なることは容易に想像できよう。計画者の立場からは、人の時間帯ごとの分布を知りたいという欲求は当然あり、商店街や駅前の歩行者量調査などが各自治体や商店会などで行われてきたが、パーソントリップ調査を除くと大規模に人の流れを把握する方法は限られていた。近年、こうした人流データは、通信キャリアの基地局データやスマートフォンのGPS情報から、詳細かつ大規模に把握できるようになった。当然、限られたサンプルによる推計が介在しているものの、人の量という都市や地域を分析するうえで最も重要なデータの充実が進んだといえる。

人口分布を基にした都市や地域の計画は、人流データ、言い換えると人口時空間分布を用いた、より詳細なものへと発展していくと考えられる。

* 国土交通省「人流データの流通環境整備・利活用拡大支援事業」https://www.mlit.go.jp/tochi_fudousan_kensetsugyo/tochi_fudousan_kensetsugyo_tk17_000001_00003.html（最終閲覧日：2022年5月4日）

マイクロジオデータ（MGD）

マイクロジオデータ研究会[*1]によると、「MGD とは近年利用可能になりつつある空間的、あるいは時間的な分解能が、従来広く利用されてきた各種統計や空間データよりも細かい新しいデータの事を言う。」[*2]とされている。近年、活用が進んでいるスマートフォンなどのGPSログや基地局データによる人流データなどがこれにあたる。こうしたデータは国勢調査などの公的統計データに比べて空間的、時間的な分解能が高いといった特徴があり、既存のデータとの組み合わせなどによる新たなデータ開発も進んでいる。また、公的統計データに関しても、非集計データの公開が進んでおり、情報セキュリティが確保された施設において、独自に集計や分析が行えるオンサイト利用が進んでいる。

一方で、製品化されているMGDは高額であることや、オンサイト利用では事前に利用したい統計データを申請する必要があることから、データを確認しながら活用方法を考える、などといった試行錯誤が行われにくい環境にある。今後、データの活用事例やデータ開発が蓄積していくことで、より詳細な時空間分解能を持ったMGDの活用が進んでいくと考えられる。

＊1 マイクロジオデータ研究会 http://microgeodata.jp/（最終閲覧日：2022年5月4日）

＊2 秋山祐樹（2012）「マイクロジオデータの登場とマイクロジオデータ研究の最前線」『日本地理学会発表要旨集2012』100063-

香川県における人流データを用いた昼夜間人口比率 ー1kmメッシュ集計によるー

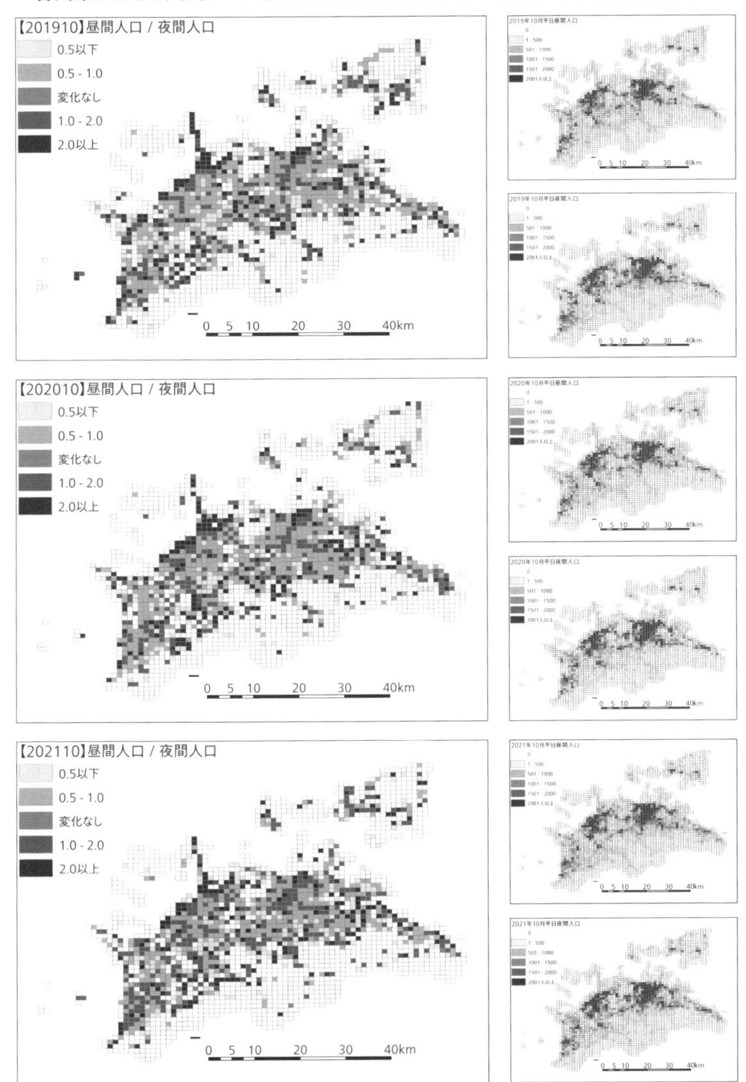

「全国の人流オープンデータ」（国土交通省）（https://www.geospatial.jp/ckan/dataset/mlit-1km-fromto）を加工して作成

ワーク
ショップ

都市の課題解決を考える時に、多くの人とコミュニケーションをしながら、アイデアを集め、計画をつくり、合意を形成する方法がワークショップである。都市化が進むと人々のつながり方が多元化し、特定の人や社会組織とコミュニケーションをしているだけでは、十分なアイデアや合意を調達することができない。ワークショップはそういった人々の関係を機能的に編成する方法でもある。ここでは9つの具体的なキーワードをまとめた。
ワークショップは様々な都市の課題解決に役立てることができるが、それが単発的、イベント的になってしまうと、成果が活かされない悪循環に陥ってしまう。**ガバナンス**の仕組みの中に位置付けることが重要である。あわせてお読みいただきたい。

Keyword

- □ ワークショップ
- □ シリアスゲーム
- □ 予算編成ゲーム
- □ まちあるき
- □ 仮想空間シミュレーション
- □ ワールドカフェ
- □ アイスブレイク
- □ DIYワークショップ
- □ グラフィックレコーディング

ワークショップ

ワークショップとは

ワークショップ(以下、「WS」と表記)とは、辞書では「仕事場、工場、研修会」の意味だが、まちづくりの場合には参加者が共に協議し、あるいは現実を見、協同でまちづくりの提案をまとめるなどの作業をする集まりを指す[*1]。WSがまちづくり分野で活用されるようになったのは1970年代と言われる[*2]。当時はまちづくりに市民が関わるようになった草創期だったが、市民参加の現場では多様な価値観が集積し、まちの共有イメージを構築することができず難航することも多かった。そこで楽しい雰囲気で創造的なプロセスを進め、新しいものを生み出すべく、WSが取り入れられた[*3]。WSはまちづくりに限らず、アートや福祉等、様々な現場で実施されており、その手法は多岐にわたる[*4]。

一般的な手法例

まちづくりの現場における一般的なWSの手法を改めて確認したい。参加者は受付に案内され、5〜6名程度に分かれテーブルを囲んで座る。あらかじめ名札を付けておくケースも多い。テーブルには、模造紙、マーカー、付箋等が用意されている。定時になると全体進行役の挨拶で開会し、冒頭で会の目的を共有後、後半で議論するために必要な話題提供を行う。この目的の共有と話題提供をしっかりと行うことにより、参加者はWSにおける自分の役割が具体的にイメージできる。漠然とした不満を話す不毛な話し合いを避けるためにも非常に重要である。

準備が整うと話し合いが始まる。各テーブルにはファシリテーターと呼ばれる進行役が付くケースが多く、ファシリテーターの進行に従って話し合いを進めていくことになる。ただし、ファシリテーターはサポート役であってリーダーではない点に注意したい。あくまでも主役は参加者であり、参加者が思い切り話をできるよう進行を補助するのが役割である。付箋については、各自で書く形式と、書記が代表して書く形式がある。ファシリテーターが模造紙に貼られた付箋を見ながら似た意見をグルーピングし、それぞれのグループの関連性を書き込むと話し合いの経過が理解しやすくなる。

定刻になったら話し合いは終了し、会場全体で話し合いの成果を共有する時間となる。それぞれのテーブルで話し合った内容は参加者から口頭で発表してもらう。ここでファシリテーターが発表させられるようでは、参加者が自分事として話をできていない可能性がある。なお、終了後は付箋が落下しないようメンディングテープ等で留めておくと便利である。もしくは撮影しておくのも良い。

以上が一般的なWSの流れである。細かな違いはあるかもしれないが、おおむね共通するのは、①学校のような教室型配置で座らない、②参加者同士が話し合い、③それを模造紙等に記録していく、④最後に全体で共有するという流れである。全体を通して、話しやすい雰囲気づくりができていること、話し合いの目的と今後のビジョンが共有できていることの2点がしっかりできていればWSの成功率はぐっと高まるだろう。

さらに良いWSを目指すための工夫を

紹介したい。雰囲気を柔らかくするために、会場に音楽をかけることを勧めたい。沈黙した瞬間も重苦しくなくなり、じっくりと考えながら発言することができるようになる。他にも、飲み物やお菓子等を会場の隅に用意しておき、参加者が自分で取りに行くことができるようにしたり、話し合いのグランドルールとして「お互いの発言を否定しない」等のルールを設定したりするのも良いだろう。

オンラインWS

オンラインWSは、インターネットを活用したWSの形式である。新型コロナウイルス感染症の拡大で対面型のWS開催が難しくなると、オンラインでのWSが試行されるようになった。例えば、オンラインホワイトボードmiroではウェブ上で、全員が同時に付箋を書き、好きな場所に貼る機能がある。またオンライン会議ツールZoomでは、ホスト側が参加者をグループに分割し、制限時間を設けて離散させる機能がある。最後に全体で集合し、各グループの成果をシェアする点は対面型のWSと同一じである。

オンラインWSのメリットは参加者の移動負担の軽減や、広域的な集客が挙げられる。一方、デジタル媒体が苦手な人を置き去りにしてしまったり、対面ならではの温度感を共有できなかったり、オンラインで得られる情報が限定的になったりすること等がデメリットとして挙げられる。対面と比較したメリット・デメリットを考慮し、テーマやメンバーに応じて選択することが望ましい。

ワークショップを成功させる原則と本来の目的

WSを成功させるための4つの原則があると言われている。①WSの目的を明確にする、②くつろいだ雰囲気をつくる、③質が高く、分かりやすい情報を提供する、④自由な発想や創造性を発揮しやすくする、の4つである。以上を踏まえていれば一定の成功は得られるだろう。

ここでWSそのものの目的は本来、合意形成ではない点を指摘しておきたい。WSを合意形成の手段とすることは構わないが、WSはあくまでも参加者の主体性を創造的に育むものである。WSはかなり一般化し、大半の参加者が経験済みであることも多い。WSの草創期であれば、行政と同じテーブルで意見を言えることへの期待もあったかもしれないが、現代ではWSに慣れている人も多い。参加者の中には、過去に意見だけ聴かれ、しっかりとしたフィードバックもないまま計画を決められてしまった経験から「どうせ意見を言うだけでしょ」と懐疑的な人がいる可能性もある。いずれにせよ、集めた意見をどう受け止めるかが求められる時代となっており、くれぐれもアリバイづくりにならないよう注意が必要である。WS単体ではなく、プロジェクト全体についての丁寧なデザインが求められるだろう。なお、複数回開催するような連続WSにおいては、各回の目標が「発散」と「収束」のどちらのフェーズなのかを意識すると良いだろう。

＊1　ヘンリー・サノフ著、小野啓子・林泰義訳（1993）『まちづくりゲーム　環境デザイン・ワークショップ』晶文社
＊2　木下勇（2007）『ワークショップ　住民主体のまちづくりへの方法論』学芸出版社
＊3　佐藤滋（2005）『まちづくりデザインゲーム』学芸出版社
＊4　饗庭伸ほか（2019）『素が出るワークショップ　人とまちへの視点を変える22のメソッド』学芸出版社

シリアスゲーム

シリアスゲームとは娯楽だけを目的とせず、まちづくり・教育・医療などの社会課題の解決をテーマとしてつくられているゲームを指す。WSは前述の通り、参加者の主体性を創造的に育むことを目的とするが、シリアスゲームは仮想世界をシミュレーションすることにより、取組を進める上で向き合うべき多種多様な課題への理解を促進することを目指している。例えば、限られた予算で実施すべき施策、開発・保全すべきエリアの選定、組むべきステークホルダー等に対する自分の選択肢によってまちが変化する様を、ゲームを通してリアルに体感することができる。また、ゲームという楽しさを加味することにより、まちづくり等への参加者の裾野を広げることも重要な目的である。

WSと「ゲーム」の相違点は大きく2つある。①メカニズムの有無、②ファシリテーターの有無、である。①について、WSには基本的に勝ちや負けは存在しないが、ゲームには勝敗があり、他のプレイヤーやテーブルへの競争意識が働くことで面白みや真剣さが増す。現実のまちづくりに勝敗があるのかは別として、ゲームであれば人口や財政状況等の評価指標を用いた勝敗の設定が可能である。②について、シリアスゲームとしても2つの流れがある。ファシリテーターありの場合は、しっかりと趣旨を伝え、ゲーム体験後のリフレクションによって、参加者に深い学びを与えることが可能となるが、ファシリテーターを必要とする分、実施の機会が限定され拡散力が弱まる可能性がある。一方でファシリテーターなしの場合は、一般流通するようなゲームのテーマをソーシャルの視点（社会性のあるもの）にする場合であり、拡散力は優れるが、伝えたいテーマへの理解が弱まる可能性がある。

近年の事例を紹介したい。「SDGs de 地方創生」はSDGsの観点も加えて自分たちのまちづくりを検討する内容で、実際の地域課題を解決する方策を検討する際に活用できる*1。「川崎景観ボードゲーム」は、一般市民に分かりにくい景観というテーマを親しみやすくしようと川崎市が主導し市民WSを重ねて制作したものだ[図1]。「コミュニティコーピング」は人と地域資源をつなげることで超高齢社会における社会的孤立の解消を体験するゲームである[図2]。いずれもプレイヤーが仮想世界を体験することにより、新たな気づきを得られる仕組みになっている。

シリアスゲームは今後も増える可能性があるが、現実のまちづくりはゲームと異なりエンドレスな取組である点

[図1] 川崎景観ゲームの全景

や、地域性こそが重要になるまちづくりを本当の意味で体験できるほどローカライズが可能かという点は課題である*2。

[図2] コミュニティコーピングの全景

＊1　高木超（2020）『SDGs×自治体 実践ガイドブック　現場で活かせる知識と手法』学芸出版社
＊2　八甫谷邦明編（2020）『造景2020』建築資料研究社

予算編成ゲーム

予算編成ゲームは、庁舎の建替えや公園の整備など予算が限られたテーマについて、実際に予算を組みながら内容を検討する手法である。

例えば、全体予算が1億円の公園整備について話し合うとする。冒頭でおもちゃの紙幣で1億円（1千万円札を10枚など）を配布し、各人1億円の予算内で理想の公園を考える。トイレ整備に1千万円、子どもの遊具Aに1千万円、健康遊具Bに500万円、ベンチに500万円といった具合だ。これらの金額は主催側で事前に設定し、メニュー表をつくっておくとよい。予算を編成することにより、参加者側も必要性を説いて要求するだけではなく、引き算も意識した議論ができる。おもちゃの紙幣を使うことにより、WSの雰囲気が全体的に楽しくなることも重要だ。

予算編成ゲームの様子

まちあるき

まちあるきは、地域への魅力や課題を発見・再認識することを目的とし、WS参加者がグループに分かれて実際に対象エリアを歩く手法である。参加者はまちの思いを語りながら改めてまちを観察することで、日常で気付かない魅力や課題を発見できる。1つのグループは7〜8人程度とし、事務局もサポートとして一緒に加わるとよい。ペンと地図、クリップボードを配布し、書記係はメンバーの発言した意見を地図上に書き込んでおく。まちあるきが終わったら、グループごとに成果をまとめる。後述の写真などを切り貼りすることで魅力的な地図が完成するだろう。なお、グループごとに違うルートを歩き、全体で気付きを共有することでまち全体の魅力や課題が見えてくる。

記録のつくり方としては、従来は参加者に配布したポラロイドカメラで撮影された写真を地図に貼り付ける手法が多かったが、現在はスマートフォンで撮影し事務局に送付する手法が主流だ。コストがかからず、写真データも蓄積できる点が優れている。送られた写真データを事務局がプリントアウトしておけば、後半の記録づくりの際に参加者に使用してもらったり、他にも全体の発表時間にスライドショーで振り返ったりすることが可能である。またSNSを活用すれば、共通のハッシュタグを決めて投稿することにより、自分たちの記録だけではなく対外的にリアルタイムな発信も兼ねることができる。

テーマを具体的にすることでまちあるきの手法も変化する。例えば子どもの通学路環境を確認する場合、「子どもの目線ガイド棒」（新聞紙の長辺を筒状に丸めた棒。片端にダンボール片を固定すれば高さ84センチ程度の棒になる）を用意すれば、4〜5歳児の目線の高さを再現できるカメラ台になる*。バリアフリーがテーマであれば、車椅子に実際に乗ってまちを移動することが気づきを得る上で最も効果的だろう。

まちづくりのWSである以上、対象のエリアを歩くことは基本であるが、近ごろは"バーチャルまちあるき"も散見される。例えば、Googleストリートビュー等をプロジェクターで映写したり、事前に事務局が歩いて撮影した写真をスライドショーで使用したりするものだ。猛暑の夏場に行うまちあるきの代替手法としては一定程度有効だが、細かい発見を参加者同士が現場で共有する感覚が失われたり、対象エリアを知らない人には明らかに不十分なインプットになったりするため、"リアルまちあるき"の重要性は揺らがないだろう。

＊　三輪律江ほか（2017）『まち保育のススメ　おさんぽ・多世代交流・地域交流・防災・まちづくり』萌文社

仮想空間シミュレーション

仮想空間シミュレーションは、日常とは異なる仮想空間の中で空間について意識することにより、現実に戻った際にWSで形成された意識が現実の意識に投影され、空間意識がバージョンアップされることを促す手法である。

例えば、模型の中にCCDカメラを入れて動かし、実際の歩行者の目線で街並みを確認しながら、道路整備における幅員変化のシミュレーションや、景観コントロールの効果検証をすることができる。また、住宅地図や航空写真を拡大印刷し、参加者がその上を歩き回りながら、まちの魅力や課題を書き込むガリバーマップと呼ばれる方法もある。

しかしながら、昨今はデジタル機能の発達に伴い、これらの手法は減少しているように感じる。模型やガリバーマップの実施に資金と労力をかけることが難しくなり、無償で利用できる3Dモデリングや3D画面の中を歩くウォークスルー機能等に代替されているのではないだろうか。いずれにせよ、仮想空間でのシミュレーションは手軽である一方で、視覚に頼ったものである。現実のまちは複雑な構成要素で成り立っており、嗅覚や聴覚、触覚等での体験も重要であることは忘れてはならない。

ワールドカフェ

ワールドカフェは、参加者が何度も席を移動する形式を取り入れることで、より多くの気付きの誘発をねらうＷＳの手法である。まずは通常のWSと同様にテーブルに分かれて参加者が話し合う。そして一定時間が経過したら移動を行うが、1名だけはテーブルから移動せず、残りのメンバーが各々異なるテーブルに移動し、次のラウンドを開始する。その際に、テーブルに残った1名は、移動してきた新たなメンバーに、先のラウンドの内容を共有する役割を担う。そしてまた一定時間後に同様の移動を繰り返す。これを複数回実施する。時間に余裕があれば、最後に冒頭のテーブルに戻り、振り返りを行うこともある。

この手法のメリットは、

①多くの人の考えに触れられ、会場全体に話し合いの成果が広がっていくこと
②話し合いが硬直した際も短時間で別のテーブルに移動できること
③移動自体が楽しいこと

の3点である。デメリットとしては、各ラウンドが短時間であるため、先のラウンドの内容を理解するだけで終わってしまったり、話し合いが深まりにくかったりする点が挙げられる。ＷＳには視野を拡げる「拡散」のフェーズと意見をまとめていく「収束」のフェーズがあるが、本手法は前者に適している。

アイスブレイク

アイスブレイクは、WS等を始める前に場の緊張を解きほぐすために実施する手法である。自己紹介につながるケースと、のちのメインのWSにつながるケースの2通りに大別される。

前者の例としては、「今日の朝食」を自己紹介に加えたり、紙に書いた自分の関心事を示して発表したりするものがある。

後者については、筆者が過去に実施した「まちのイメージクイズ」を紹介したい。「まちのイメージ」について話し合うことが主題の日の冒頭に実施したものである。様々な駅前風景を撮影した写真を配布し、それがどの駅であるかをグループ内で話し合い、最後に答え合わせをするというものだ。メインのWSにて「まちのイメージ」を考えるに当たり、駅前の風景がいかに大切かを遊びながら気付いてもらうことができた。

注意点としては、参加者同士が最初から顔見知りの場合と、初対面の場合で、アイスブレイクのハードルが異なる点である。筆者が過去に参加したWSでは、参加者全員が初対面にもかかわらず、アイスブレイクのお題が「ちょっと恥ずかしい失敗談を話しましょう」であったために、場の緊張感がかえって高まってしまったことがある。

なお、良いアイスブレイクには、
①固定概念を揺さぶる
②集団の関係性を揺さぶる
③警戒と緊張をほぐす
④テーマと接続させる
の4つのポイントがあるとされる*。

＊ 安斎勇樹ほか（2020）『問いのデザイン　創造的対話のファシリテーション』学芸出版社

DIYワークショップ

市民が参加しながらファニチャーや空間をDIYでつくる形式のWSである。公共空間に設置するイスやベンチの他、より大きな什器をつくる事例もあるが、参加者にどこまでを体験してもらいたいのか、事務局側で綿密な準備が必要である。工具等を使用することも多いので、取り扱いを指導する立場の人間や、イベント保険への加入も大切である。

2019年に柏アーバンデザインセンター（UDC2）が主催した「みんなのひろばづくりWS」では、前段で親子を対象にして「ひろばのデザイン検討WS」を実施した上で、「どのようなひろばが欲しいか」を模型でつくってもらい、そのエッセンスを基にして建築家と空間のデザインを行った。木材は市内のNPOと協働して間伐材を調達し、最終的に市民と行政職員が協働して自分達の手で広場をつくりあげた。その後、WS参加者が中心となって、KIDIYS PARKと命名された広場の管理運営団体も立ち上がっている。

ネット社会である一方で、アナログに価値が見出される時代である。「意見を聴く」という形式から「参加する」という形式の大切さが認識されているように感じる。「釘1本打てば、愛着が生まれる」というのがコミュニティビルドの考え方であり、体験活動と並行してSNSを活用したファンづくりを継続すれば、コミュニティの育成・シビックプライドの醸成へとつながるだろう。

グラフィックレコーディング

グラフィックレコーディング（グラレコ）は、専門的な記録係が描画や文字を用いてリアルタイムでＷＳの内容を記録し全体の内容を整理する、WSの記録の手法の1つである。グラフィックを活かして議論の内容をリアルタイムに見える化することで、場の活性化、議論の深化、共感や相互理解の促進を図ることができる*。

従来のＷＳでは終了時、模造紙にグルーピングされた付箋の貼られた成果物が完成することが一般的だった。付箋は各々の参加者が書く場合と、グループ内の書記係が書く場合があるが、基本的には文字で意見を表現するという形式が多かった。

グラレコを用いると、参加者は付箋を書く作業が不要になり、話すことに集中できるため、効率的な議論が可能となる。成果物も文字だけで構成された模造紙とは異なり、読みたくなる形に仕上がる点も優れている。課題は、一定の専門的なスキルが必要なため、誰にでもすぐに実践できる手法とは言えない点である。

＊　山田夏子（2021）『対話とアイデアを生む　グラフィックファシリテーションの教科書』かんき出版

ガバナンス

民主主義の社会では、普通の人々が直接的あるいは間接的に、課題解決のための仕組みを制御できることが重要であり、その仕組みや行為がガバナンスである。ガバナンスは時に硬直化してしまったり、機能不全に陥ってしまったりするので、PCのOSの更新のように、新しい方法を既存のガバナンスに組み合わせ、更新し続けないといけない。ここではガバナンスをよりよいものへと更新する10のキーワードをまとめた。
ガバナンスに科学的な **データとシミュレーション** を組み込んでいくことは大きな潮流の1つであるし、一方で普通の人々とのコミュニケーション技術である **ワークショップ** を組み込んでいくことも潮流の1つである。あわせてお読みいただきたい。

Keyword

- □ 自助｜共助｜公助
- □ 社会関係資本
- □ 自分ごと化
- □ 無作為抽出型市民会議
- □ 参加型予算
- □ 熟議
- □ インフォグラフィック
- □ 実装科学
- □ 暗黙知
- □ Boost（ブースト）

自助｜共助｜公助

行政のみによる公共的な課題解決の限界

近年、気候変動対策やSDGsの達成、新型コロナウイルス感染予防など、社会課題が複雑化する中で、行政のみで課題解決を担うことに限界が生じ、個人の協力が求められることが増えてきた。広義の地方自治とは、住民自らが地域における公共的な課題解決に自主的に取り組むことであるが、近代国家の形成に伴って構築された行政主導型の地方自治の仕組みに限界が生じている。身近な課題については個人や家族が、コミュニティの課題については地域組織が、地域全体に共通する課題については行政が担うという自助・共助・公助の「三助の思想」について、地域の特性に配慮しながら見直すことが求められている。ここでは、地方自治の歴史を振り返りながら、これからの時代の「三助の思想」の考え方について整理する。

地方分権と市民活動の進展

わが国では、1947年の地方自治法制定後、1949年のシャウプ勧告と地方行政調査委員会勧告で「市町村最優先の原則」が明示され、地方自治制度が強化された。これは、国の行政機関の関与を排除し、地方公共団体が地方的行政事務を住民の意思に基づき自主的に処理することを意味する。主権者としての市民には、行政の主人としてそれらをコントロールする責任がある。しかし、講和条約締結後、国と地方の高度な協力体制を確保するという名目で、再び中央集権化が推進されることとなった。1952年の特別区の区長公選制廃止や自治体警察の廃止、教育委員会の公選制廃止が例として挙げられる。1960 年には、国民所得倍増計画によって、個人の経済的利益の獲得が推奨され、公共空間の整備と管理はすべて行政の業務とされた。

しかし、地域の環境が急激に変化する中で、住民から行政に対する批判の声が上がるようになり、これを原動力として1960年代に全国的に多くの革新自治体が生まれた。各自治体において、横出し条例や上乗せ条例を市民参加の下に制定し、地域に合った制度構築を行うようになってきた。ただ、これらの実現に関して、中央集権体制の下では財源や権限の面で限界があった。このため、1990年代の連立政権下で「地方分権」構想が政治課題として取り挙げられるようになった。1995年の地方分権推進法の成立、1996年から1997年にかけた地方分権推進委員会の勧告提出を経て、1999年に「地方分権の推進を図るための関係法律の調整等に関する法律」(通称：地方分権一括法)が制定され、これにより、機関委任事務が廃止されるなど、地方分権が制度的に保障されることとなった。

一方、1995年の阪神・淡路大震災を受けて、市民活動の萌芽がみられるようになってきた。それまでボランティアとは無縁だった市民が災害ボランティアとして活動したことから、1995年は「ボランティア元年」と呼ばれる。

この動きを受けて、1998年には「特定非営利活動促進法」(NPO法) が制定され、市民団体が法人格を得られるようになった。現在では5万を超えるNPO法人が地域で多様な活動を展開している法人格を取得していない市民団体も増加傾向にあり*、自助、共助による地域の課題解決の担い手として期待されている。

このような地方分権の推進と市民団体の活動の活発化という流れにおいて、行政と市民団体による協働が重視されるようになってきた。総務省は、2005年3月に「地方公共団体における行政改革の推進のための新たな指針」を策定し、「地域協働の推進」の必要性を提示した。これにより、自治基本条例や協働推進条例等を制定する自治体が増え、行政の政策形成への市民参加だけでなく、市民や市民団体が取り組むことのできる地域課題については、自助、共助によって解決が図られることが求められるようになってきた。これに伴い、協働に至るまでのプロセスで役割分担を再考することの重要性が指摘されるようになってきた。

求められる役割分担の再考と対等な関係構築

行政と市民の対等な関係構築を目指す取組として、岐阜県多治見市の事例が挙げられる。後述する無作為抽出型市民会議の1つ、ドイツの「Plannungszelle, 計画細胞」を参考にわが国で開発された「市民討議会」で、無作為に選ばれた市民が地域の課題について1～2日間で話し合い、行政に提言する手法である。

2009年に一般社団法人多治見青年会議所の運営で始まり、翌年からは、市民討議会に参加した市民自らが運営チームとして関わるようになった。コロナ禍を除いて毎年継続して開催されており、市民討議会の参加者が翌年の運営にボランティアとして携わる好循環が生まれている。多治見市では、行政ではなくボランティアによる運営組織が、地域課題の解決について検討する市民討議会という場の運営を担うことで、協働のまちづくりが図られている。自助・共助・公助は、行政と市民の役割分担を再考することであり、こうした行政と市民双方による試行錯誤を蓄積することでつくられていくものであると考えられる。

＊　2022年度末のNPO法人の認証数は、50,360団体となっている。

社会関係資本

社会関係資本とは、「社会的なつながりとそこから生まれる規範・信頼であり、効果的に協調行動へと導く社会組織の特徴」と定義される。抽象的な概念であるため、定量的な測定が難しいという指摘もあるが、「信頼」「規範」「ネットワーク」という機能的な側面に着目して、健康、教育、経済など、さまざまな領域において実証的な研究成果が蓄積されている。例えば健康分野では、個人の持つ社会的な関わりが健康行動に影響している可能性があるという成果が出ている。

社会関係資本が蓄積される場としては、家族、学校、地域コミュニティ、企業、市民社会が挙げられるが、ソーシャルネットワークの普及により、個人的な趣味による地域を超えたコミュニティが形成されることも増えてきた。一方で、人間的な付き合い抜きに電子ネットワーク上だけでは社会関係資本を築けないという指摘もあり、社会関係資本を重視する場合、人間関係を新たに構築する場が求められる。

アミタ株式会社は、社会関係資本を構築することを目的の1つとした「MEGURU STATION®」の社会実証を行なっており、日常のごみ出し（ごみを分別して資源として出す）を通じて、一般ごみの資源化とコミュニティの活性化を通じて、地域課題の統合的解決を目指すことである。これまでに宮城県南三陸町、奈良県生駒市、兵庫県神戸市、福岡県大刀洗町で社会実証が行われた（神戸市、大刀洗町では社会実証継続中）。「MEGURU STATION®」は、地域住民が持ってきた資源の分別ボックス、生ごみを液体肥料とバイオガスに変換する装置、地域住民の団欒の場で構成されており、人口減少社会においても対応できるように、また地域住民がコミュニティとして認識できる範囲ごとに分散設置できるように小規模に設計されている。ごみ出しという日常の生活行為を習慣にすることで、家庭ごみの資源化という共通善を介したコミュニティ形成が実現し、自立した地域住民の互助・共助を基盤とした地域課題の統合的解決システムの構築を目指している。このように、地域課題の解決をきっかけとして、改めて社会関係資本を構築する場づくりが行われ始めている。

このような取組は、「均質化された個人を前提として行動変容を促す政策的介入とは異なって、個人や地域社会を取り巻く重層的な環境を考慮した新しい公共政策」として注目に値すると考えられる。詳細な事例研究が求められるが、信頼関係の構築には時間がかかることから、長期的に地域に関わりながら行う参与観察型の研究が求められる。

MEGURU STATION®

自分ごと化

近年、様々な場面で用いられる「自分ごと化」は、まちづくりの分野において、地域課題の解決に携わる当事者としての市民を増やすという文脈で用いられることが多い。環境心理学分野の研究では自分ごと化のメカニズムを「環境行動」という概念を用いて次のように整理している。すなわち環境行動は、知識・関心・動機・行動意図・行動の5段階を経て起こり、このうち知識・関心・動機には危機感・責任感・有効感が、行動意図や行動には実行可能性評価や便益費用評価がそれぞれ関わるとの整理である。

一般的には子育てや介護などのライフイベントがきっかけで「知識」「関心」が生まれることがあるが、そこから「動機」や「行動意図」が形成され、当事者として「行動」することはほとんど限られている。こうした市民の行動変容を促す上で注目したい取組の1つに、無作為に選定された市民が主催者の定めたテーマについて話し合って提言を作成する「住民協議会」*がある。基本的に半年間で4回程度の会議を開催し、扱うテーマは防災・健康・公園・廃棄物・エネルギー問題などの個別施策から総合計画や基本計画などの策定まで様々である。

実際の会議では、コーディネーターが全体の話し合いを支援し、ナビゲーターが関連する情報を提供する。情報提供を受けた参加者は、他の参加者との話し合いを経て課題と改善案を「改善提案シート」に記載する。ここで「個人でできること」「地域でできること」を棲み分けた上で「行政の取り組み」について改善案を考える点が特徴であり、自助・共助・公助の枠組みが基本にある。各回の間に身近な人と当該テーマについて話すことが推奨されており、自分の考えを整理したり、自主的な学びの時間をとったりすることも可能になっている。いくつかの実施地域では、住民協議会後にOB・OG会が設立されたり、個人として地域課題の解決に携わったりすることにつながった例もある。

住民協議会への参加は、テーマに関する「知識」を増やし、他の参加者との議論を通じて「関心」を育み、さらに自分でできることを考え始めることで「動機」や「行動意図」を形成するきっかけが得られるものになっていると考えられる。その先で実際の「行動」に結びつくメカニズムについては今後の研究が必要だが、まちづくりの新たな担い手を増やすきっかけづくりとして有効な取組だと考えられる。

＊　実施している一般社団法人構想日本は、「住民協議会」と「事業仕分け」を併せて「自分ごと化会議」と総称している。

無作為抽出型市民会議

政策形成への市民参加として、これまでは市民アンケートや公募市民による市民会議の手法が採られてきたが、人々の考えや関心の多様化、複雑化により、従来型の代表制民主主義の機能不全を補完する新たな市民参加の手法が求められている。この1つの手法が無作為抽出型市民会議である。無作為に選ばれた市民が、決められたテーマについて情報提供を受けた後、熟議の結果を取りまとめて提言していくプロセスである。無作為に選ばれた市民を、地域の年齢や地域分布に従って2段階で抽出し社会の縮図を形成する場合、ミニ・パブリックスと呼ばれる。

OECDが2020年に取りまとめたレポートによれば、このような無作為抽出型市民会議のモデルは以下の4つに分けられる。

①政策課題に対する十分な情報に基づく市民の提言形成
②政策課題に対する市民の意見の把握
③住民投票にかけられる法案の評価
④常設の抽選代表による熟議機関

①と②は、前者が十分な時間をかけるのに対し、後者が短い時間で行う点で異なる。

わが国の取組は、政治学者の篠原一が『市民の政治学』*でドイツの「Plannungszelle, 計画細胞」を紹介したことから始まった。これは、分類①に該当し、無作為に選ばれた参加者が、小グループで入れ替わりながら討議する手法である。東京青年会議所の有志が、計画細胞の創始者であるピーター・C.・ディーネル氏の教えを受けた篠藤明徳氏と共に日本型計画細胞を開発した。開催期間の短縮やKJ法を用いるなど、日本的な状況に配慮した。2006年の三鷹市での開催を皮切りに、全国の青年会議所を通じて広がり、これまでに400件以上開催されてきた。その他、米国の「討論型世論調査」や「市民陪審員」、デンマークの「コンセンサス会議」などが日本に紹介され、自治体や研究機関主催で実践的に取り組まれてきた。この中で、討論型世論調査は②、それ以外は①に該当する。最近では、気候変動政策を検討するため、欧州を中心に国・地方自治体レベルで気候市民会議が開催されており、日本では、北海道札幌市、神奈川県川崎市の他、多くの自治体で開催されている。これも①に該当する。また、「自分ごと化」の項目で紹介した「住民協議会」はOECDのレポートで取り上げられていないが、①に該当する。中でも福岡県大刀洗町では、住民協議会を毎年度開催することを規定しており、④に該当し得る事例である。制度化によって取組を継続することで、地域課題に目を向ける市民と市民の声に耳を傾ける行政を増やすことは、市民参加や協働につながると考えられる。

＊ 篠原一（2004）『市民の政治学　討議デモクラシーとは何か』岩波新書

参加型予算

公的予算は、議会の議決によって執行されるが、その編成プロセスに市民が参加することで、より効果的な執行が可能になると考えられる。ここではより広義に、市民参加による予算編成の総称として参加型予算を捉える。その上で、意思決定者と市民の関わり方についての整理の1つである、情報提供・意見聴取・形だけの応答・意味ある応答・協働という5段階[*1]に沿って具体的な取組を紹介する。

まず情報提供の例としては、1995年から毎年5月に「予算説明書」を住民に向けて発行している北海道ニセコ町の取組がある。予算説明書とは、全ての財政状況を公開し、総合計画の区分に従ってどのように予算が使われるかを示した書類である。予算編成過程への参加ではないが、継続的な情報提供により、自治体の予算に関心を持つ市民を増やす取組である。

1989年に始まったブラジルのポルト・アレグレ市による取組が先駆けとされる狭義の参加型予算は、形だけの応答や意味ある応答の段階に該当する[*2]。予算の仕組みについて情報提供を受けた住民が、求める公共事業について優先順位を検討し、議会への提言を作成する。貧困地域のインフラ改善につながったことから評価が高まり、世界各国で実施されるようになった。同様の取組として、一般社団法人構想日本が実施する「事業仕分け」がある。仕分け人と呼ばれる専門家が事業の必要性について第三者的に意見を述べるもので、無作為に選ばれた市民が判定を行う。一例として滋賀県高島市では、事業仕分けによって予算総額の1割弱に当たる約20億円の歳出削減につながった。参加型予算を実施した際に、行政から応答がなければ意見聴取に該当するが、通常は行政の説明責任が問われるため、意見聴取になることはほとんどない。

そして協働を模索するために参加型予算を用いた例に、千葉県市川市の「1%支援制度」がある。納税額の1%を市民活動の支援・促進に充てるもので、「市川市納税者が選択する市民活動団体への支援に関する条例」に基づき2005年から2015年まで実施された。多くの自治体で市民参加の取組を開始した時期に導入されたが、納税者の制度への参加率は2～5%に過ぎず、参加率の増加も見込まれなかったため、2015年に終了している。協働の取組にまで踏み込んだこの制度は公助の取組を自助、共助に振り替え直すきっかけをつくった点で評価できるが、持続的に運営していく上では地域における担い手を同時に増やしていくことも必要だったと思われる。

＊1　原科幸彦編著（2005）『市民参加と合意形成』では、市民と意思決定者の関わり方の段階が5段階に整理されている。

＊2　形だけの応答は文書ベースでのやりとりにとどまり、意味ある応答は協議の場において双方向のコミュニケーションが行われる段階である。

熟議

熟議とはコミュニケーションの一形態である。最近では従来型の民主主義の欠陥を補完する手法として、熟議民主主義への注目が高まっている。熟議民主主義とは、人々が対話や相互作用を通して見解、判断、選好を変化させていくことを重視する民主主義の考え方である。このため、「あらかじめ決定された意思を持つ個人」という想定が問い直され、熟議による選好の変容が重視される。

2012年に政府主催で行われた「エネルギー・環境の選択肢に関する討論型世論調査」では、無作為に選ばれた市民が、情報提供と熟議を通じて2030年の原子力発電の比率について意見を提出した。実施前後で原子力発電の比率をゼロにするという選択肢を選んだ市民の割合が増加し、原発0%シナリオを選択した参加者が46.7%と支持率の度合いが高まったことが注目された。一般社団法人環境政策対話研究所では、この取組を引き継ぎ「次世代エネルギーワークショップ」を、若手世代対象に実施している。ワークショップを通じて選考の変容はあるものの、熟議による変化ではなく情報資料集や専門家からの情報提供によるものが多く、時間をかけて熟議の文化を成熟させていくことが求められる。

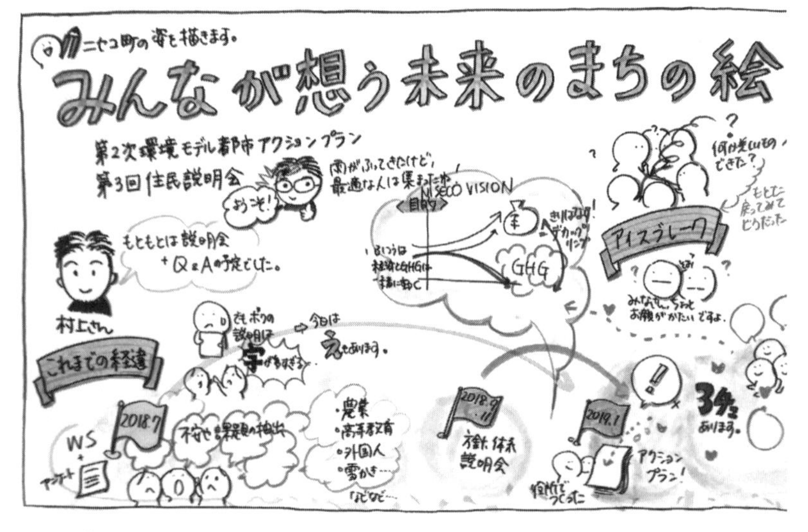

インフォグラフィックの一例であるグラフィックレコーディングの作成例（提供：田中信一郎）

インフォグラフィック

インフォグラフィックとは、情報(information)と絵(graphic)の造語で、視覚的に情報を伝える手法である。近年、自治体の市民会議やワークショップで活用が進められているグラフィックレコーディングもその1つである。

例えば、北海道ニセコ町では、住民がアクションプランを自分ごととして捉えられるようにすることを目的に、「ニセコ町環境モデル都市第二次アクションプラン」の策定過程でグラフィックレコーディングを活用した市民参加型のワークショップを行った。アクションプラン本体にも絵が採用されており、参加していない市民も、ワークショップで話し合われた内容を視覚的に理解できる。アクションプラン策定の受託者である一般社団法人クラブヴォーバンは、高性能住宅の設計や人材育成、都市計画の分野の専門家集団であるが、アクションプランの具現化のため、公民連携のまちづくり会社を設立したり、議論の過程を公開した未来研究会を開催するなど、新しい形のまちづくりを実践している。グラフィックレコーディングの効果については、今後の研究が待たれるが、共有されたイメージを具現化するためには仕組みや人材も併せて考慮する必要がある。

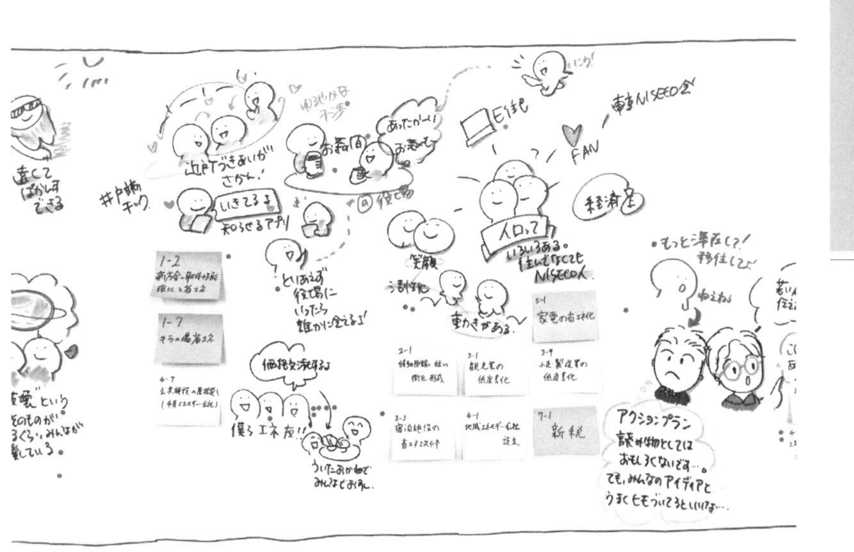

実装科学

実装というキーワードはわが国において科学技術分野において使われることが多く、社会実装とは、「科学的な発見や発明等による新たな知識をもとにした知的・文化的価値の創造と、それらの知識を発展させて経済的・社会的・公共的価値の創造に結びつける革新」と定義されている。これを実現する上では、導入する国や地域の特性をふまえるために、導入プロセスや実用段階における参加・協働が求められる。

近年、公衆衛生分野において「実装科学」という学問が発展してきている。個々の事例を科学的な視点で分析し、他地域に広げていくことを志向した学問である。構成概念は、介入の特性、外的セッティング、内的セッティング、個人特性、プロセスの5つに整理されており、参加・協働は実装風土が含まれる「内的セッティング」や参加者を巻き込む概念を含む「プロセス」に含まれる。事例研究において明らかになる背景因子の特定においては、研究者が地域に入り込み、土地の文化や状況を把握することも求められるため、定量的な研究だけでなく、定性的な視点からの分析を組み合わせた研究が求められており、このような研究は後述する暗黙知を体系化していく作業にもつながると考えられる。

暗黙知

地域の課題解決のためのまちづくりを推進する上で、地域において存在する「Knowledge＝知」を地域資源とみなし、参加・協働を通じて共有することが求められる。国土交通省が2019年に主催した「都市の多様性とイノベーションの創出に関する懇談会」で議論された「まちづくりに必要となる「10の構成要素」」において、「暗黙知」は対面により引き出されるコミュニケーションと同列に並べられ、新しいイノベーションを創出するために必要であるとされている。

暗黙知を共有する上では、人々がそれらを伝える場づくりが不可欠である。多様な人々が交流することができる環境整備はもちろんのこと、そこに関わるまちづくり専門家の役割も重要である。専門家に期待されるのは、伝統的な役割である知識伝達ではなく、土着の知と科学的な知を融合し知識を創造する役割や自らが知識創造の場の運営である。例えば、従来の大規模な発電所と異なり、地域分散型で設置される再生可能エネルギーを推進する上では、地域とのコミュニケーションが不可欠である。このため、海外の先進事例からは、再生可能エネルギーと地域との共生を模索する上では、「Knowledge Broker（知を繋ぎ合わせる人）」という第三者が重要な役割を果たすことが期待されている。

Boost（ブースト）

社会課題の解決に求められる個人の行動変容は、ともすれば利便性や様々な欲求と対立し、生活の質（Quality of life）の低下を引き起こす。これに対しては、個人の選択誘導により課題解決を目指す「Nudge（ナッジ）」が行動経済学の分野で開発されたものの、一時的な行動変容に留まるケースが多かった。

最近では、個人の主体的な選択能力の育成を目指す「Boost（ブースト）」に注目が集まっている。主体的な選択を促す上では、当人が実感を得られるまで行動を習慣化することが必要なため、ゲームの特性を非ゲーム環境に取り入れることで活動に対するモチベーションの向上を図る、ゲーミフィケーションの手法を導入する取組がみられる。教育や医療の分野で実践が進んでおり、例えば肥満の子どもを対象とした研究では、介入群に運動や学習しながらステージをクリアするゲームに参加してもらったところ、非介入群と比較して、食習慣や活動に対する管理能力が向上したことや、ポジティブな感情を好む傾向を示したことが報告されている。Boostは、課題解決に直接的かつ短期的につながらない場合もあるが、長期的な行動変容を促すことで、別の観点からの社会課題解決につながる可能性を秘めているのではないか。

来るべき都市

都市がこれからどのようになっていくのか、それはどのように未来の私たちを支えてくれるのか、本書の最後に来るべき都市についての８つのキーワードを展望しておこう。どの都市像が「当たる」のか、答えはもちろん分からないが、８つの都市像について議論し、その成果を明日からの都市計画やまちづくりの実践に少しだけ混ぜてみることに意味がある。
来るべき都市についての検討を少し正確にするために、**データとシミュレーション**でまとめた方法を使ってみてもよいだろうし、**ワークショップ**の方法を用いて、複数の人々で議論してもよいだろう。あわせてお読みいただきたい。

Keyword

- □ プラネタリー・アーバニゼーション
- □ サステイナブルシティ
- □ スマートシティ
- □ メタバース
- □ スペースコロニー
- □ 15分都市
- □ プロトタイプシティ
- □ シェアリングシティ

プラネタリー・アーバニゼーション

都市というシステムに絡め取られる地球

プラネタリー・アーバニゼーションとは、Urban Theory Labを主宰する都市理論家ニール・ブレナーによる21世紀の都市化を表現する用語である。2007年に都市人口は世界人口の半数を超え、2050年までにその比率は68%に達するとされる[*1]。21世紀が都市の時代と言われる所以である。ただし、この用語は、単にそうした都市の拡大や成長のみを意味していない。都市の拡大に伴って、田園地帯や砂漠、北極に至るまで、いわゆる非都市と見なされる地球上のあらゆる領域が、都市の活動に何らかの形で組み込まれていくことも意味している[*2]。つまり地球が丸ごと都市というシステムに絡め取られていく現象を、惑星レベルの都市化と表現しているのだ。

都市は都市だけでは生きられない

では、なぜプラネタリー・アーバニゼーションが生じるのか。それを理解するには都市の性質を理解しなければならない。

まず、そもそも都市と非都市は明確には分けられない。例えば、都市社会学者ルイス・ワースは、急速に成長する20世紀初頭のシカゴを前に、互いに異質な人々が、大規模かつ高密度に集積する場を都市と呼んだ[*3]。概ねこれが一般的な都市のイメージであろう。だが、密度一つとってみても、都市と非都市を分かつ閾値は設定が困難である。

その上で、あえて都市の性質をもう1つ挙げるなら、都市は都市だけでは生きられないということだ。例えば、人間の生存に不可欠な食料の生産を、都市は外部に依存している。だからこそ、第二次産業や第三次産業の集積が可能になる。高密度に人が集まる都市の景観は、資源の外部依存を前提に成り立っているのだ。したがって、都市というシステムを支えるには、田園地帯や未開発地など非都市的な領域が不可欠である。都市人口が増大すればするほど、非都市への依存は高まる。これこそが、プラネタリー・アーバニゼーションが発生する仕組みである。

産業革命から続く都市化の波

地球全体が都市に絡め取られていくプロセスは、長期的な視座に立てば、産業革命を端緒とする。産業革命以降、世界人口は急速な増加を始めたが、それはまず主要都市への人口集中をもたらした。最大都市の人口規模は、近代以前は多くても100万人を超える程度だったが[*4]、近代以降の大都市はそれをはるかに凌いだ。20世紀前半にニューヨークは人口1,000万を超え、メガシティが出現した。都市への人口流入により市街地は行政界を越えて拡大し、隣接する市街地とつながり都市圏を形成した。早くも1910年代には、複数都市の連結を意味するコナベーション(連担都市)がパトリック・ゲデスによって造語されている[*5]。

都市域拡大の傾向は第2次大戦後にさらに強まる。それまで大都市を指す用語はメトロポリスであったが、それに代わって、複数の都市圏が相互連結したメガロポリスという用語が出現する。この背景には高速交通インフラの発達があり、日本では東京－大阪間に東海道メガロポリスが形成された。

さらに1980年代頃から経済のグローバル化が進展し、国境を越えた都市のつながりが強まる。規制緩和と資本の力により、グローバル・サウスの資源に各国の民間企業が容易にアクセスできるようになった。人・物・資本の流動性が高まり、そのハブがグローバルシティと呼ばれた。都市の経済活動が地球上の隅々にまで侵食するプラネタリー・アーバニゼーションは、この時期に本格的に駆動し始めたといえる。

単一の都市計画から国際都市計画へ

グローバリゼーションとデジタル技術の発展によって都市間分業がますます進み、資源を外部に依存するだけではなく、いまや都市の経済活動そのものが地球全体を覆う広域のネットワークの中にある。したがって、プラネタリー・アーバニゼーションという現象は、巨大都市1つを取り上げたところで、都市の実体を捕捉したことにはならないことを示唆している。

都市が空間的に連担していたメガロポリス時代とは異なり、たとえ景観的には都市が連続的につながっているように見えても、実体は、遠く離れた無数の地域が連合しながら都市の活動を成立させているのが現在である。建築家の磯崎新は、都市は見えなくなるとかつて予見し、そうした銀河のような集合体としての都市を「超都市(ハイパービレッジ)」と表現したが[*6]、裏を返せば、見えているものすべてが都市というべき状況に私たちは立たされている。

都市政策や都市計画は、理想的には、都市単体を対象としたものから、プラネタリー・アーバニゼーション全体をマネジメントするものへと移行する必要があるだろう。しかし、それは都市を跨ぎ、国家を跨いだ国際的な計画や政策であらねばならない。例えば、現在、欧州が主導する「国際都市地域間協力(IURC)」はその1つといえるだろう。AIやIoT、メタバースなど、さまざまなデジタル技術が発達しているが、それらを国際都市計画の実現に応用することもできるかもしれない。

*1 United Nations, Department of Economic and Social Affairs, Population Division (2019) World Urbanization Prospects: The 2018 Revision (ST/ESA/SER.A/420). New York: United Nations, p.10
*2 Brenner, Neil (ed.) (2014) Implosions/Explosions : Towards a Study of Planetary Urbanization. Berlin: Jovis, pp.160-163
*3 Wirth, Louis (1938) Urbanism as a Way of Life. American Journal of Sociology. 44 (1), pp.1-24
*4 林玲子(2011)「スラムの『誕生』：都市をめぐる人類の歴史」『建築雑誌』126(1612)、pp.14-15
*5 Geddes, Patrick (1915) Cities in evolution : an introduction to the town planning movement and to the study of civics. Williams & Norgate
*6 磯崎新・松田達(2013)『磯崎新建築論集第2巻 記号の海に浮かぶ「しま」：見えない都市』岩波書店、pp.190-256

サステイナブルシティ

サステイナビリティ（持続可能性）あるいはサステイナブルデベロップメント（持続可能な開発）という用語は、1987年の国連の報告書『我ら共有の未来』（通称ブルントラント報告）によって、私たちが目指すべき未来を表す概念として一躍脚光を浴びた。元来は林業や水産業など個別分野の用語だったが、人間社会と地球環境の持続的な共存を意味する概念に拡張された。この実現を目指す都市がサステイナブルシティである。

サステイナブルシティには満たすべき4つの要件がある。

第一に、世代間公平性が満たされていること。ブルントラント報告が述べるように、将来世代が自らのニーズを満たす能力を担保しつつ、現在世代のニーズを満足しなければならない。

第二に、環境・経済・社会の3側面が考慮されていること。たとえ経済的パフォーマンスが良いからといって、環境負荷の代償にしてはならないし、地球環境の持続のみに注力し、社会の不平等を置き去りにしてはいけない。

第三に、環境・経済・社会の限界を超えないこと。2009年に環境学者ヨハン・ロックストロームらは、地球環境に不可逆的変化が生じる閾値として「プラネタリー・バウンダリー」を提示した。どんなに環境効率が良くても、環境負荷の総量が地球の限界を超えては、地球環境の持続はない。社会・経済も同様に、人間の生存に必要な最低限のニーズを満たさなければ人間社会の持続はない。つまり、上回ってはいけない環境の限界と下回ってはいけない社会・経済の限界という2つの制約が私たち社会にはある。経済学者のケイト・ラワースはドーナツをモチーフに、これら2つの制約の間を持続可能な領域と定義したが[*1]、サステイナブルシティもそこに存在しなければならない。

そして最後が、都市単独ではなく、地球全体の持続可能性を目的とすること。都市は外部に資源を依存する存在だが、その外部に犠牲を強いてはいけない。従来の都市計画や都市政策の多くが、都市単独の改善に注力してきたとすれば、都市と都市の外部を一体的に改善する方向に今後はシフトしなければならない。

サステイナブルシティの実現に向けた取組は世界中で見られる。例えば、欧州では、1992年の地球サミットの翌年に、早くもサステイナブルシティのプロジェクトをスタートさせた[*2]。2015年に採択されたSDGs（持続可能な開発目標）でも都市の改善は主要課題である。しかし、上記4つを満たすサステイナブルシティの実現方法はいまだ暗中模索なのも事実である。

＊1　ケイト・ラワース著、黒輪篤嗣訳（2018）『ドーナツ経済学が世界を救う』河出書房新社
＊2　岡部明子（2003）『サステイナブルシティ　EUの地域・環境戦略』学芸出版社

スマートシティ

スマートシティとは、2000年代に急速に発展したセンシングや情報通信技術、IoT、人工知能などのデジタル技術を、私たちの日常生活と融合させることによって、都市の計画・整備・管理・運営を高度化し、社会課題の解決や価値創造をもたらす都市をいう[*1]。日本では、Society 5.0が提唱されているが、これを実現させる場所としてスマートシティが位置づけられている[*2]。

スマートシティの利点の1つは都市の全体最適化にある。普段、私たちは、個々人が知覚する限られた情報をもとに行動しているが、そうした無数の人々の行動の集積は、都市全体から見ると無駄や非効率がしばしば含まれる。スマートシティはその最小化に貢献する。センサリングや情報通信技術は、都市のさまざまなデータを瞬時に取得し、ビックデータをつくる。コンピュータやAIなどの解析ツールは、それらビックデータから都市の挙動を即座にシミュレーションする。さらに、ウェアラブル端末やIoT技術は、シミュレーションの解析結果を、個々人にフィードバックしたり、モノに直接伝送して自動制御を行うのを助ける。デジタル技術を使ったこのフィードバックによって、都市全体の挙動は賢明になるというわけだ。

スマートシティの取組は、元々はエネルギーや交通など個別分野で発展してきた。だが、2009年のIBMによるSmart Citiesキャンペーンを皮切りに、分野横断的な取組が2010年頃から世界で盛んとなった。日本では、トヨタが2025年の入居開始を目指して「ウーブン・シティ」を開発中である。

ただし、スマートシティの潮流は、企業主導型から、政府や自治体主導型、さらには市民との協働型へと移行しつつある[*3]。例えば、スマートシティの先進都市であるバルセロナでは、市民による都市データの利用を促進するためBarcelona Open Data Challengeと呼ばれる中等教育プログラムを実施している。また、データサイエンティストのベン・グリーンは、技術本位のスマートシティ開発に警鐘を鳴らし、市民が主体的にデジタル技術やデータを活用する「スマート・イナフ・シティ(smart enough city)」であるべきだと主張する[*4]。グーグルの親会社アルファベット傘下のSidewalk Labsが、データ管理やプライバシーの問題からトロントでの都市開発から撤退したことは、この潮流を象徴する出来事といえる。デジタル技術が最適解を導き得ても、何を以て最適とするかは社会が作り出す。それを民主的に議論できる基盤がなければ、ときにスマートシティは厳しい管理・監視社会を導くこともあるだろう。

＊1　例えば、以下を参照。内閣府「スマートシティ」https://www8.cao.go.jp/cstp/society5_0/smartcity/index.html　(最終閲覧日：2022年10月25日)

＊2　Society 5.0は、「仮想空間と現実空間を高度に融合させたシステムにより、経済発展と社会課題の解決を両立する、人間中心の社会」と定義される。以下を参照。内閣府「Society 5.0」https://www8.cao.go.jp/cstp/society5_0/ (最終閲覧日：2022年10月25日)

＊3　Cohen, Boyd. The 3 Generations of Smart Cities. Fast Company. https://www.fastcompany.com/3047795/the-3-generations-of-smart-cities (最終閲覧日：2022年10月25日)

＊4　Green, Ben. (2019) The Smart Enough City: Putting Technology in Its Place to Reclaim Our Urban Future. The MIT Press

メタバース

メタバースの登場

メタバースとは、コンピュータ上に構築された3次元仮想空間を指す。主に自己の分身であるアバターを介して、仕事や教育、買い物、遊び、人々との交流など、普段私たちが現実空間で行っている活動を展開できるもう1つの生活圏といえる。

メタ（meta：高次の）とユニバース（universe：宇宙）を組み合わせた造語で、初出はニール・スティーヴィンスンが1992年に発表したSF小説『スノウ・クラッシュ』とされる*1。2021年にはフェイスブックが社名を「メタ（Meta Platforms、通称Meta）」に変更したことで、メタバースが大きな話題となった。

ただし、人間がコンピュータに接続する世界観は、ウィリアム・ギブスンのSF小説『ニューロマンサー』（1984）をはじめ、1980年代には小説や映画に度々登場している。また、1985年の「ハビタット」を嚆矢とする複数人が同時参加するロールプレイングゲーム（MMORPG）は、メタバースの先駆けともいわれる*2。

メタバースに都市を移す

メタバースの登場により、都市を仮想空間に拡張させる試みが盛んである。その方向は大きく2つある。

1つは、現実空間には存在しない新たなバーチャル都市を開発し、実際の都市で行われてきた日常的な生産や消費をそこで行う考え方である。2003年に運営を開始し、一時大きな話題を呼んだ「セカンドライフ」がこの発想である。

都心で行われる経済活動は、農業や製造業に比べれば、はるかにメタバースと相性がよい。例えば、オフィス業務のほとんどは、情報処理とコミュニケーションで成り立っている。メタバースでのコミュニケーションがよりスムーズでリアリティの高いものになれば、容易にそちらに移行するだろう。2020年2月創業の「oVice」など、仮想オフィスのサービスが新型コロナウイルス禍でいち早く登場したのもこの点を象徴している。

また、飲食業のようにその場で物質を直接消費する業態でなければ、商業もメタバースに移行しやすい。メタバース上での商品の再現性が高まり、流通との融合が進めば、現実空間と遜色のない買い物体験ができるだろう。

さらに、ブロックチェーン技術を用いた識別子付きのデジタルデータであるNFT（Non-Fungible Token：非代替性トークン）の普及により、メタバース上の土地や建物を、代替不可能な唯一無二のデジタル資産として扱うことができる。したがって、現実空間と同様の不動産取引がメタバース上で行うことができる。

他方、教育分野でもメタバースへの進出はめざましい。例えば、東京大学では2022年9月にメタバース工学部を開講した。

メタバース上の都市には、通信インフラさえ整っていればどこからでもアクセスできる利点がある。現実空間で

1カ所に集まる必要性は減少する。そのため、現実空間では大都市を避けた分散的な居住が進み、反対に、仮想空間では世界中から人々が集まる超巨大都市が形成されるかもしれない。

デジタルツイン化する都市

2つ目の方向は、現実の都市空間をメタバース上に再現する、都市のデジタルツイン化である。現実空間とメタバースの両方に同じ都市をつくることで、同時に異なる使い方をしたり、アクセスできる人々の幅を広げられる。その結果、関係人口の増加や都市空間の高度利用、文化的活動の多様化が進むだろう。アニメの舞台を聖地巡礼するように、メタバース上の都市を来訪した人々が、現実空間の都市の来訪者になることも期待される。実体としての都市と仮想空間の都市が関係を持ちながら、相互補完的に魅力を高め合う方法である。

「バーチャル秋葉原」、「バーチャル渋谷」、「仮想新宿」など、東京だけでもすでに数多くの街がメタバース化されている。また、メタバースを応用した地域おこしも進んでいる。兵庫県養父市の「バーチャルやぶ」や福井県越前市の「デジタルツインえちぜん」などの事例が有名である[*3]。

このような都市のデジタルツイン化を支援する政策が、国土交通省による「PLATEAU（プラトー）」である。3D都市モデルの整備・活用・オープンデータ化を進めている。国によるデジタルツインのためのインフラ整備といえる。都市計画やまちづくりへの応用も期待されており、八王子市ではプラトーを活用した市民参加型まちづくりの取組が始まっている[*4]。

現実の都市と仮想空間の都市を融合させる方法は、VR（仮想現実）に限らず、「ポケモンGo」のように現実空間に直接デジタル情報を投影するAR（拡張現実）を活用したゲーム開発も盛んである。XR（クロスリアリティ）技術を用いた現実と仮想空間を融合させた都市開発は、現実空間に人々を連れ出すことを促進する。メタバース上の関係人口や実際に都市を訪れる人まで数に含めるなら、メガシティ・東京の巨大化は今後も止まる所を知らないのかもしれない。

＊1 Ball, Matthew (2022) The Metaverse: And How It Will Revolutionize Everything. Liveright. Chapter 1
＊2 加藤直人（2022）『メタバース　さよならアトムの時代』集英社、pp.24-30
＊3 兵庫県養父市「メタバース『バーチャルやぶ』オープン」 https://www.city.yabu.hyogo.jp/soshiki/kikakusomu/kikaku/metaverse/9581.html、福井県越前市「越前市のDX推進活動について」http://www.city.echizen.lg.jp/office/010/021/dx.html（最終閲覧日：2022年10月25日）
＊4 PLATEAU「XR技術を活用した市民参加型まちづくり」https://www.mlit.go.jp/plateau/new-service/4-018/（最終閲覧日：2022年10月25日）

スペースコロニー

スペースコロニーとは、宇宙に人類の居住空間をつくることを指す。その発想は、1869年の小説『レンガの月（Brick Moon）』に早くも見られるが、その実現可能性が探求されはじめたのは20世紀に入ってから、とりわけ米ソによる宇宙開発競争が過熱する1960年代以降である。1971年に、はじめて宇宙ステーションがソ連によって打ち上げられ、1974年には、アメリカの物理学者ジェラード・K・オニールらによって、宇宙空間で自給自足可能なスペースコロニーが提案された[*1]。

他方、火星や月への移住にも高い関心が寄せられてきた。とりわけ火星は、地球と環境が比較的近いため有力視されており、火星で建設可能な建築の開発や、火星を地球の環境に近づけるためのテラフォーミングの研究が行われている[*2]。

ただし、宇宙開発から半世紀以上経つが、スペースコロニーも火星への移住も、いまだに実現していない。とはいえ、2000年代に入って、宇宙開発に民間企業が続々と進出している。イーロン・マスクが2002年に設立した「スペースX」は、火星移住を視野に入れたものだ。さらに、地球の危機を宇宙で乗り越えるという発想は、宇宙開発に根強くある。宇宙に都市が誕生する可能性は大いにある。

＊1　O'Neill, Gerard K.（1974）The colonization of space. Physics Today 27（9）, pp.32-40

＊2　竹内薫（2011）『2035年 火星地球化計画』角川ソフィア文庫

15分都市

15分都市は、自動車を使わず、徒歩や自転車で15分以内に買い物、教育、医療、職場、娯楽などにアクセスできる多中心的な都市づくりを意味する。パリ市長アンヌ・イダルゴが2020年の選挙キャンペーンで掲げて一躍脚光を浴びた。パリ市長への助言者でもあるカルロス・モレノが2016年に提唱した概念だが、それ以前より、米国ポートランドの「20分ネイバーフッド」など、類似の政策は世界各地で採用されている[*1]。

これらの政策は、近隣の生活環境を整えることで、利便性の向上のみならず、コミュニティの連帯の強化や地域経済の活性化、地球環境負荷の軽減をもたらすことを狙いとしている。1990年頃より盛んに用いられているウォーカブルシティ（walkable city）にも通底する概念である。その実現には、DMA（Density：密度、Mixed-use：複合用途、Access：アクセス網）の組み合わせが重視されている[*2]。

歩きやすさの他に、暮らしやすさを目標にしたリバブルシティ（livable city）や公平性を目標にしたジャストシティ（Just city）などの概念も盛んに提唱されている。これらはいずれも、環境・経済・社会のうち、社会に主軸を置いたサステイナブルシティの一形態とみることができる。

＊1　O'Sullivan, Feargus and Bliss, Laura. The 15-Minute City—No Cars Required—Is Urban Planning's New Utopia. Bloomberg. https://www.bloomberg.com/news/features/2020-11-12/paris-s-15-minute-city-could-be-coming-to-an-urban-area-near-you（最終閲覧日：2022年10月25日）

＊2　Dovey, Kim and Elek Pafka, Elek.（2020）What Is Walkability? The Urban DMA. Urban Studies, 57（1）, pp.93-108

プロトタイプシティ

プロトタイプシティとは、プロトタイプ駆動型のイノベーションが次々と生まれる都市を指す。その代表例、深圳を題材にした同名の書籍で提唱された概念である*。綿密な計画を立てるより、まず手を動かして試作品をつくる。いわゆるプロトタイピングの繰り返しが、イノベーションの源泉となり、急成長するスタートアップを生み出す。したがって、プロトタイプシティが今後、世界経済を牽引すると見込まれている。

これには大きく2つの背景がある。第一に、連続的価値創造から非連続的価値創造への産業のシフトである。既存製品の改良ではなく、従来にない製品やサービスを、手探りで偶然的に生み出す価値創造が、近年とりわけ先進国で重視されている。第二に、プロトタイピングの簡易化である。オープンソフトウェアやクラウドサービス、3Dプリンターの普及は、低コストで気軽な試作品の製造を可能にしている。

「小さなアイデアを、まずは形にして検証する」というムーブメントは、何もビジネス分野に限らない。タクティカル・アーバニズム（Tactical Urbanism）など、いま公共空間で生じている小さな実験もそうだろう。試作できる都市には、経済的メリットを超えた魅力がある。

＊ 高須正和・高口康太編著（2020）『プロトタイプシティ 深圳と世界的イノベーション』KADOKAWA

シェアリングシティ

シェアリングシティとは、限られた資源や、有効活用されていない物やサービス、スキルなどを共有しながら、持続可能な社会を目指す都市である。

代表例の1つがアムステルダムである。2015年に市民団体ShareNLの主導のもとヨーロッパで最初のシェアリングシティを宣言した*1。語学や楽器演奏など個人のスキルを近隣でシェアするkonnektidや、家電製品や衣服の修理技術をシェアし、利用者による修理を支援するrepair caféなど、様々なプラットフォームが誕生している。

文明評論家のジェレミー・リフキンは共有型経済の台頭を予見する*2。デジタル技術の進化、3Dプリンターの大衆化、再生可能エネルギーの低コスト化などにより、製品やサービスの追加生産にかかる限界費用がゼロに近づくからだという。例えば、ソフトウェアのようなデジタル製品は容易に複製可能で、それゆえフリーウェアが浸透している。製品ではなく、その生産や流通基盤に一定額を支払うサブスクリプション方式の普及もこれを反映している。経済活動の基盤を公共財とし、製品やサービスは自由に共有する。そのような都市の到来もありうる未来の1つである。

＊1 Duncan, McLaren and Agyeman, Julian.（2016）Sharing cities : a case for truly smart and sustainable cities. MIT Press, Chap. 5

＊2 ジェレミー・リフキン著、柴田裕之訳（2015）『限界費用ゼロ社会 「モノのインターネット」と共有型経済の台頭』NHK出版

編著者・著者略歴

▶編著+まえがき・扉ページ
饗庭 伸（あいば しん）

東京都立大学都市環境学部教授。1971年生まれ。早稲田大学理工学部建築学科卒業。同大学院理工学系研究科建設工学専攻博士課程退学。博士（工学）。東京都立大学助手、准教授を経て、2017年より現職。主な単著に『都市をたたむ』『平成都市計画史』（花伝社）、『都市の問診』（鹿島出版会）、共編著に『まちづくりの仕事ガイドブック』（学芸出版社）、『津波のあいだ、生きられた村』（鹿島出版会）、『シティ・カスタマイズ』（晶文社）など。

▶人口減少
矢吹剣一（やぶき けんいち）

横浜国立大学大学院都市イノベーション研究院・准教授。1987年生まれ。筑波大学第三学群社会工学類卒業。東京大学大学院工学研究科都市工学専攻修士課程および博士課程修了。博士（工学）。一級建築士。神戸芸術工科大学助教、東京大学先端科学技術研究センター特任助教等を経て、2022年より現職。主な著書（共著）に『土地はだれのものか　人口減少時代に問う』（白揚社）など。

▶都市再生
中島弘貴（なかじま ひろき）

東京大学大学院工学系研究科都市工学専攻特任講師。1988年生まれ。東京大学大学院工学系研究科建築学専攻修士課程修了。設計事務所（ria）勤務を経て、2020年同大学院工学系研究科都市工学専攻博士課程修了、2021年4月より同大学未来ビジョン研究センター（IFI）・連携研究機構不動産イノベーション研究センター（CREI）特任助教、2023年6月より現職。博士（工学）。一級建築士。共著に『都心周縁コミュニティの再生術　既成市街地への臨床学的アプローチ』（学芸出版社）。

▶都市のリノベーション
加藤優一（かとう ゆういち）

建築家、東北芸術工科大学専任講師、（株）銭湯ぐらし代表取締役、（一社）最上のくらし舎共同代表理事。1987年生まれ。東北大学大学院博士課程満期退学。デザインとマネジメントの両立をテーマに、建築の企画・設計・運営・研究に携わる。近作に「小杉湯となり」「銭湯つきアパート」「佐賀城内エリアリノベーション」「旧富士小学校の再生」など。近著（単著）に『銭湯から広げるまちづくり』（学芸出版社）、共著に『CREATIVE LOCAL』『公共R不動産のプロジェクトスタディ』『テンポラリーアーキテクチャー』（学芸出版社）、『多拠点で働く』（ユウブックス）など。

松田東子（まつだ はるこ）

公共R不動産／株式会社スピーク。1986年生まれ。一橋大学社会学部卒業。University College London MSc Urban Studies 修了。株式会社大成建設を経て2013年から（株）スピークにて空き家活用による移住促進を目指したトライアルステイ、2015年から公共R不動産立ち上げにかかわる。共著に『公共R不動産のプロジェクトスタディ』（学芸出版社）。

▶公共施設再編
讃岐 亮（さぬき りょう）

東京都立大学都市環境学部建築学科助教。1984年生まれ。東京都立大学工学部建築学科卒業。首都大学東京大学院都市環境科学研究科建築学域博士後期課程修了。博士（工学）。首都大学東京特任助教を経て、2013年から現職。主な著書（共著）に『公共施設のしまいかた　まちづくりのための自治体資産戦略』（学芸出版社）、『建築転生から都市更新へ　海外諸都市における既存建築物の利活用戦略』（日本建築センター）。

▶パブリック・ライフ
園田 聡（そのだ さとし）

有限会社ハートビートプラン代表取締役（共同）。1984年埼玉県所沢市生まれ。工学院大学大学院修士課程修了後、商業系企画・デザイン会社勤務を経て、2015年同大学院博士課程修了。博士（工学）。2016年より有限会社ハートビートプラン。専門は都市デザイン、プレイスメイキング。著書に『プレイスメイキング　アクティビティ・ファーストの都市デザイン』（学芸出版社）。

▶マーケット
鈴木美央（すずき みお）

オープラスアーキテクチャー合同会社 代表。東京理科大学経営学部国際デザイン経営学科講師。1983年生まれ。早稲田大学理工学部建築学科卒業。Foreign Office Architects ltd.（英国）勤務を経て、慶應義塾大学理工学研究科開放科学専攻博士課程退学。博士（工学）。著書（単著）に『マーケットでまちを変える　人が集まる公共空間の使い方』（学芸出版社）。

▶アートと都市
佐脇三乃里（さわき みのり）

1985年生まれ。日本大学大学院理工学研究科建築学専攻修了。NPO法人黄金町エリアマネジメントセンター（2011～2017）、2017年度文化庁新進芸術家海外研修制度1年派遣員としてオランダでアーティストの制作環境に関する調査を実施、株式会社 SHIBAURA HOUSE(2020-現在)。書籍『アートとコミュニティー横浜・黄金町の実践から』(春風社)企画監修。

青木 彬(あおき あきら)

インディペンデント・キュレーター。一般社団法人藝とディレクター。一般社団法人ニューマチヅクリシャ理事。1989年東京都生まれ。東京都立大学インダストリアルアートコース卒業。アートを「よりよく生きるための術」と捉え、アーティストや企業、自治体と協働して様々なアートプロジェクトを企画している。編著書に『素が出るワークショップ』(学芸出版社)。

住まい

田中由乃(たなか ゆの)

東京工業大学環境・社会理工学院助教。京都大学建築学科卒業。同大学院工学研究科建築学専攻修了。博士(工学)。一級建築士。

社会的包摂

葛西リサ(くずにし りさ)

追手門学院大学地域創造学部准教授。学術博士。神戸大学大学院自然科学研究科修了。ひとり親世帯、DV被害者、セクシュアルマイノリティの住生活問題を専門とする。主な著書に、『母子世帯の居住貧困』(日本経済評論社)、『13歳から考える住まいの権利』(かもがわ出版)ほか。2009年、都市住宅学会研究奨励賞、2016年住総研研究選奨、2019年都市住宅学会研究論文賞を受賞。2021年より、国土交通省、人生100年時代を支える住まい環境整備モデル事業評価委員会、委員。

白波瀬達也(しらはせ たつや)

関西学院大学人間福祉学部教授。1979年生まれ。関西学院大学社会学部卒業。同大学院社会学研究科博士課程後期課程単位取得退学。博士(社会学)。大阪市立大学都市研究プラザGCOE研究員、関西学院大学社会学部任期制教員、桃山学院大学社会学部准教授を経て現職。主な著書(単著)に『貧困と地域　あいりん地区から見る高齢化と孤立死』(中公新書)、『宗教の社会貢献を問い直す　ホームレス支援の現場から』(ナカニシヤ出版)など。

超高齢社会

後藤 純(ごとう じゅん)

東海大学建築都市学部建築学科特任准教授。1979年生まれ。東京大学大学院都市工学専攻博士課程単位取得満期退学。博士(工学)。2010年より東京大学高齢社会総研究機構特任講師等を経て、2020年より現職。専門は、都市計画、まちづくり、ジェロントロジー(高齢社会総合研究学)。主な著書に『超高齢社会のまちづくり』(単著、学芸出版社)、『コミュニティデザイン学』『地域包括ケアのすすめ』(いずれも共著、東京大学出版会)など。

子どもとともに育つまち

寺田光成(てらだ みつなり)

高崎経済大学地域政策学部特命助教。1991年生まれ。立命館大学産業社会学部子ども社会専攻卒業。千葉大学院園芸学研究科博士課程修了。博士(農学)。小学校教員免許所持。千葉県松戸市岩瀬自治会集会所管理人、IPA日本支部運営委員、特非)日本冒険遊び場づくり協会情報研究センター主任研究員、特非)そとぼーよ理事などを担う。主な著書に『子どもまちづくり型録』(共著)、『Play in a Covid Frame Everyday Pandemic Creativity in a Time of Isolation』(分担執筆)など。

田口純子(たぐち じゅんこ)

名城大学都市情報学部准教授。1985年生まれ。東京大学工学部建築学科卒業。同大学院工学系研究科建築学専攻博士課程修了。博士(工学)。東京大学先端科学技術研究センター特任研究員、東京大学大学院情報学環助教等を経て、2022年から現職。2023年からイリノイ工科大学客員研究員。国際建築家連合UIA建築と子どもワークプログラム日本委員兼アジアディレクター。主な著書に『伊東豊雄 子ども建築塾』『Collaborative Heritage Management』(以上、共著)など。

町並み・景観まちづくり

益尾孝祐(ますお こうすけ)

愛知工業大学工学部建築学科准教授。博士(工学)。一級建築士、ヘリテージマネージャー。早稲田大学理工学部建築学科卒業、同大学院理工学研究科修士課程修了。2002年アルセッド建築研究所入所。地域のまちづくり支援から、まちをつくる建築、都市デザインまでの計画、設計に携わり、研究的実践をもとに実践的研究を推進。2020年より現職。住総研博士論文賞(2018年度)。

ツーリズムと都市

姫野由香(ひめの ゆか)

国立大学法人大分大学理工学部理工学科建築学プログラム准教授。1975年生まれ。大分大学大学院建設工学専攻修了。博士(工学)。建築・都市計画技術を応用した地域再生に関する研究を行っている。主な著書(共著)に『住み継がれる集落をつくる　交流・移住・通いで生き抜く地域』『少人数で生き抜く地域つくる　次世代に住み継がれるしくみ』(学芸出版社)など。

西川 亮(にしかわ りょう)

立教大学観光学部准教授。1985年生まれ。東京大学工学部都市工学科卒業、同大学院工学系研究科都市工学専攻修士課程修了後、(公財)日本交通公社にて研究員を経て、同大学院工学系研究科都市工学専攻博士課程修了。博士(工学)。立教大学観光学部助教を経て、2021年から現職。主な著書(共著)に『ポスト・オーバーツーリズム　界隈を再生する観光戦略』(学芸出版社)、『観光地経営の視点と実践』(丸善出版)など。

地方創生

佐伯亮太(さえき りょうた)

合同会社Roof共同代表／播磨町まちづくりアドバイザー／佐用町縮充戦略アドバイザー。1988年生まれ。明石高専建築学科卒業。山口大学感性デザイン工学科卒業。横浜国立大学大学院Y-GSA修了。大阪大学大学院工学研究科修了。博士(工学)。主な活動は、地域自治組織の伴走支援、インハウススーパーバイザーとしての行政施策の立案支援など。

国土の計画

菅 正史(すが まさし)

下関市立大学経済学部教授。1977年生まれ。東京大学工学部都市工学科卒業。同大学院工学系研究科都市工学専攻博士課程修了。博士(工学)。東京大学先端科学技術研究センター助手、土地総合研究所研究員、国際東アジア研究センター(現、アジア成長研究所)上級研究員、下関市立大学経済学部准教授を経て、2020年から現職。

グリーンインフラ

山崎嵩拓(やまざき たかひろ)

東京大学総括プロジェクト機構特任講師。1991年生まれ。北海道大学工学部環境社会工学科卒業。同大学院工学院空間性能システム専攻修了。博士(工学)。日本学術振興会特別研究員、東京大学特任助教、神戸芸術工科大学助教等を経て、2023年から現職。主な著書に『タクティカル・アーバニズム　小さなアクションから都市を大きく変える』(共編著、学芸出版社)、『知る・わかる・伝えるSDGs II エネルギー・しごと・産業と技術・平等・まちづくり』(共著、学文社)など。

飯田晶子(いいだ あきこ)

東京大学大学院工学系研究科都市工学専攻特任講師。1983年生まれ。慶應義塾大学環境情報学部卒業。東京大学大学院工学系研究科修了。博士(工学)。日本学術振興会特別研究員、東京大学助教等を経て、2023年から現職。主な著書に『都市生態系の歴史と未来』(共著、朝倉書店)、『都市科学事典』(共著、春風社)、『縮小する日本社会　危機後の新しい豊かさを求めて』(共著、勉誠出版)など。

緑地と農

新保奈穂美(しんぼ なおみ)

兵庫県立大学大学院緑環境景観マネジメント研究科(淡路景観園芸学校)講師。東京大学農学部環境資源科学課程緑地生物学専修卒業。同大学院新領域創成科学研究科自然環境学専攻修士・博士課程修了。博士(環境学)。筑波大学生命環境系助教を経て、2021年より現職。同年より東北大学大学院国際文化研究科特任講師も務める。主な著書に『まちを変える都市型農園　コミュニティを育む空き地活用』(学芸出版社)。

レジリエンス

益子智之(ましこ ともゆき)

東京都立大学都市環境学部観光科学科助教。1990年生まれ。早稲田大学創造理工学部建築学科卒業。同大学院創造理工学研究科建築学専攻修士課程・博士後期課程修了。博士(建築学)。日本学術振興会特別研究員DC1、早稲田大学建築学科助手・助教を経て、2022年から現職。主な著書に『ウォーカブルシティ入門 10のステップでつくる歩きたくなるまちなか』(共著)など。

交通まちづくり

稲垣具志(いながき ともゆき)

東京都市大学建築都市デザイン学部都市工学科准教授。1977年生まれ。大阪府立大学工学部電子物理工学科卒業。大阪市立大学大学院工学研究科都市系専攻後期博士課程修了。博士(工学)。財団法人豊田都市交通研究所研究員、成蹊大学助教、日本大学助教、中央大学研究開発機構准教授を経て、2021年から現職。主な著書(共著)に『ユニバーサルデザインの基礎と実践　ひとの感覚から空間デザインを考える』(鹿島出版会)、『日本インフラの「技」－原点と未来－』(土木学会)、『平面交差の計画と設計　自転車通行を考慮した交差点設計の手引』(交通工学研究会)など。

村上早紀子(むらかみ さきこ)

福島大学経済経営学類准教授。1989年生まれ。弘前大学大学院地域社会研究科博士後期課程修了。博士(学術)。2019年から現職。主な著書に『はじめて学ぶ都市計画(第二版)』(市ケ谷出版社、共著)など。

▶エネルギー

榎原友樹（えはら ともき）

株式会社イー・コンザル、株式会社能勢・豊能まちづくり代表取締役。1977年大阪府生まれ。2002年京都大学大学院資源工学専攻中退、2003年University of Reading修士課程修了（再生可能エネルギー学専攻）。2004年富士総合研究所（現みずほリサーチ＆テクノロジーズ）入社。2050年に向けた低炭素社会づくりや国際的な太陽光発電研究プロジェクトに従事。2012年に独立し、環境・エネルギー分野のコンサルティング会社「株式会社イー・コンザル」を設立。2020年には地域新電力会社「能勢・豊能まちづくり」を設立。共著書に『低炭素社会に向けた12の方策』（日刊工業新聞社）、『エネルギーの世界を変える。22人の仕事』（学芸出版社）など。

▶データとシミュレーション

鈴木達也（すずき たつや）

香川大学創造工学部環境デザイン工学領域講師。1987年生まれ。首都大学東京（現東京都立大学）都市環境学部建築都市コース卒業。同大学院都市環境科学研究科建築学域博士後期課程修了。博士（工学）。日本学術振興会特別研究員（PD）、宇都宮大学地域デザイン科学部特任助教、自治医科大学地域医療学センター助教、香川大学創造工学部助教を経て、2023年から現職。

▶ワークショップ

安藤哲也（あんどう てつや）

柏アーバンデザインセンター（UDC2）副センター長。1982年生まれ。明治大学大学院理工学研究科建築学専攻前期修了。ベンチャー不動産、都市計画コンサルタントを経て、独立。コミュニティデザインラボmachi-kuを設立。2015年からUDC2にてディレクター、2017年から副センター長を務める。主な著書に『タクティカル・アーバニズム 小さなアクションから都市を大きく変える』（共著、学芸出版社）。ボードゲーム「kenpo game ─ kenpoバリアで日本を守れ！─」の作者。

▶ガバナンス

竹内彩乃（たけうち あやの）

東邦大学理学部生命圏環境科学科准教授。早稲田大学理工学部卒業。東京工業大学大学院総合理工学研究科環境理工学創造専攻博士課程修了。博士（学術）。ドイツの民間企業、名古屋大学大学院環境学研究科特任助教等を経て、2017年から現職。著書（共著）に『世界に学ぶ　ミニ・パブリックス　くじ引きと熟議による民主主義のつくりかた』（学芸出版社）。

▶来るべき都市

林 憲吾（はやし けんご）

東京大学生産技術研究所准教授。1980年生まれ。東京大学大学院工学系研究科博士課程単位取得満期退学。博士（工学）。総合地球環境学研究所プロジェクト研究員等を経て、現職。主な著書に『メガシティ5 スプロール化するメガシティ』（共編著、東京大学出版会）、『Living in the Megacity: Towards Sustainable Urban Environments』（共著、Springer）など。

◉特記のない図版は各担当執筆者の作成・撮影・提供によるものです。
◉本書の記載内容はすべて執筆時点の情報に基づくものです。

都市を学ぶ人のための キーワード事典

これからを見通すテーマ24

2023年9月25日　第1版第1刷発行

編著者　饗庭 伸

著　者　矢吹剣一、中島弘貴、加藤優一、松田東子、讃岐 亮、園田 聡、鈴木美央、佐脇三乃里、青木 彬、田中由乃、葛西リサ、白波瀬達也、後藤 純、寺田光成、田口純子、益尾孝祐、姫野由香、西川 亮、佐伯亮太、菅 正史、山崎嵩拓、飯田晶子、新保奈穂美、益子智之、稲垣具志、村上早紀子、榎原友樹、鈴木達也、安藤哲也、竹内彩乃、林 憲吾

発行者　井口夏実

発行所　株式会社 学芸出版社
〒600-8216
京都市下京区木津屋橋通西洞院東入
電話 075-343-0811
http://www.gakugei-pub.jp/
info@gakugei-pub.jp

編　集　松本優真

デザイン・装丁　金子英夫（テンテツキ）
平原かすみ

印刷・製本　モリモト印刷

ISBN 978-4-7615-2870-6

プレイスメイキング
アクティビティ・ファーストの都市デザイン

園田 聡 著
四六判・272頁
本体2200円+税

街にくすぶる不自由な公共空間を、誰もが自由に使いこなせる居場所に変えるプレイスメイキング。活用ニーズの発掘、実効力のあるチームアップ、設計と運営のデザイン、試行の成果を定着させるしくみ等、10フェーズ×10メソッドのプロセスデザインを、公民連携／民間主導／住民自治、中心市街地／郊外と多彩な実践例で解説。

タクティカル・アーバニズム
小さなアクションから都市を大きく変える

泉山塁威・田村康一郎・矢野拓洋・西田 司・山崎嵩拓・ソトノバ 編著
A5判・256頁
本体2700円+税

個人が都市を変えるアクションを起こす時、何から始めればよいのか。都市にインパクトを与え変化が定着するには何が必要なのか。本書は、小さなアクションが拡散し、制度を変え、手法として普及し、社会に定着するアプローチを解説。アメリカと日本の都市の現実に介入し、アップデートしてきた「戦術」を解読、実装しよう。

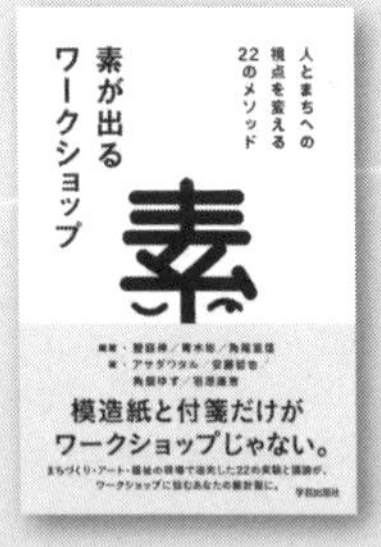

素が出るワークショップ
人とまちへの視点を変える22のメソッド

饗庭伸・青木彬・角尾宣信 編著
四六判・304頁
本体2500円+税

アイスブレイクは盛り上がれば良いの? WSをすることがアリバイになってない? コミュニティ活動では本気で語りあえている? 今ある価値観に固まってしまってない? そんな問いに応えるべく、まちづくり・アート・福祉の現場で追究された22の技術と本音の議論。模造紙と付箋だけがWSじゃない! WSの現場で悩むあなたの羅針盤に。

世界に学ぶミニ・パブリックス
くじ引きと熟議による民主主義のつくりかた

OECD（経済協力開発機構）Open Government Unit 著／日本ミニ・パブリックス研究フォーラム 坂野達郎・篠藤明徳・田村哲樹・長野 基・三上直之・前田洋枝・坂井亮太・竹内彩乃 訳
A5判・240頁・本体2700円+税

代議制民主主義の限界が露呈するなか、無作為抽出による少人数グループが十分な専門的情報を得て熟議を行い、提言を策定して公共政策の検討過程へ反映させるミニ・パブリックスと呼ばれる取組みが拡大している。世界289事例の分析をふまえ、成功のための原則、既存の制度に熟議を埋め込む方法をまとめた初の活用ガイドライン。